别墅案例效果图 赏析

▲ 案例 1 (1)

▲ 案例 1 (2)

▲ 案例 2 (1)

▲ 案例 2 (2

▲ 案例 3 (1)

▲ 案例 3 (2)

▲ 案例 4 (1)

▲ 案例 4 (2

▲ 案例 5 (1)

▲ 案例 5 (2)

▲ 案例6 (1)

▲ 案例6 (2

▲ 案例 7 (1)

▲ 案例 7 (2)

▲ 案例 8 (1)

▲ 案例 8 (3)　　　　　　　　　　　　　　　　▲ 案例 8 (2)

▲ 案例 8 (4)

▲ 案例 9 (1)

▲ 案例 9 (2)

▲ 案例 10 (1)

▲ 案例 10 (2)

▲ 案例 10 (3)

▲ 案例 10 (4)

▲ 案例 11

▲ 案例 12

▲ 案例 13

▲ 案例 14

▲ 案例 15

▲ 案例 16

▲ 案例 17

▲ 案例 1

案例 19

▲ 案例 20

▲ 案例 21

▲ 案例 2

自建「小别墅」设计与施工

吴波 主编

化学工业出版社

·北京·

本书以自建小别墅的设计与施工全过程为主要内容，全面介绍了自建小别墅需要经历的各个环节和步骤。全书主要内容包括：自建房的选址与布局；自建小别墅的选型与设计；自建小别墅的预算造价；自建小别墅的主体建材选用；基础施工；钢筋混凝土施工；砌筑工程施工；地面施工；屋面施工；防水工程施工；自建小别墅的装饰建材选用；自建小别墅基础装修等。书中还给出了22栋造型美观的小别墅彩图，这些案例的完整设计施工CAD图纸可通过前言中的链接下载获取通过，以便读者参考。

　　本书对于想自建小别墅的业主来说，具有非常全面、实用的指导和参考价值。同时，也可供从事小别墅设计与施工的专业人员参考。

图书在版编目（CIP）数据

自建小别墅设计与施工／吴波主编 . —北京：化学
工业出版社，2015.4（2025.4重印）
ISBN 978-7-122-23306-6

Ⅰ. ①自… Ⅱ. ①吴… Ⅲ. ①别墅-建筑设计-图集
②别墅-工程施工-图集 Ⅳ. ①TU241.1-64

中国版本图书馆 CIP 数据核字（2015）第 049631 号

责任编辑：彭明兰　　　　　　　　　装帧设计：王晓宇
责任校对：宋　玮

出版发行：化学工业出版社（北京市东城区青年湖南街 13 号　邮政编码 100011）
印　　装：北京科印技术咨询服务有限公司数码印刷分部
710mm×1000mm　1/16　印张 19　彩插 8　字数 392 千字
2025 年 4 月北京第 1 版第 11 次印刷

购书咨询：010-64518888　　　　　　　　售后服务：010-64518899
网　　址：http://www.cip.com.cn
凡购买本书，如有缺损质量问题，本社销售中心负责调换。

定　　价：68.00 元

前言

随着国家城镇化战略的稳步推进，全国各地都掀起了一股新房建设潮。作为普通百姓来说，建房是一辈子的大事，往往凝聚着全家人的心血。现在自己建房不同于以往简单的三间砖瓦房或者是千篇一律的砖混结构，各种结构、风格、造型的独栋小洋楼成为自建房的首选。无论从结构还是形式上讲，现在的自建房更多的是小别墅，只不过在承包和建设方式上，更为自主一些。

既然是自建小别墅，那就不同于统一开发的商品房，无论是从跑手续，还是到设计、监理、施工等各个环节，业主都必须亲力亲为。自建小别墅大多数都是由附近的老工匠带队，甚至完全由房主出面张罗，不存在所谓的"施工单位"，而且也很难有专门的监理单位来进行监督，政府管理部门在这中间也很难起到全面监管作用，在很大程度上，自建小别墅的建设过程几乎完全是由建房者自己实施和监督。

绝大多数自建小别墅的业主都不是专业人士，因此在房屋设计、建材选购、施工质量等方面的知识会有所欠缺。本书正是从自建小别墅的整个过程入手，从业主的角度详细介绍了自建小别墅该如何进行报批报建；如何筹划建造资金；怎样设计才合理；如何才能选到合格的材料；施工过程中的各种质量要求及问题处理等内容。这对于打算着手进行自建小别墅的业主来说，具有非常全面、实用的指导和参考价值。

本书在详细介绍了自建小别墅的设计与施工的同时，为了让业主和从事小别墅设计与施工的专业人员更能直观地参考相关案例，本书精选了 22 套小别墅建筑施工图纸，读者可以通过访问 http://download.cip.com.cn/getDownload.jsp？Did＝424＆urlid＝0 获取，也可以访问 http://download.cip.com.cn/下载，还可以发邮件至 kejiansuoqu@163.com 索取。

本书由吴波主编，参与编写的有黄肖、李幽、郑丽秀、刘向宇、董菲、李峰、武宏达、徐武、毕喜平、张周周、孙淼、卫白鸽、王勇、李子奇、马禾午、赵莉娟、潘振伟、王效孟、赵芳节、王庶、李木扬子、任晓欢、李凤霞、闫少宏、张星慧、闫玉玲、张喜文、张喜华、陈云、胡军、王伟、陈锋。

由于编者水平有限以及时间仓促，书中难免存在一些不妥之处，恳请广大读者批评指正，以便做进一步的修订。

编者
2015 年 3 月

目录
CONTENTS

第一章

自建房的选址与布局

Chapter 01

第一节 >> 自建房的报建手续

一、申请程序

(1) 自建房报批　自建房报批申请程序流程见图 1-1。

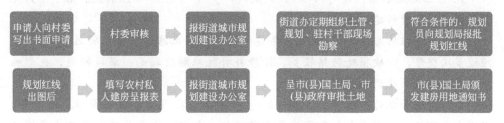

图 1-1　自建房报批申请流程

(2) 自建房申请与建房详细程序　根据《土地管理法》及《土地管理法实施条例》的规定，农村自建房应按照下列程序步骤合法申请。

① 由建房户提出申请，填写《农村个人建房申请、审核表》。

② 所在村民委员会签署并加盖公章。

③ 镇政府进行初审由镇村建办和镇土地分所给出初审意见，并负责调地工作。

④ 镇政府分村定期、定点张榜公布初审。

⑤ 报市（县）级机关联合审批：

a. 市（县）规划局审核，确定规划选址，发批准文件；

　　b. 市（县）土地局审核，并办理用地审批手续，发批准文件。

　　⑥ 镇政府收取建房费用，核发《农村个人建房建设工程许可证》。

　　⑦ 建房户开工前报告镇政府，镇政府现场查验，敲桩定位，并实行建设全程管理。

　　⑧ 建房竣工后，建房户应向镇政府申请竣工验收。

　　⑨ 镇政府会同县有关部门派人现场查验，按规定核发建房竣工验收合格证，退还建房用地保证金。

　　⑩ 建房户凭验收合格证，向房地产登记部门申请房地产权利登记。

　　(3) 个人建房申请　按照国家有关规定，为了统一规划，防止乱搭乱建以及侵占土地等问题的产生，建新房要经过政府有关部门的批准。要建新房的个人或集体，必须向有关部门（土地规划局、建设局等）写建房申请书，待批准后才能建房，否则将作违规建房处理。

　　写建房申请书前，应查阅国家和当地政府的有关规定，要在符合这些规定的范围内写申请书。如不符有关规定，申请书是不会得到批准的。写的时候，一般正文开头部分提出建房申请，主体部分写建房理由（为什么要建房）、建房的条件和建房方案（怎么建）。理由要充分，方案也应可行。具体可以参考下面实例。

建房申请

　　××土地规划局：我叫×××，是××乡××村××组农民。由于下列几个原因，我申请新建住房。

　　一、我现住的房屋，还是 1976 年建的简陋木制瓦房，至今已将近 40 年，虽经过多次整修，但破损处仍然较多，修修补补既难解决漏雨、漏风问题，也影响房屋外观。因而建新房非常有必要。

　　二、我现居住的房屋一共 5 间，80 多平方米，要住 8 人，还要堆放粮食等，显得十分拥挤。特别是我大儿子后年要娶媳妇，女方家要求必须有新房才肯嫁过来。为了改善现有的住房状况，为了我大儿子能顺利成家，我也必须建新房。

　　三、这些年来，党的政策越来越好，我们的收入也一年比一年增加。我通过二十多年的辛勤劳动，不断积攒，已基本上攒够了建新房（建成砖混水泥房）的费用。只要上级一批准，我就能马上动工。

　　四、我建房的方案是：拆除现有的住房，主要在老地基建新房，另外占用我现住房背后的自留地 40m²。所建房屋为一楼一底，约 200m²。

　　特此申请，敬请审核批准。

　　附：1. 现住房照片；2. 生产小组的证明。

　　申请人：××乡××村××组××　　　　××××年×月×日

二、自建房审批收费标准

目前，关于自建房审批的收费标准，各地都有各自的规定，而且在一些地区还存在不符合规矩的收费等现象。所以，对于自建房审批到底应该收多少费用，实在是一个没法确定的数字。表 1-1 中列举了部分相对详细、规范的收费标准以作参考。在实际操作过程中，还是要以当地的具体操作办法为准。不过，大家可以参考一些政府主管部门，如国土资源局的公示价格文件，以免上当受骗。

表 1-1　自建房审批收费标准（参考）

序号	收费项目	单价	单位
1	耕地占用税	2	元/m²
2	垦复基金	7.5	元/m²
3	敲桩定位费	100	元/户
4	图纸费	65	元/户
5	建筑费	1	元/m²
6	许可证	5	元/户
7	保险费	105	元/间
8	保证金	1000	元/间

第二节　自建房的选址原则

建造房屋首先要做的事情就是选址，地址选择的好坏不仅关系建设成本的多少，而且对于今后的居住环境、生活都有很大的影响。

1. 旧房改造与选址新建的优缺点

当准备建房时，首先要决定是旧房改造、扩建，还是易地新建、平地起家，要根据自己的经济实力、旧房屋的具体情况而定。两种类型各有利弊。

一般情况下，自建小别墅的选址首先考虑的就是对原房址的改建，这是最合理的一种选址方式。毕竟原房址也住了很多年了，对居住环境、地基情况也都是比较理想，一般具备一些较好的建设条件，如周围环境较好、避风、近水、向阳、地势高爽、排水顺当、交通方便。原有的房屋如仍可继续使用，在其上扩建可节省开支，且不另占或少占耕地。

但旧房改造也存在一些不利的方面，如由于受到地形条件等限制，扩建的房屋基址不好安排；附近居民对原有格局会有所依恋，如果新建房屋在建筑风格、高度等方面和邻居住房协调不好，容易造成邻里不和；此外，还有房屋的排水设施、格局过于复杂，会造成生活的不便。

选择对旧房进行改建时要注意以下几个问题。

① 要处理好与邻里的关系。俗话说，远亲不如近邻。很多情况下，一个好的邻居能够给生活带来极大的幸福感和便利。房屋的改造或扩建新建，都将在房屋高度、宽度等方面产生变化而对其他邻居产生影响，因此要与邻居共同商量决定。

a. 新建房屋在布局上要与附近居民的布局相协调，比如尽量不占用进出的必经之道，不要过多地挡住邻居房屋的视线，不要占用大家习惯了的水塘等。

b. 由于人们生活水平提高，房屋的空间、高度等都有了新的要求，改建并不是推倒后又建出原样子，因此要从大局着眼，尽量遵守当地的一些习俗。

② 旧的房子一般较低矮、窗户小、光线条件较差。新建房屋窗户可多开一些、开大一些；对通风不良的房屋，可考虑房屋与房屋之间隔出一定的空隙；潮湿的房屋可考虑垫高房基或深挖房基周围的排水沟。

③ 要利于防火。山区房屋一般有木结构，甚至木草结构，很容易着火。改造后的房屋之间一般应隔 3m 以上的距离，且要接近水源，以防火灾。

④ 要利于改善环境卫生条件。旧房的畜舍鸡窝和厕所一般与居住房分隔不好，新房要进行有效的分隔。旧村的废塘、废沟和洼地也是苍蝇蚊虫滋生地，要填平，应符合卫生标准，减少发病率。

⑤ 要充分挖掘土地潜力，合理安排、节约土地。旧房屋周围一般空地较多，利用这些空地建房可以大量地节约土地。因为新房可以利用道路、水井、晒场等，不必另外去占地。

若选址新建，则可以选择地形条件较好、通风好、排水通畅的地方兴建，建筑风格、高度等与其他房屋不宜有冲突。但是，新建房屋占用土地大，且不能充分利用原有房屋基础，出行、生活也肯定不如原有地址便利，而且从结构到装修等花费也要更多一些。

2. 自建房选址存在的问题

自建小别墅选址情况较复杂，主观性突出，科学性欠佳，存在问题也较多。

（1）基本上没有计划性 自建小别墅选址大多主观性较强，或者受亲属影响，盲目尾随祖传宅基地，无原则地扩大地盘。现在不少人采取见缝插针式的建房，导致房屋布局杂乱无章，交通不便，环境较差。

（2）没有科学性 不少自建小别墅的选址很少考虑其他方面的因素，导致有的房子建成后少则几个月，长则几年或几十年便遇到地质灾害或其他灾害的冲击，造成非常严重的后果。其中有的是缺乏地质知识，如房屋建在易发生地质灾害的山坡下；有的是缺乏气候知识，如在西边盖一幢朝向西北的别墅，导致室内冬冷夏热，大大降低了舒适性；还有的是缺乏环境知识，例如把房子建在偏僻的山鼻中，房内人畜混居，楼下养猪、养牛，楼上住人，这类环境既不方便生活，也不利于身体健康。

（3）缺乏法律意识 部分房主法律意识淡薄，认为土地是自家的，自己想怎么建房就怎么建，既不考虑法律，又不考虑本地区建设规划，因此，未报建房、未批先建和随意扩大房屋面积的违法、违规用地的现象屡见不鲜。

此外，在不少地区，传统的封建迷信思想特别严重，这样特别容易导致心理失衡。比如很多地方的地基必须要比邻居高一点，房檐也要高出一头，邻居家的房屋不能有高的烟囱等，这些毫无科学性可言的思想，往往会影响邻里之间的和睦，甚至引发更为严重的后果。如果不是在出行、风向、采光等具体的方面对自己的房屋产生较为严重的影响，一般来说，都是属于心理问题。

3. 自建房选址要求

自建房的选址就是对环境、地质做出全面的评估，并衡量利弊，做出较为合理的选择。一般来说，自建房的选址要遵守以下几点要求：

① 土质均匀，就是下面的土质也要均匀，保持受力平衡，不要选择一边软一边硬的地方，这可能是最不好的，比全部是软土质的地还要差；

② 不要选在一半在河堤上，一半在河堤下的地质；

③ 最好不要选择在斜坡上，有不少地区在山脉的延伸处，就是在斜面上的，有一些表面上是平的，而下面的石块走向是斜的；

④ 不要选择在古墓、古井或别的有大坑的地方；

⑤ 距老房子不能太近，尤其是高层建筑要远离；

⑥ 要避开山体滑坡的地方；

⑦ 选择环境相对较好的地方，比如前面是水，后面是山的地址。

4. 自建房科学选址

自建小别墅的选址，有条件的房主可以请有关专业人员到现场勘查，从多学科角度全面论证，选择一个符合科学规律的理想地址。

（1）首先要节约耕地 住宅用地的选择应少占或不占耕地、林地、人工牧场，尽量选择荒地薄地、山坡等地质。尤其是建筑材料较好的，如使用了钢筋水泥等抵抗风灾等能力较强的建筑材料，更可以少受地形条件的限制。

（2）房址要合法 选址一定要符合相关的土地管理法、环境保护法、文物保护法、水利法、森林法等法律、法规和当地的规划。建房要按规定办理好一系列手续后方可在理想的地址上开工，不可各行其是，乱搭乱盖，违章操作。

（3）地基要稳 要避开洪水、滑坡、泥石流、河道冲蚀等自然灾害袭击和威胁的地段。在地震发生的地区，往往是开阔平坦地形、平缓坡地上的建筑物震害轻；条状突出的山嘴、高耸的山包、非岩质陡坡上的建筑物震害重，而位于滑坡、山崩、地陷地段的建筑物则常被毁坏。

此外，还要根据房屋建筑材料特点，利用有利地形抵抗自然灾害。

① 通常钢筋混凝土房屋的抗灾能力较强，可以较少地考虑地形的防风作用，如果是竹木结构或土坯结构，这类房屋抗风灾、暴雨的能力很弱，应选择在避风

的地带，一般不要建于山顶。

②建筑基址的土壤要清洁，要远离沼泽地带，不要建在用垃圾等污物填平的地基上，也尽量避免建在污染源的常年主导风向的下风侧。

③在卫生上要尽量避免在地方病的高发区及严重的自然疫源地。

④房屋要尽量避开被铁路、公路和高压输电线穿过的地区，也要避开已经探明有供开采的地下资源或有重要历史遗址的地方。

⑤不能远离生产作业地，住宅是人们进行农业生产的基地，距耕地或其他作业地越近越好。

（4）地势要好　房址地势应高爽、向阳，地下水位低，地面要有一定的坡度。这样有利于排水、防潮、保持地面干燥，增强房屋的防腐能力，同时还可保持环境清洁，减少苍蝇蚊虫的滋生。如果地势条件不理想，可以进行人工改善。例如，许多老房依山傍水而筑，山上的雨水顺坡而下，一部分由沟渠流走，一部分渗入地下，侵入房屋墙基，室内十分潮湿，长期居住会得风湿性疾病，严重的会发展到风湿性心脏病，这种情况可以在房屋周围挖深沟排水，改善环境。此外，常见的不良地基处理可参考表1-2。

表1-2　常见不良地基处理方法

序号	不良地基	处理方法
1	有坡度的地基	1. 底面千万不要按照原来的坡度做，要做成台阶状 2. 山脉走向本身有坡度的，深的地方一定要挖到有石块的底部，这时上部房屋的结构宜选择柱子结构，受力柱基础要直达底部石块
2	一边是软地基，一边是硬地基	1. 按压强相等的原理，加大软地基处的基础底面积 2. 加强基础部分地梁刚度 3. 加强房屋整体刚度。这时房屋不能建得太空旷，房屋层高不宜太高，墙体间距可以密一些，不开大门窗洞口，如原来不是框架结构的可以提升为框架结构等手法来处理
3	地基一部分在较深的河里	如果从深河中填基础，成本会相当高，这时可采用悬挑大梁的办法来处理
4	地基有大坑	根据坑的大小，可选择架设地梁穿越或从大坑底部填料做基础的办法

（5）房址朝向要好　房屋建成后，室内环境应冬暖夏凉，舒适宜人，作为单体的小建筑，不仅受大环境、大气候的影响，而且还受当地小环境形成的小气候影响。所以建筑物的朝向、摆布很有讲究，若选址不当就会变成冬冷夏热，对生活造成极大的影响。

（6）房址环境要好　即要求建筑物所处环境优美、宜人。

①建筑物尽量处于山环水抱、山清水秀、视野开阔、空气清新和充满生机的地方。

②房址在生活上要做到便捷、愉快，有利于健康。

③ 应根据房主不同的职业或建筑物的不同用途选择不同的位置。如房主为了经商建商店，其店址应选择在地区中心、交通便利、客流量大、信息灵通的地方。

第三节 宅基地的选择和审批

1. 宅基地的定义

宅基地是指农村的农户或个人用作住宅基地而占有、利用本集体所有的土地，即指建了房屋、建过房屋或者决定用于建造房屋的土地，包括建了房屋的土地、建过房屋但已无上盖物，不能居住的土地以及准备建房用的规划地种类型。

农村集体经济组织为保障农户生活需要而拨给农户一部分土地，用于建造住房、辅助用房（厨房、仓库、厕所）庭院、沼气池、禽畜舍等。宅基地的所有权属于农村集体经济组织。农户对宅基地上的附着物享有所有权，有买卖和租赁的权利，不受他人侵犯。房屋出卖或出租后，宅基地的使用权随之转给受让人或承租人，但宅基地所有权始终为集体所有。

根据我国法律规定，宅基地属于国家和集体所有，公民个人没有所有权，只有使用权。原有的法律规定，宅地基不得转让、出租或抵押，但是在 2014 年中央一号文件即《关于全面深化农村改革加快推进农业现代化的若干意见》中对于宅基地的使用和转让有了新的规定："改革农村宅基地制度，完善农村宅基地分配政策，在保障农户宅基地用益物权前提下，选择若干试点，慎重稳妥推进农民住房财产权抵押、担保、转让。有关部门要抓紧提出具体试点方案，各地不得自行其是、抢跑越线。"

不过，由于只是刚开始试点，政府相关部门和地方的具体办法还未出台或者确定，涉及的具体情况，还得去跑一跑当地的相关政府部门，询问是否可行，以及具体的办法。就目前阶段而言，宅基地的相关政策法规，大多数地区还是沿用之前的条款。

2. 宅基地的申请条件

申请人是本集体经济组织成员，且在本集体经济组织内从事生产经营活动，并承担本集体经济组织成员同等义务。只有属于表 1-3 所列情况之一的，才可申请宅基地。

表 1-3　可以申请宅基地的条件

序号	申请条件
1	多子女家庭，有子女已达婚龄，确需分居立户（分户后父母身边须有一个子女）
2	因国家建设原宅基地被征收
3	因自然灾害或者实施村镇规划、土地整理需要搬迁
4	原房屋破旧，宅基地面积偏小，需要新翻建、扩建

续表

序号	申请条件
5	迁入农业人口落户成为本集体经济组织成员，经集体经济组织分配承包田，同时承担村民义务，且在原籍没有宅基地
6	因外出打工、上学、被劳动教养、服刑等特殊原因将原农业户口迁出，现户口迁回后继续从事农业劳动，承担村民义务，且无住房的农业人口
7	原本村现役军人配偶，且配偶及子女户口已落户在本村组，且无住房

3. 宅基地的用地标准

村民一户只能拥有一处宅基地，其宅基地的面积不得超过省、自治区、直辖市规定的标准。

村民建住宅，应当符合乡（镇）土地利用总体规划，并尽量使用原有的宅基地和村内空闲地。

村民住宅用地，经乡（镇）人民政府审核，由县级人民政府批准，村民出卖、出租住房后，再申请宅基地的，不予批准。

4. 宅基地的申请审批流程

宅基地的申请审批流程可参考图1-2。

① 由本人向所在的农村集体经济组织或者村民委员会提出用地申请。

② 由农村集体经济组织召开成员会议或者村民委员会召开村民会议对其用地申请进行讨论。

③ 讨论通过后，由农村集体经济组织或村民委员会将申请宅基地的户主名单、占地面积、位置等张榜公布，报乡（镇）人民政府审核。

④ 乡（镇）人民政府审核后，报县级人民政府批准，批准结果由村民委员会或农村集体经济组织予以公布。占用农用地的，按照《中华人民共和国土地管理法》有关规定办理农用地转用手续。

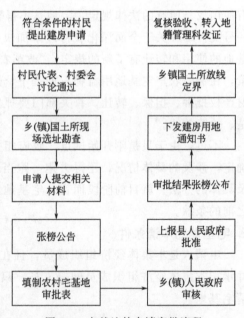

图1-2 宅基地的申请审批流程

⑤ 经批准回乡落户的城镇干部、职工、军人和其他人员申请建造住宅的，应当持有原所在单位或者原户口所在地乡（镇）人民政府出具的无住房证明材料办理有关手续，其宅基地面积按照落户所在地的标准执行。

⑥ 回乡定居的华侨、台湾和港澳同胞、外籍华人、烈士家属申请建造住宅

的，其宅基地面积参照当地标准执行。

5. 宅基地的转让条件

① 宅基地使用权不得单独转让。表 1-4 列出的 5 种转让情况，应认定无效。

表 1-4 宅基地使用权无效转让

序号	无效转让条件
1	城镇居民购买
2	法人或其他组织购买
3	转让人未经集体组织批准
4	向集体组织成员以外的人转让
5	受让人已有住房，不符合宅基地分配条件

② 宅基地使用权的转让必须同时具备表 1-5 规定的条件。

表 1-5 宅基地使用权有效转让

序号	有效转让条件
1	转让人拥有两处以上的农村住房（含宅基地）
2	同一集体经济组织内部成员转让
3	受让人没有住房和宅基地，符合宅基地使用权分配条件
4	转让行为征得集体组织同意
5	宅基地使用权不得单独转让，应地随房一并转让

注：宅基地使用权在转让时，必须同时满足表中所列条件。

6. 宅基地的选择注意事项

农村宅基地分配与建房应符合村庄规划和土地利用总体规划，充分利用旧宅基地、村内空闲地和村边丘陵坡地，严禁在基本农田保护区和地质灾害危险区内建房，严禁擅自在承包地、自留地上建房。严禁在滑坡、泥石流、陡坡、软土、山洪沟渠旁等地区选址建设住宅。建筑场地宜选择对防震有利地段和满足建筑物承载力和变形要求的场地。建筑地基宜选择对防震有利的地段，避开不利地段，当无法避开时，应采取有效措施。

农村或者小城镇土地相对宽松，建私房时就很有必要选择适宜建房的宅基地，避开一些过于复杂的地形，以免增加一些不必要的费用。以下几种地形是会大幅提高建房成本。

（1）通道过于狭窄，材料难以运输 有些古旧的村落，布局不合理，没有预留车辆行驶的通道，更有一些是顺着山坡而建的寨子，道路是拾级而上的，在这些村子中间建楼房，材料进出只能用小斗车或人力挑运，运输成本可想而知。

（2）宅基地的旁边有陡坡或悬崖 在这样的宅基地上建房，安全感的欠缺就不用说了，解决的办法，就只有砌挡土墙了。砌挡土墙的费用一般是按立方米来计算的，一立方米的片石拉到工地要上百块，加上水泥砂浆、人工费，这样下来，可是一笔不菲的费用。

（3）将房屋建在填埋土上　现代房屋一般都有二、三层以上，传统的说法，地基不打到实土是不安全的，轻则下沉龟裂，重则倾斜。如果浮土过深，只能采用机压灌桩或人工挖孔桩，这样做下来成本自然就上去了。

第二章

自建小别墅的选型与设计

Chapter 02

第一节 >> 建筑施工图常识

一、常用建筑术语

在自建小别墅的施工中，经常会听到一些专有的名词，很多时候，房主都不知道这些话是什么意思。为了让大家更为清楚地了解房屋建造，同时也能够顺畅地与建筑工匠进行沟通，表 2-1 中所列举的一些常用建筑专业术语房主最好要有一定的了解。

表 2-1 常用建筑专业术语

术语	释义
建筑物	一般多指房屋
构筑物	一般附属的建筑设施，如烟囱、水塔、筒仓等
红线	规划土地部门批给的建筑用地范围，一般用红笔圈在图纸上，具有一定的法律约束效应
纵向	指建筑物的长轴方向，即建筑物的长度方向
横向	指垂直建筑物的长轴即其短轴方向，亦即建筑物的宽度方向
定位轴线	确定建筑物承重构件相对位置的纵向、横向的控制线，如承重墙、柱子、梁等都要用轴线定位
开间	一间房屋的面宽，即两条横向定位轴线间的距离
进深	一间房屋的深度，即两条纵向定位轴线间的距离

术语	释义
标高	确定建筑竖向定位的相对尺寸数值。建筑总平面图和建筑平面图、立面图、剖面图以及需要竖向设计的图纸都要注明标高。除总平面图以外，包含建筑、结构、设备图等一般都采用相对标高，是以房屋底层室内主要房间地面定为相对标高的零点，称正负零（±0.00）
层高	相邻两层楼地面之间的垂直距离
净高	指房间的净空高度，即楼地面至上层楼板底的高度，有梁或吊顶时到梁底或吊顶底部。净高等于层高减去楼地面装修层厚度、楼板厚度或梁高及吊顶厚度
建筑高度	指设计室外地坪至檐口顶部（即层面板和斜板下）的高度
建筑面积	指建筑长度、宽度外包尺寸的乘积再乘以层数，包括使用面积、结构面积、交通面积，单位为"m²"（阳台常按50%面积计）
使用面积	指主要使用房间和辅助使用房间的净面积，是轴线尺寸减去墙皮厚度所得净尺寸的乘积
交通面积	指走道、楼梯间、电梯间等交通联系设施的净面积
地坪	多指室外自然地面
竖向设计	根据地形、地貌和建设要求，拟定各建设项目的标高、定位及相互关系的设计，如建筑物、构筑物、道路、地坪、地下管线等标高和定位
刚度	建筑材料或构件抵抗变形的能力
强度	建筑材料或构件抵抗破坏的能力
标号	建筑材料每平方厘米上能承受的拉力或压力

二、建筑平面图

建筑平面图（图2-1）就是将房屋用一个假想的水平面，沿窗口（位于窗台稍高一点）的地方水平切开，这个切口下部的图形投影至所切的水平面上，从上往下看到的图形即为该房屋的平面图。而设计时，则是设计人员根据业主提出的使用功能，按照规范和设计经验构思绘制出房屋建筑的平面图。建筑平面图包含如下内容。

① 由外围看可以知道它的外形、总长、总宽以及建筑的面积。如首层平面图上还绘有散水、台阶、外门、窗的位置，外墙的厚度，轴线标号，有的还可能有变形缝、室外钢爬梯等的图示。

② 往内看可以看到墙位置、房间名称以及楼梯间、卫生间等的布置。

③ 从平面图上还可以了解到开间尺寸、内门窗位置、室内地面标高，门窗型号尺寸，以及所用详图等。平面图根据房屋的层数不同分为首层平面图、一层平面图、二层平面图等。最后还有屋顶平面图，说明屋顶上建筑构造的平面布置和雨水排水坡度情况。

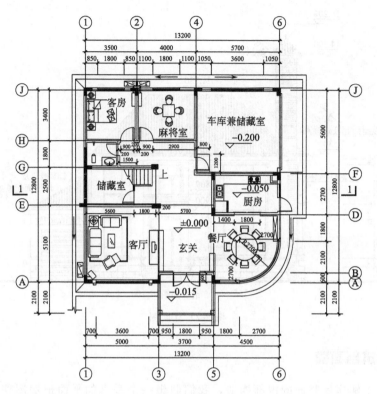

图 2-1　建筑平面图

三、建筑立面图

建筑立面图是建筑物的各个侧面，向它平行的竖直平面所作的正投影，这种投影得到的侧视图，我们称为立面图。它分为正立面、背立面和侧立面，有时又按朝向分为南立面、北立面、东立面、西立面等，如图 2-2 是某小别墅的立面图。立面图包含的内容如下。

① 立面图反映了建筑物的外貌，如外墙上的檐口、门窗套、出檐、阳台、腰线、门窗外形、雨篷、花台、水落管、附墙柱、勒脚、台阶等构造形态；有时还标明外墙装修的做法是清水墙还是抹灰，抹灰是水泥还是干粘石、水刷石或贴面砖等。

② 立面图还标明各层建筑标高、层数，房屋的总高度或突出部分最高点的标高尺寸。有的立面图也在侧边采用竖向尺寸，标注出窗口的高点、层高尺寸等。

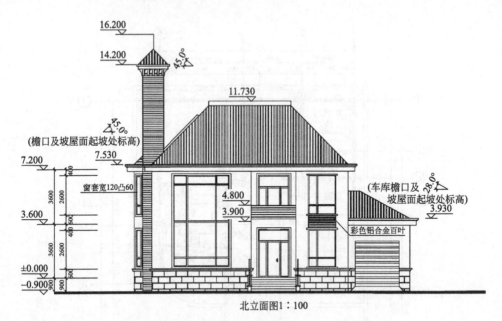

北立面图1：100

图 2-2　立面图

四、建筑剖面图

为了了解房屋竖向的内部构造，我们假想一个垂直的平面把房屋切开，移去一部分，对余下的部分向垂直平面作投影，从而得到的剖视图即为该建筑在某一所切开处的剖面图，如图 2-3 所示。剖面图包含的内容如下。

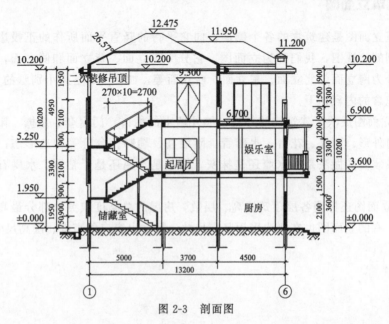

图 2-3　剖面图

① 从剖面图可以了解各层楼面的标高，窗台，窗户上口、顶棚的高度，以及室内净空尺寸。

② 剖面图上还画出房屋从屋面至地面的内部构造特征，如屋盖是什么形式的，楼板是什么构造的，隔墙是什么构造的，内门的高度等。

③ 剖面图上还注明一些装修做法，楼地面做法，对所用材料等加以说明。

④ 剖面图上有时也可以表明屋面做法及构造，屋面坡度以及屋顶上女儿墙、烟囱等构造物的情形等。

五、建筑详图

建筑详图是把房屋的细部或构配件（如楼梯、门窗）的形状、大小、材料和做法等，按正投影原理，用较大比例绘制出的图样，故又叫大样图，它是对建筑平面图、立面图、剖面图的补充。

建筑详图主要包括外墙详图、楼梯详图、门窗详图、阳台详图以及厨房、浴室、卫生间详图等，图 2-4 所示为一厨房的平面详图。

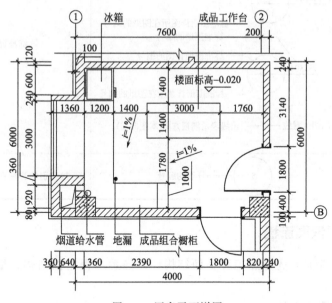

图 2-4　厨房平面详图

常见的索引及详图符号可参考表 2-2。

表 2-2　常见索引及详图符号

名称	符号	说明
详图的索引	5 —— 详图的编号 —— 详图在本张图纸上 6 —— 剖面详图的编号 —— 剖面详图在本张图纸上 —— 剖切位置线	详图在本张图上
	6 —— 详图的编号 3 —— 详图所在图纸的编号	详图不在本张图上
	93J301　6 —— 标准图册的编号 12 —— 标准图册详图的编号 —— 标准图册详图所在图纸的编号 93J301　8 —— 标准图册的编号 13 —— 标准图册详图的编号 —— 标准图册详图所在图纸的编号 剖切位置线 —‖— 引出线表示剖视方向(本图向右)	标准详图
详图的标志	5 —— 详图的编号	被索引的详图在本张图纸上

六、施工图识图流程

识图的程序是：先熟悉工程平面结构，再熟悉工程立面结构，最后熟悉细部构造。

1. 熟悉工程平面结构

建筑工程施工平面图一般有三道尺寸，第一道尺寸是细部尺寸，第二道尺寸是轴线间尺寸，第三道尺寸是总尺寸。检查第一道尺寸相加之和是否等于第二道尺寸、第二道尺寸相加之和是否等于第三道尺寸，并留意边轴线是否是墙中心线。识读工程平面图尺寸，先识建施平面图，再识本层结施平面图，最后识水电空调安装、第二次装修施工图，检查它们是否一致。熟悉本层平面尺寸后，审查是否满足使用要求，例如检查房间平面布置是否方便使用、采光通风是否良好等。识读下一层平面图尺寸时，检查与上一层有无不一致的地方。

2. 熟悉工程立面结构

建筑工程建施图一般有正立面图、剖立面图、楼梯剖面图，这些图有工程立面尺寸信息；建施平面图、结施平面图上，一般也标有本层标高；梁表中，一般有梁表面标高；基础大样图、其他细部大样图，一般也有标高注明。通过这些施工图，可掌握工程的立面尺寸。

正立面图一般有三道尺寸，第一道是窗台、门窗的高度等细部尺寸，第二道是层高尺寸，并标注有标高，第三道是总高度。审查方法与审查平面各道尺寸一样，第一道尺寸相加之和是否等于第二道尺寸，第二道尺寸相加之和是否等于第三道尺寸。检查立面图各楼层的标高是否与建施平面图相同，再检查建施的标高是否与结施标高相符。

建施图各楼层标高与结施图相应楼层的标高应不完全相同，因建施图的楼地面标高是工程完工后的标高，而结施图中楼地面标高仅结构面标高，不包括装修面的高度，同一楼层建施图的标高应比结施图的标高几厘米。这一点需特别注意，因有些施工图，把建施图标高标在了相应的结施图上，如果不留意，施工中会出错。

3. 熟悉细部构造

熟悉立面图后，主要检查门窗顶标高是否与其上一层的梁底标高相一致；检查楼梯踏步的水平尺寸和标高是否有错，检查梯梁下竖向净空尺寸是否大于2.1m，是否出现碰头现象；当中间层出现露台时，检查露台标高是否比室内低；检查厕所、浴室楼地面是否低几厘米，若不是，检查有无防溢水措施；最后与水电空调安装、第二次装修施工图相结合，检查建筑高度是否满足功能需要。

第二节 ▶▶ 自建小别墅的分类与设计原则

我国地域辽阔，民族众多，几千年来演绎出来的民居形式丰富多样，每个地方都有其各具特色的住宅形式。不同地区、不同气候条件、不同民族，住宅和房屋的类型都有着不同的布局和造型。

一、自建小别墅的分类形式

大体上讲，全国各地的民居按照结构形式划分的话，主要有以下几类。

1. 木构架式

木构架式，这是我国住宅最主要的形式，分布范围很广。这种住宅以木构架结构为主，在南北向的主轴线上建主房，主房前面左右对称建东西厢房，这就是通常所说的"四合院"、"三合院"，如图 2-5 所示。木结构房屋因为各地区的自然条件和生活方式的不同而产生了不同的区分，形成了独具特色的建筑风格。

图 2-5 四合院

例如在江南地区，住宅虽然也采用与北方"四合院"大体一致的布局，但是院子较小，所以又称为天井，仅作排水和采光之用。屋顶多铺小青瓦，室内也以石板铺地居多，以适合当地温湿的气候。而在云南、湖南等地，住宅也是采用"四合院"的型式，但各房屋的转角处往往互相连接在一起，当地则称之为"一颗印"住宅。

需要说明是，现在广大农村和小城镇中的砖瓦房，其实就是由木构架房屋形式演变而来，只不过将建筑材料由木瓦结构，变成了砖瓦结构而已。例如，常见的三间房，就是中间住房，两边厢房的构成，如图 2-6 所示。

图 2-6 对称砖瓦房

2. 吊脚楼

吊脚楼（图 2-7）主要分布在云南、贵州、广东、广西等地区，为傣族、壮族等民族的住宅形式。它是单栋独立的楼式结构，底层架空，用来饲养牲畜或存放物品，上层住人。这种建筑不但隔潮，并能防止虫、蛇、野兽等侵扰。

3. 窑洞式住宅

窑洞式住宅主要分布在河南、山西、陕西、甘肃、青海等黄土层较厚的地区，如图2-8所示。窑洞式住宅主要利用黄土直立不

图 2-7 吊脚楼

倒的特性，水平挖掘出拱形窑洞。这种窑洞节省建筑材料，施工技术简单，冬暖夏凉，经济适用。窑洞一般可分为靠山窑、平地窑、砖窑、石窑或土坯窑等几种。

4. 现代住宅

上面几种住宅形式都是颇具地方特色的民俗住宅形式。在我国广大农村和小

城镇，以前砖墙红瓦就算不错的房子了。随着人们生活水平的越来越高，现在砖瓦房不断被二三层的小洋楼替代，在很多地方，一眼望去，全是漂亮的"小别墅"！在实际生活中，目前以钢筋混凝土为主要材料的这种小别墅已经是最为主要的住宅形式，如图2-9所示。

图 2-8 窑洞

图 2-9 小别墅住宅

二、自建小别墅的结构形式

现代住宅的结构主要分为砖混与框架结构两种。

① 砖混结构是使用得最早、最广泛的一种建筑结构型式。这种结构能做到就地取材，因地制宜，适合于一般的自建房。

② 如果层高比较高，开间要求比较大，或者是抗震要求比较高，则可以考虑钢筋混凝土框架结构。

两者在结构、用材、造价等方面都存在较大的差异，具体可以参见表2-3所述。

表 2-3　框架结构与砖混结构的部分差异

区别	框架结构	砖混结构
本质区别	承重构件不同	
承重构件	承重构件主要是框架柱子，框架梁承重	承重构件主要是墙（虽有构造柱，有圈梁，但其作用是加强整体性，不是承重）
传力方式	荷载作用在楼板上，楼板传力给梁，由于梁搁在柱子上，所以力传至柱子，柱子再传给基础，墙体只是起分隔和围护作用	楼板传力给墙，墙以线荷载的形式传给基础
牢固性能	牢固性很好，可以做到几十层	牢固性一般，一般不超过6层
改造特点	多数墙体不承重，所以改造起来比较简单	砖混结构中很多墙体是承重结构，不允许拆除的，只能在少数非承重墙体上做文章

续表

区别	框架结构	砖混结构
隔声效果	取决于隔断材料的选择，最常用的加气混凝土砌块，隔声效果很好	红砖隔声效果中等
空间大小	梁和柱的结构使得框架结构的空间可以做到6m以上 适合房间开间进深大，房间形状自由的建筑	因为砖的承重能力有限，做到5m就不错了 开间进深较小，房间面积小
工程造价	工程造价较高	工程造价较低，根据施工地点不同而造价差异不同，一般来说，比框架结构每平方米造价要低三百元左右
环保特点	大部分原料都是工业废料，节能环保	红砖由黏土烧制而成，浪费耕地
使用寿命	框架结构的使用寿命和抗震强度要高于砖混结构	
适用范围	适用范围广泛，高层、多层，甚至两三层的别墅	适合多层和低层的房屋
空气湿度	混凝土调节空气湿度性能较差	红砖调节空气湿度性能较好
抗震性	框架结构抗震性能明显提升	抗震性能较差

三、自建小别墅设计的原则

　　住宅不仅要为居住着提供居住的空间和场所，还需要创造良好的居住环境，以满足居住者的生活和心理需求。广大农村和小城镇的业主在建房时，进行住宅选型和设计时必须遵循如下原则。

1. 以使用功能为基础

　　在选型和设计时，应根据建房者所建住宅的实际功能来确定。一般情况下，一套完整住宅主要由住房及院落两部分组成。住房又包括堂屋、卧室、厨房、杂屋等房间。

2. 有鲜明的地方性

　　当地经过千百年发展起来的房屋形式，一定是有其道理的，在设计住宅时，必须结合当地的地理位置、自然条件及气候环境，以及本地的文化传统来进行。

3. 就地取材，因材致用

　　建造房屋必须考虑建筑用材的问题。建房时的地基基础用材、墙体用材、房面用材是住宅建设的主要用材。这些材料有着不同的用途和特性。所以，在设计小别墅时，一定要把建筑材料的选择纳入设计的范畴。如多山的地区，可把石材作为首选用材；而盛产木材和竹子的地区，则应多考虑木材和竹子的应用。

第三节 >> 自建小别墅的布局设计

功能布局是自建小别墅选型和设计的关键。在选型和设计时，必须按照这些功能进行合理优化布局。

一、住宅户型及功能布局

自建小别墅在进行选型、设计时，户型、结构和规模是决定住宅套型的三要素。除每个住户均必备的基本生活空间外，各种不同的住宅类型还要求有不同的附加功能空间；而住户结构的繁简和住户规模的大小则是决定住宅功能空间数量和尺寸的主要依据。

现在四世同堂在居住在一起的不常见了，一般都是两代或者三代人住在一起。人口多在 3～6 人。通常情况下，小别墅的基本功能布局有门厅、起居室、餐厅、卧室、厨房、浴室、储藏室，并应有附加的杂屋、厕所、晒场等功能。当人口为 3～4 人时，一般设 2～3 个卧室；当人口为 4～6 人时，根据需求通常设 3～5 个，甚至 6 个卧室。如图 2-10 所示为常见的两层别墅户型示意图，图 2-11 所示为常见的三层别墅户型示意图。如果是经商或者自办小作坊的业主，还可根据实际需要增加其他功能用房。

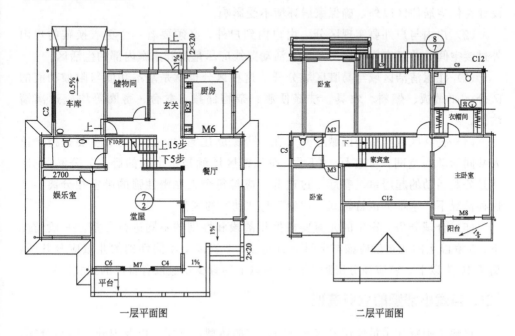

一层平面图　　　　　　　二层平面图

图 2-10　两层别墅户型示意图

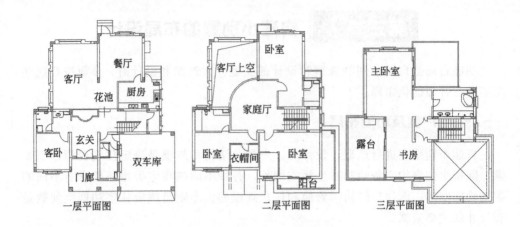

一层平面图　　二层平面图　　三层平面图

图 2-11　三层别墅户型示意图

二、住宅布局的设计

　　自建小别墅类型较多、功能需求不少，在进行布局设计的时候，要根据不同的功能规划好合理的布局，主要注意以下几点。

　　(1) 确保生产区与生活区分开　凡是对人居住生活有影响的生产用房，均要设计在住宅居住区以外，确保家居环境不受影响。

　　(2) 户内与户外要实现区分　由户内到户外，必须要有一个更衣换鞋的户内外过渡空间，并且客厅、客房及客人活动路线应尽量避开家庭内部的生活区。

　　(3) 注意清洁区域与易脏区域分开　这种区分也就是基本功能与附加功能的区分。如做饭、燃料、农具、洗涤便溺、杂物储藏、禽舍、畜圈等均应远离清洁区。

　　(4) 公共区域与私密区域分开　在一个家庭住宅中，公共区域主要是指全家人共同活动的空间，如客厅、门厅，而私密区域就是每个人的卧室。公私区分，就是公共活动的起居室、餐厅、过道等，应与每个人私密性强的卧室相分离。在这种情况下，基本上也就做到了"静"与"动"的区分。

　　(5) 合理分房　家中的儿童要根据年龄段和性别的不同进行分室。一般情况下，5 岁以上的儿童就应该与父母分开睡了；7 岁以上不同性别的儿童应分开睡，到了 10 岁以上，就应该分房睡了；16 岁以上的青少年应该有自己的独立卧室。

三、自建小别墅的立面选型

　　自建小别墅在满足使用要求的同时，它的体型、立面，以及内外空间组合等，还要努力追求一种美的享受。

　　住宅内部空间的组合方式是确定外部体型的主要依据。因此，在平面、剖面的设计过程中，就需要综合包括美观在内的多方面因素，考虑到建筑物可能具有外部形象的造型效果，使房屋的体型在满足使用要求的同时，尽可能完整、均衡。

对于自建小别墅而言，外观组合方式无外乎就是对称（图 2-12）和不对称（图 2-13）两种。对称的房屋体型有明确的中轴线，建筑物各部分组合体的主从关系分明，形体比较完整；不对称的房屋体型特点是布局比较灵活自由，能适应功能关系复杂，或不规则的基地形状。相对而言，不对称的房屋体型容易使建筑物取得舒展、活泼的造型效果。

图 2-12　对称组合

图 2-13　不对称组合

建筑物的外观还需要注意与周围环境、道路的呼应、配合，要考虑地形、绿化等基地环境的协调一致，使建筑物在基地环境中显得完整统一、配置得当。

第四节 ▶▶ 自建小别墅的不同空间设计

住宅设计的另一项任务就是要按照基本功能空间和附加功能空间的要求和特点科学布局各个住宅空间。

一、住宅各功能间的面积标准

进行住宅的平面设计时，首先就要确定空间的面积。一般来说，根据农村和小城镇的具体情况和实际需要，不同功能空间的面积可以参考表 2-4 中的数值确定。

表 2-4　基本功能空间面积选用标准

功能空间	门厅	客厅/堂屋	主卧室	次卧室	厨房	餐厅	卫生间
面积/m²	3～5	13～25	12～18	10～14	6～10	8～14	4～8
功能空间	书房	阳台	平台	储藏间	车库	—	—
面积/m²	10～16	4～8	12～20	6～12	20～30	—	—

二、住宅各功能间的平面设计

1. 门厅

　　在以往的设计中，不少自建房都不设门厅，进门直接是堂屋，这样一来，就没有了内外空间的过渡。按照合理、文明的居住要求，在房屋的设计中，门厅是必不可少的一个功能空间。这样，换鞋、更衣以及存放雨具等就有了内外的过渡空间，同时还起到屏障及缓冲的作用。

　　门厅的地面应以容易打扫、清洗和耐磨为原则。门厅最好是单独设置，也可以是大空间中相对独立的一部分，如图2-14所示。

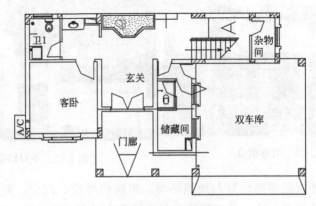

图 2-14　门厅布置图

2. 客厅/堂屋

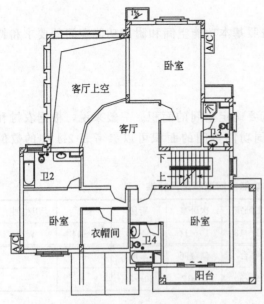

图 2-15　客厅布置图

　　和城市住宅不同的是，自建小别墅客厅可能要多于城市住宅的客厅数量，一般底层设计一个，上面各层还会有设置。

　　(1) 底层客厅设计　在农村和小城镇中，底层客厅一般也称为堂屋，如果有三间房的话，常置于中间房中，客厅中置有一个好处，就是可以利用客厅为中心来组织交通，应当说这样设计具有一定的合理性，见图2-15。

　　和城市住宅一样，自建小别墅中客厅也要按照在厅中尽量少开门，增加固定墙面的设计原则，以便于好空出尽量多的实际可用空间来作为会客功能用，也利于创造一个相对安心舒适的会客环境。从另一个角度来说，卧房门对着正厅堂会显得私密性不够，卫生间对着厅堂自然也不雅观。通向上层的楼梯入口最好也要遮挡一下，增加一些私密性，这种遮挡可以不用实墙，例如通透的博古架或灵活的屏风都是不错的选择。

底层客厅是家庭第一重要的功能空间，是对外展示和交流的窗口，也是家庭成员交流的地方。底层客厅经常会用来操办婚丧嫁娶之用，所以空间面积相对而言要大一些，但对于自建小别墅来说，由于建筑技术等方面的限制，最大开间一般采用也就是边长 4～5m。

在设计中，不少人喜欢采用一种复式设计，就是两层房子的高度作一层用，去掉上面的一层楼板，这样处理确实有一种高堂大殿的感觉，在高档别墅中也并不少见，见图 2-16。但对于普通老百姓来说就不是很实用了，能耗也较高，例如开个空调，也得多耗费一倍多的电量。

底层客厅还有一种地坪下沉式的设计手法（图 2-17），一般下沉两个踏步，这样一来，客厅层高会稍微高一些，其他空间稍低一些，也有其合理性。但这种设计对于家中有老人的就不见得有多好，因为有了这两个踏步，对老人行走会很不方便的。

还有一种错层设计手法，就是利用楼梯平台标高（一般半层）位置做成前后或

图 2-16　复式设计

左右错开半层的设计，这种设计如果处理得好，能充分结合利用高低不平的地形，是一个非常不错的设计方法，见图 2-18。但这种形式在实际设计中却不太常见，主要原因就是对于自建房主，还有施工队伍的技术水平而言，这种形式的设计和施工难度相对大了一些。

图 2-17　地坪下沉式设计

图 2-18　错层设计

家庭中客厅在功能上是第一重要的原因，所以客厅一般占据好的位置和好的朝向来设计。在实际设计中，有时客厅不一定朝向南，这主要是看地理位置方便，比如临街，或者另外的朝向有更好的景观。

（2）上层客厅的设计　上层客厅其实功能上就是满足家庭内部人员日常生活的公共活动地方，面积可大可小，一般均有配置，作为交通中心。

图 2-19　观景阳台

上层客厅一般需要设计观景阳台（图 2-19），这时阳台可以完全与客厅连通（没有隔墙），这种设计一般在客厅面积不是太大的情况下尤其多见。根据设计规范的规定，客厅必须要有直接采光。

3. 厨房

传统的厨房功能具有多样性，不但是炊事员的作业场所，而且还具有蒸煮禽畜饲料、存放燃料、冬天取暖的功能。所以，厨房必须达到清洁、整齐、卫生、宽松。自建小别墅的厨房一般设计在底层，一般宜占用相对朝向较差的一面，这也就是能够理解，坐北朝南的房子，为什么厨房一般放在北边了。

厨房门宜面向餐厅方向，方便联系。现大多数是采用玻璃移门比较大气漂亮。如果地形条件许可的话，尽量设计一个小阳台，方便厨房间一些乱七八糟的东西在厨房外的小阳台加工，这小阳台可以不用太大。

完全使用燃气的厨房，开间宜大于 1.8m；对于还有土灶的厨房，一定要考虑好安置天然气灶具的位置，还要考虑到一定的放置木柴的空间。厨房间地坪标高宜比其他地面低 3～5cm，厨房门宜为防火门。

一般厨房的平面布置大致有三种类型。

① 厨房与其他房间组合在一起，它的特点是布置在住房之内，使用起来较为方便。这种布置对还在使用土灶的厨房不适用，最大缺点就是通风系统不良时，家里易被烟气污染。

② 厨房与住宅相毗连。它的特点是布置在住房外与居室毗连，与居室联系方便，不受雨雪天气的影响，对卧室污染程度小。这种布局较为理想。

③ 烧柴类的厨房应该在院中独立建造。它的特点是布置在住房外与居室分开，这样可避开烟气对居室的影响。缺点是占地面积大，并且雨雪天气时使用不便。

厨房的布置应按照储、洗、切、烧的工艺流程进行科学布置，并且要按现代生活要求及不同的燃料、不同的民族习俗等具体条件配置厨房设施。

（1）单、双排布局 除洗切、烹调等主要操作空间外，厨房内应设 附属储藏间，用来储藏粮食、蔬菜及燃料。厨房中的功能布局可视具体条件采取单排平面布置、双排平面布置，如图 2-20 和图 2-21 所示。

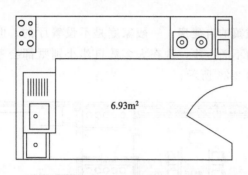

图 2-20 单排平面布置

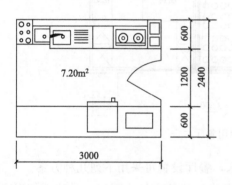

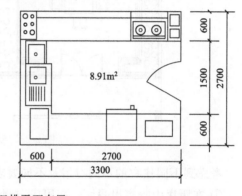

图 2-21 双排平面布置

（2）双灶台厨房 农村使用的燃料主要有煤、柴、气三种。北方农村一般采用烧煤和烧柴同时并存的双灶台厨房，一个灶台用来做饭，另一个灶台用来烧炕，如图 2-22 所示。

（3）待客式厨房 这种厨房面积应适当扩大，可以摆放小餐桌，作为特殊情况下个别人临时用餐。全家的正式就餐应在专用餐厅。

在自建小别墅的设计中，厨房的通风和采光经常容易被忽略。厨房通风的重要性源于中国菜的烹饪方式，厨房中的油烟

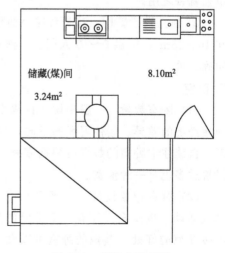

图 2-22 双灶台示意图

如果不及时排出，对健康会有很大的损害。自建小别墅厨房通风设计的第一要点就是要有直接对外的墙面，开一扇大小合适的窗户，就连带采光问题一并解决了。需要注意的是，在设计时要考虑当地的常年风向，不要出现油烟倒灌的现象，也不要出现排到室外的油烟又被风吹回室内的尴尬情况。

4. 餐厅

以前农村和小城镇的自建房，一般家庭是不设餐厅的。但随着经济收入的不断提高，生活方式的不断进步，现在大多数自建小别墅都会考虑在住宅建设中设置专用的餐厅，如图 2-23 所示。

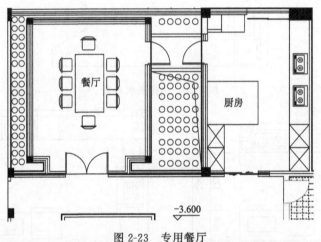

图 2-23 专用餐厅

考虑到不同住户的不同习俗及不同要求，餐厅设置可采用下列几种方案。

① 在厨房中隔离出餐厅。在厨房一侧分出一块地方设小餐桌，供特殊情况下单独就餐之用。

② 独立设置餐厅。这是自建小别墅住宅建设的一个发展方向，其面积一般应在 $10\sim15 m^2$，可供 6～10 人用餐。独立餐厅应和厨房、客厅联系紧密，要求功能明确、单一。

5. 卧室

（1）卧室数量 一般来说，自建小别墅的卧室数量要多于城市的住宅。除了地域经济的差异、居住习惯的不同，很重要的一点就在于自建房设置卧室成本较低。自建住宅卧室的数量可根据家庭人员构成情况而定，以三到四室为宜，房屋设置过多也是一种浪费。

（2）卧室位置设计 一般底层必须有一个老人用的卧室位置，在一层便于老人活动，也安全。还有一个重要的原因是，底层房间由于有地气的作用，有冬暖夏凉的好处。其他的卧室可以设计在上层，主卧室一般设计在朝南的位置，其他卧室也应当按照尽可能好的朝向设计。卧室还要注意规避噪声的侵扰，如果景观环境很差的也要规避。

（3）主卧室设计　自建小别墅的卧室一般会相对大一些，通常开间在 3.6～3.9m，北方地区也不宜太大，有 3.3m 左右即可，进深宜取 4.8～5.1m 为宜。也有高档一些的房主卧室面积很大，有条件的主卧室宜专配一个卫生间、一个步入式衣柜、专用生活阳台或露台。

（4）次卧室的设计　一户人家，最恰当的卧室设计是大中小结合配套，才是最经济合理的，次卧室又可细分为中和小两种。小卧室可以做得很小，甚至于可以和日式的榻榻米结合起来设计，既当地又当床。

（5）卧室的私密性设计　卧室是一个需要私密的空间，有条件的可以采用书房等功能空间作套间来增加卧室的私密性，卧室门的开户方式也对卧室私密性有一定的影响，门到底是内开还是外开，有时移门可能比平开门更私密一些。

（6）人的场气与卧室设计　科学研究表明，人的周围是有一个生物能量场，人在小的空间内有利于这种能量的积聚，所以卧室不宜太大。卧室不用太大还有一个原因就是，现在的家具小型化、轻薄化已成流行趋势，卧室也相应地可以更小一些。

（7）从使用的便利性上讲　卧室通常和卫生间靠在一起比较好。

6. 卫生间

自建小别墅的卫生间设计有其特有的特点，现在的自建房一般以两层楼房居多，一般一层必须要设置一个卫生间，二层可以设置一个或两个卫生间。

（1）一楼卫生间的设计　一楼卫生间的设计最好要靠近卧室布置，这是一个基本原则，因为卫生间布置宜按照房主家庭人员使用为主，客人使用为辅。

一层卫生间设计时应当充分考虑到老年人的生活习性（一般考虑老年人在楼下居住），所以一定要有坐便器，甚至可以按照老年人的卫生间使用标准来设计。在设计时，有必要在一楼卫生间设置一个洗衣机的位置。一楼卫生间常有布置在楼梯下面的，这时要注意楼梯下面的净高要保证最少 2m。一楼卫生间门不可正对房子进入口的大门，也不宜正对餐桌和厨房，一楼卫生间的窗也宜设计得高一些。

（2）上层卫生间的设计　一般主卧室和子女房以及客房均安置在上层，所以卫生间设计也必须按方便卧室使用的原则来设计。经济基础不宽裕的家庭可以配置一个卫生间，这时宜按靠近主卧室布置。经济基础较好的家庭一般设计两个卫生间，一个主卧室专用，另一个公用。高档别墅可以按每个卧室一个卫生间来配置，另外再配置一个公共卫生间。

主卧室专用卫生间一般可配置坐便器和淋浴房或浴缸等，卫生间面积空间要充分考虑到妇女生活的方便性。另一个公用卫生间，宜配置蹲便器和一个淋浴喷头。公共卫生间的各功能空间宜分隔开来单独使用为好。

在设计规范中规定卫生间的开间最小为 1.6m，但是自建小别墅的卫生间有条件设计得更宽敞一些，可以按最小 1.8m 或 2m 以上考虑。有条件的还可在卫生间外侧套置一个挂衣服的空间，这样可以让卫生间距卧室远一点，在深夜使用卫生间时发出的响声对主人的影响也可以少一些。

自建小别墅的卫生间还要考虑靠近厨房和化粪池。在布置下层卫生间时要考虑到上层卫生间的布置，最好上下对齐，这样可以节约管道，方便上下水。上层布置卫生间时不宜布置在厨房、餐厅的上方。卫生间宜按设在采光、通风条件相对较差的北侧或东西侧区域，一般不宜设计在南侧，卫生间尽量采用直接对外采光。

7. 储藏间

储藏间面积大、储藏物品种类繁多是农村和小城镇自建别墅的一大特点。在规划设计储藏间时，首先要确定储藏间的平面位置。一般情况下，储藏间位置要隐蔽，不宜外露，以避免空间凌乱；储藏间要相对独立，就近分离设置。被服、鞋帽、床上用品等的储藏间应靠近卧室设置；食品、餐具和燃料等的储藏间应与厨房、餐厅就近分类设置；蔬菜水果应在房屋的底层或地下室中储藏；小型农机具的存放应设置在房屋底层靠近出门口处等。

在设计储藏间时，可利用楼梯间作为储藏间，如图 2-24 所示或底层架空位置作为储藏间。在卧室中，应按使用要求及尺寸专设衣柜间；在使用框架结构的房间中，可采用壁柜隔离作储藏间；可在过道、门头或室内安装吊柜；窗台及家具下部空间做储藏间等。

图 2-24　楼梯间作为储藏间

8. 车库设计

由于现在人们的消费水平日益增长，很多家庭都购买了属于自己的小车，因此在自建小别墅的设计中，必须要考虑车库的设计。

一般来说，车库都是设计在南面的，因为大门基本是朝南的居多，所以在大门前面路面做得比较好，这样就方便车子的进出和停放。

车库的房屋设计图一定要注意基本的尺寸：车库门的宽度不宜少于 3m，进深不宜少于 6m，这样的标准才能符合现代小轿车的舒适停放。

需要注意的是，车库一般不是独立设计的，在一层的房屋设计图里，车库里面要设计一个门直通堂屋室内空间，否则如果是独立的话，遇到下雨天就比较麻烦了，停好了车还要从室外绕，体验就比较差了。车库门最好采用电动卷帘门，这样下雨天也不用跑出车外去开门，只要在车内按下遥控器就可以把车库门打开，相对比较方便，如图 2-25所示。

图 2-25 车库设计

车库最好也要做室内外高差，防止大雨天车库进水，导致车子浸泡在水里，一般做 30～50cm 的高差就可以了。

第五节 ▶▶ 抗震与防灾设计

我国是一个自然灾害频发的地域，因此，在小别墅的建设过程中，一定要未雨绸缪，注重抗震与防灾的设计，从而为自己的生命财产多增加一份保障。

一、抗震设计

1. 基本要求

（1）选址要合理　房屋抗震选址基本原则是：选择有利场地、慎用不利场地、避开危险场地。稳定的基岩、硬土、平坦开阔的地段均为有利建设的场地；软土、液化土、河岸边坡（图 2-26）、突出的山丘均属于不利场地，设计和施工要采取相应措施；断裂带可能产生滑坡（图 2-27）、塌方、塌陷等的地方均属于危险场地，

图 2-26 河岸边坡地址

图 2-27 容易滑坡的地址

不能在此建造房屋。

(2) 结构布置要合理　建筑平面和立面布置要尽可能简单对称。形状不规则的房屋因为各个部分结构的刚度和承载力分布不均匀、不连续，容易形成抗震的薄弱环节。

房屋的女儿墙、高门脸和屋顶小塔等构件，在地震作用下，如果与主体结构连接不牢，非常容易引起严重破坏，甚至倒塌。

(3) 传力途径要明确可靠　房屋重量，使用荷载和风、地震等外力作用通过承重构件传递，所以结构体系的设计一定要使这些力的作用尽可能简捷、明确地传递，避免传力中断。

图 2-28　砖混结构布置

① 砖混结构中要求承重墙自上而下均匀连续布置，减少承重墙的局部缺失而造成承重墙置于墙梁上的做法，增加结构的抗侧刚度，如图 2-28 所示。

② 框架结构中要求柱子自上而下连续布置，减少柱子的局部变位以形成梁抬承重柱的良好受力结构，增加整个框架结构的抗侧刚度和减少由于重心偏离而造成的扭转，如图 2-29 所示。

图 2-29　框架结构布置

(4) 可靠的连接保证结构整体性　预制钢筋混凝土装配式结构构件的连接应保证结构的整体性。如屋面大梁和墙、柱支座的连接，预制空心板和大梁及板之间的连接均要牢靠。

2. 房屋结构承重构件

对房屋结构来说，重力荷载是长期作用的荷载，其他荷载均是临时荷载。因此，在任何条件下，保证房屋结构中的主要承重构件不破坏，才能保证房屋的安全。不同结构类型的房屋，主要承重构件也不同。砖混结构中墙体是主要承重构件，框架结构中柱子是最重要的承重构件。

（1）砖混结构　砖墙起承重和抗震作用，是主要承重构件，不能破坏。在底部墙体上随意开洞，会大大降低结构的抗震性能。

在砖混结构中，构造柱是指在多层砌体房屋角部、内外墙交接处或长墙段中部、开口处，按先砌墙后浇灌混凝土的施工顺序制成的钢筋混凝土小柱。圈梁是指在房屋的檐口、楼层或基础顶面处，沿墙体水平方向设置封闭状的钢筋混凝土墙上梁。构造柱和圈梁起着约束砌体、提高墙体延性（变形能力）的作用，是重要的抗震构件。在地震中，砖混结构在水平地震作用下，墙体会产生裂缝，如果没有圈梁、构造柱的约束，裂缝会很快延伸扩展，最终使墙体突然倒塌。

砖混结构强度和延性（变形能力）较低，楼板大多采用预制空心板，整体性较差，抗震能力较低，对房屋的总高度、总层数和层高都有一定限制。

如果砖混结构房屋严格限制高度和层数，按照抗震要求设置构造柱和圈梁，并进行正规施工（图 2-30），也具有较好的抗震能力，并不是说其抗震性就一定比框架结构差。

（2）框架结构　为了使结构整体抗震能力得到保障，做到"大震不倒"，应遵循"强柱弱梁"的概念。但是，在实际工程中，由于考虑不周，往往形成"强梁弱柱"，地震时柱子两头坏了，而梁和楼板不坏，严重的会使结构整体倒塌，如图 2-31 所示。

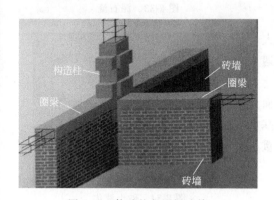
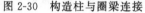

图 2-30　构造柱与圈梁连接

图 2-31　不符合"强柱弱梁"的结构

由于框架结构中柱子是最重要的承重结构，为保证柱子不倒，避免房屋垮塌，设计中要满足柱的抗弯承载力比梁的高。这样地震来时，以梁的局部破坏吸收地震能量，保证柱子不倒，维持结构整体不破坏。

框架结构填充墙和围护墙如果与框架柱梁拉结不好，在地震作用下会开裂和闪倒。

二、防灾设计

一般所说的自然灾害主要有山体滑坡、泥石流与砂土液化等，在这些地段均不宜建房。

山体滑坡是指斜坡上某一部分岩土在重力作用下，沿着一定的软弱结构面（带）整体向下方移动的现象。滑坡的产生取决于土石体的内在性质和结构，雨水、地震、人为扰动等是滑坡的诱发因素。房屋如果建在斜坡上或坡脚处，山体滑坡会将成片房屋掩埋，如图 2-32 所示。

山体滑坡形成的大量松散土石体，会转变成泥砂的河流，泥石流所经之处房屋会遭到冲毁甚至掩埋。尤其是在山区，这种灾害更为频繁，如遇大雨还可能引发泥石流，如图 2-33 所示。

图 2-32　山体滑坡

图 2-33　泥石流

砂土液化是地震中常见的现象，人们通常称之为"喷砂冒水"。砂土地基遇到地下水时，在地震时会发生砂土液化现象，当房屋的地基出现液化时，上面的建筑物就会歪斜甚至倒塌。由于地基的液化，尽管房屋结构未坏，但已严重倾斜甚至倒下，如图 2-34 所示。

图 2-34　砂土液化

第三章

自建小别墅的预算造价

Chapter **03**

第一节 》 **工程预算造价的确定**

对于自建小别墅，不论是自己组织进行施工，还是将工程承包给个体工匠或建筑企业，都属于自建房屋。由于一般的建筑企业都需要收取管理费、利润和计取税金，因此大多数人在自建小别墅的时候多把建房工程承包给当地的个体施工队，以降低建造成本。本章的所有内容也都是针对将建房工程承包给个体施工队的这种模式。

房主将建房工程承包给个体施工队的承包模式包括包工包料和包工不包料两种方式。包工包料也叫全包，是指承包方不仅承包工程用工，而且要提供工程所需材料和施工设备的承包方式。包工不包料是指工程所需要的材料由房主负责供应，承包方只承包工程用工、提供施工设备的承包方式。一般而言，目前采用最多的还是包工不包料的承包模式，即大宗的材料采购由房主负责，而工人和设备则由施工队负责。甚至在有的地方，还会采用包清工的方式，即房主负责所有的事情，连建房子的大工、小工都是房主负责分别请来，并按天支付他们的人工薪酬。

无论采用哪种方式，在房屋施工图确定后，都需要根据施工图的内容初步确定工程造价，以便签订施工合同，合理安排资金。

目前不少地方，在建房的时候，造价都是采用的估算法，即通过周围已经建好的房屋来估算一个大概的建房成本。但是，即使外观一模一样，由于材料、细部、甚至物价的波动，都会对整个房屋的建造成本有比较大的影响。因此，作为房主来说，要想以最合理的方式筹集和规划建房资金，还是要从根本上了解房屋的工程造价组成，并做出合理的工程预算。

其实，自建小别墅的建造成本计算，也并非难事，主要就是四个方面的成本：材料费、人工费、机械费、措施费用。

1. 材料费

这里的材料费是指在施工过程中耗用的构成房屋实体的各种原材料、辅助材料、构配件、半成品的费用，如水泥、钢筋、砖瓦等。不包括周转使用材料的摊销（或租赁）费用，如模板、脚手架等。材料费由材料原价（或供应价）、销售手续费、包装费、材料自来源地运至工地的装卸费、运输费及途中损耗、采购及保管费等构成。对于自建小别墅而言，材料费是其中最大的开销，基本上可以占到总成本的五六成左右。不过随着现在人工费的上涨，这一比例也在逐步降低。

材料费等于各种材料的消耗量分别乘以各自的预算单价的总和，即：

$$材料费＝\sum 材料消耗量 \times 材料预算单价$$

材料费的确定关键在于确定各种材料的消耗量以及相应的材料预算单价。

（1）各种材料消耗量的确定　正确确定建房所需的各种材料消耗量有利于房主或承包方制订材料购买计划。

房屋建筑工程是由各实物工程组成的，如砌砖基础和砖墙、浇筑混凝土、铺块料地面等。根据施工图按照一定的计算规则计算出各实物工程量；一定计量单位的实物工程量都规定了各种原材料的用量，我们称之为定额用量，根据计算出的各实物工程量和相应的定额用量计算出各实物工程的各种原材料需用量；最后按类别、规格统计出整个工程所需的各种材料的消耗量。工程量的详细计算可以见本章第四节的内容。

（2）材料预算单价的确定　工程所需的各种材料的消耗量确定后，就需要确定出各种材料的预算单价以便于计算工程所需的材料费。由于地区不同，各地建筑材料市场价格差别较大，材料的预算单价主要根据当地市场价来确定，一方面可以通过市场调查获得，另一方面也可以从当地工程造价主管部门（一般是建委）定期发布的建筑材料价格信息中获取。

2. 人工费

人工费是指直接从事工程施工的生产技术工人和辅助生产工人开支的各项费用，即各种技工、普工的费用开支。随着人工费用的不断上涨，现在自建小别墅的总造价成本中，人工费的比例越来越高，从原来的大概两成左右，上涨到了现在的三、四成。

虽然现在在很多地方，人工费还是采用预计消耗的工天数或统计的实际消耗工天数乘以人工单价来确定，即单纯的计算工时，但这种计算方法不仅不利于调动承包者的积极性，不利于提高效率和缩短工期，而且由于没有一个具体的计算数，成本上也很难控制。

因此，可以采用实物工程量和实物工程量人工单价来确定人工费，即：

$$人工费＝\sum 实物工程量 \times 实物工程量人工单价$$

实物工程量根据施工图按照一定的计算规则计算。

实物工程量人工单价则主要根据当地人工市场价来确定，也可从当地建设主管部门定期发布的建筑工程实物工程量与建筑工种人工成本信息中获取。

这种计算方式的好处就在于，相当于工程全部承包，一定的工程量给予一定的人工费用，施工者为了获得更好的经济效益，必然会加快施工进程。此外，当工程量确定之后，人工费用也就确定了，有利于建房成本的控制。

3. 机械费

由于是自建房，施工机械相对不多，而且请的施工队经常会自带机械，因此，机械费在建房成本中的比例相对不大。

在自建小别墅的成本中，机械费用主要就是指搅拌机、升降机、龙门架，甚至小型发电机等设备的租赁费用。这些机械的租赁时间可以与承包队沟通确定，价格一般就是参考当地的实际价格，再乘以所需租赁的天数就可以了。

需要注意的是，不同的机械进场的时间是不一样的，没有必要一次租齐，应该跟施工队协商，确定一个大概的进场时间，然后再与租赁商家谈妥具体的取设备时间，这样可以最大可能地减少设备租赁费用的浪费。

4. 措施费

这里的措施费是指为完成工程施工，发生于该工程施工前和施工过程中非工程实体项目的费用。针对自建小别墅施工的实际情况，措施费主要包括以下几种。

（1）安全施工费　安全施工费是指施工现场安全施工所需要的各项费用。

（2）临时设施费　临时设施费是指为进行工程施工所必须搭设的生活和生产用的临时建筑物、构筑物和其他临时设施费用等。临时设施包括临时工棚、材料机加工棚、淋灰池、水管、电线等。

（3）夜间施工费　夜间施工费是指因夜间施工所发生的夜班补助费、夜间施工降效、夜间施工照明设备摊销及照明用电等费用。

（4）二次搬运费　二次搬运费是指因施工场地狭小等特殊情况而发生的二次搬运费用。

（5）大型机械设备进出场、使用及安拆费　大型机械设备进出场、使用及安拆费是指机械整体或分体自停放地或某个施工地点运至施工现场，所发生的机械进出场运输和转移费用及机械在施工现场进行安装、使用、拆卸所需的人工费、材料费、机械费、试运转费和安装所需的辅助设施的费用。

（6）混凝土、钢筋混凝土模板及支架费　混凝土、钢筋混凝土模板及支架费是指混凝土施工过程中需要的各种钢模板、木模板、支架等的支、拆、运输费用及模板、支架的摊销（或租赁）费用。

（7）脚手架费　脚手架费是指施工需要的各种脚手架搭、拆、运输费用及脚手架的摊销（或租赁）费用。

（8）已完工程及设备保护费　已完工程及设备保护费是指竣工验收前，对已完工程及设备进行保护所需费用。

（9）施工排水、降水费　施工排水、降水费是指为确保工程在正常条件下施工，采取各种排水、降水措施所发生的各种费用。

由于措施费包括的费用项目多，不易详细计算，为了便于计取，通常措施费就按人工费的一定比例计算，该比例称为措施费率。根据房屋建筑工程的体量大小，措施费按人工费的 20%～30% 计取。因此，

$$工程造价 = 人工费 + 材料费 + 机械费 + 措施费$$

其中：

$$人工费（包含简单手工工具费）= 人工消耗量 × 人工单价$$

$$材料费 = \sum 材料实物消耗量 × 材料的市场价格$$

5. 自建小别墅快速估算价格参考

由于很多房主对于房屋建筑不是很了解，因此很难对房屋建造成本进行分解，这里给出一个大概的材料用量及造价参考值，可以作为一个对比参考（仅作为估算参考值，工程量及造价跟实际情况可能有出入），具体见表 3-1。

表 3-1　自建小别墅估算单价

结构类型	估算单价/（元/m²）
砖混结构	600～700
框架结构	1000～1200
底层框架结构	700～750
剪力墙结构	1200～1300
短肢剪力墙结构	900～1000

第二节 》》 施工承包合同的签单

一般施工队都是由一名建筑工匠负责牵头，组织工人承包附近房屋的建设工作。该工匠负责和房主商谈建筑费用并组织施工，工人按天发给报酬。由于国内人情关系比较重，加上这些工匠都是"熟人"，很多房主在建房时，只是进行口头约定。在现代社会，这种依靠人情、自觉性建立的合作关系，一旦真正碰到问题，往往会导致各方面的损失，而且很难追究相关责任。因此，在自建小别墅的施工之前，还是要与相关责任人签订规范的承包合同，明确双方的义务和权利，这样在施工过程中，对于质量、进度都有保证，也能够将建设过程中的各种风险因素降到最低。

一、施工队的性质

由某位建筑工匠牵头组建的施工队并不是法律意义上的"组织"。该工匠以建

筑工匠的身份承包房主的住房拆建工程，工匠与房主之间形成承包合同关系；然后该工匠又以雇主身份雇佣若干工人为其劳动，他与其他工人之间所形成的关系实际上是雇佣劳动关系。因此该施工队是以雇佣形式组建的，它不是严格的组织，而是个人承包经营下的雇佣劳动群。因此，签订建房合同从法律层面并不是与施工队签订，而是与牵头的建筑工匠个人（即承包方）签订。

虽然承包方的确不是法人、不具有法人地位，但这不影响个人可以成为小型建筑工程的承包者。房主自建两层以上住宅建筑，房主可以委托具有资格的建筑工匠施工并签订建房协议。

二、组织者与房主之间合同的订立

作为施工队组织者的工匠与房主是承包合同关系，受合同法、建筑市场规范及相关法律规范的调整和保护，因此建筑工匠承包建筑工程，应当依法与业主签订书面承包合同，并认真履行合同的规定。

合同的内容可以参照《合同法》中关于建设工程合同和承揽合同的规定由当事人约定，一般包括以下条款：当事人的名称或者姓名和住所，标的，数量，质量，价款或者报酬，履行期限、地点和方式，违约责任，解决争议的方法等。

在合同的签订过程中有几个实际问题需要引起大家重视。

1. 工程质量的评定

因为自建小别墅不像大型建筑那样有正式的质量验收过程，因此在质量评定上会有一定困难，所以房主在签订合同后会承担一些风险。虽然相关管理办法如《村镇建设工程质量安全监督管理办法》中明确规定村镇建筑工匠对工程项目的施工质量负责，但房屋施工质量的验收主要取决于房主的评价。对于建成房屋的质量问题，承包人和房主双方应当在承包合同中进行明确的约定。建筑工匠对所承包的工程质量负责，对达不到合同规定标准的，应当在限期内进行返修。为此，建议房主自建两层以上住宅最好与具有专业知识的专业技术人员（一般当地建委部门都有相关的技术人员）签订技术服务协议，指导建房户选用符合自建住宅技术标准的通用图纸，并提供基础设计、材料选用、质量控制等技术服务。

2. 施工安全的责任

在双方签订的承包合同里，应该包括对安全问题的明确约定。虽然相关规定中明确规定建筑工匠对工程项目的施工安全负责，但房主知道或者应当知道承包人没有相应资质或者不具备安全生产条件的，当工人在施工过程中因安全生产事故遭受人身损害时，发包人与承包人承担连带赔偿责任，或者先由作为承包人的建筑工匠承担、承包人再向发包人追偿相应责任。

三、建房合同书

房主与承包人就自建住宅签订施工合同时，应根据具体情况签订详细的合同条款。以下是一合同范本，仅供参考。

农村建房合同样本（格式范本）

甲方：＿＿＿＿＿＿＿＿＿＿＿＿＿＿＿＿＿＿＿（姓名，身份证号码）

乙方：＿＿＿＿＿＿＿＿＿＿＿＿＿＿＿＿＿＿＿（姓名，身份证号码）

甲方拟建房屋一座，位置在＿＿＿＿县＿＿＿＿镇＿＿＿＿村＿＿＿＿组，由乙方负责承揽建设。为明确双方权利义务关系，经平等协商，双方自愿签订本加工承揽合同。

一、双方权利义务

1. 甲方负责提供石灰、砖、水泥、沙子、水源、钢材等建筑材料。根据施工进度，乙方应提前＿＿＿＿天通知甲方购买所需材料。

2. 乙方具有从事农村房屋建设的成熟经验，负责施工建设并交付建房成果。当事人明确，双方不存在雇佣关系。

3. 搅拌机、振动器等施工机械以及模板、脚手架等所有劳动工具由乙方自带，费用由乙方自理。

4. 工期从＿＿＿＿年＿＿＿＿月＿＿＿＿日开始建设，工期为＿＿＿＿天。如发生下雨、停电、地震等影响施工的不可抗力情况的，可顺延工期。

5. 乙方加强对其人员的安全教育，严格管理，遵守国家法律法规，安全施工。由于乙方人员的故意或过失引起的安全事故由乙方自行负责，与甲方无关。

6. 乙方所属人员的工资报酬由乙方负责支付，与甲方无关。

二、质量要求

1. 乙方应当本着保质保量的原则，按照图纸施工，加强质量管理。

2. 重要施工过程：如地基、浇筑须经甲方验收后方能进行下一工序。

3. 甲方发现乙方在施工过程中有偷工减料、工作不负责影响房屋质量等行为时，有权要求乙方停工或整改。

4. 房屋建成后一年内，甲方发现质量问题的，乙方必须进行免费维修。

三、付款方式

1. 工程款结算方式：以建房面积计算，每平方米人民币＿＿＿＿元。

2. 付款时间：第一次付款在施工开始后＿＿＿＿天内，第二次付款在＿＿＿＿，第三次付款在＿＿＿＿，第四次付款在房屋竣工并经甲方检验后＿＿＿＿天内给付。

四、违约责任

1. 由于工程质量达不到要求的，乙方要进行修理、重做；造成损失的，由乙方赔偿。因乙方原因导致使合同无法履行的，乙方应承担违约金＿＿＿＿元，并赔偿因其违约给甲方造成的一切损失。

2. 乙方若无视甲方的合理要求，或者采取消极怠工和延误工期等做法为难甲方，视为乙方根本违约，甲方有权解除本合同。乙方应承担违约金_____元。

3. 在乙方无违约行为的情况下，甲方若不按合同约定支付工程价款，应当承担违约金_____元（或每日承担违约金_____元）。

五、争议解决办法

1. 发生合同争议时，双方应友好协商。

2. 如协商不成，双方可将争议提交人民法院进行裁决。

六、附则

1. 本合同一式两份，甲乙双方当事人各执一份。

2. 本合同自签订之日起生效。

3. 以上合同，双方必须共同遵守。如经双方协商同意签订补充合同，补充合同与本合同具有同等法律效力。

甲方签字：

乙方签字：

年　　　月　　　日

四、工程结算的办法

建房工程竣工验收后，合同双方需对已完工程进行结算。

1. 工程结算的含义

虽然承包人与房主签订了工程承包合同，并按合同约定支付工程价款，但是施工过程中往往会发生地质条件的变化、房主新的要求、施工情况发生变化等。这些变化双方在施工期间已经确认，那么工程竣工后就要在原承包合同价的基础上进行调整，重新确定工程造价。这一过程就是工程结算的主要过程，在实际施工过程中，很多人习惯把这部分叫做尾款结算。

2. 工程结算的办法

（1）包工包料模式的结算　在包工包料方式下，工程竣工后，合同双方对施工过程中实际发生的实物工程量进行统计，根据合同约定的实物工程量人工单价计算出建房工程的人工费和措施费；根据实际发生的实物工程量统计出各种建筑材料消耗量，再利用各种材料预算单价计算出材料费，最终得到工程实际造价，也是全包价。扣除已支付的工程进度款，结算出房主尚未支付的余款。

（2）包工不包料模式的结算　在包工不包料方式下，工程结算实际是工程承包价款的结算。工程竣工后，合同双方对施工过程中实际发生的实物工程量进行统计，根据合同约定的实物工程量人工单价计算建房工程的人工费和措施费，得到工程实际的承包价。扣除已支付的工程款，结算出房主尚未支付的余款。

第三节 》 工程预算的常规编制方法

工程预算的编制看着挺复杂的一个事情，其实分解来看，并不难，无外乎就是知道怎么编，计算出工程量，然后确定综合单价，最后汇总相加就能得出整体的预算价格。

一、编制依据

（1）图纸资料　图纸资料是编制预算的主要工作对象，它完整地反映了工程的具体内容，各分部、分项工程的做法、结构尺寸及施工方法，是编制工程预算的重要依据。

（2）现行预算定额、参考价目表及费用定额　现行预算定额、单位估价表、费用定额及计价程序，是确定分部、分项工程数量，计算直接费及工程造价，编制工程预算的主要资料。

定额是在合理的劳动组织和合理地使用材料和机械的条件下，预先规定完成单位合格产品所消耗的资源数量的标准。对于每一个施工项目，都测算出用工量，包括基本工和其他用工。再加上这个项目的材料，包括基本用料和其他材料。对于用工的单价，是当地根据当时不同工种的劳动力价值规定的，材料的价值是根据前期的市场价格制定出来的预算价格。

简单来说，就是根据每一个项目的工料用量，制定出每一个项目的工料合价，按照不同类别，汇总成册，这就是定额。一般来说，自建小别墅用到的主要就是建筑定额，在各地书店都可以买到。

定额的意义在于，对计算出来的工程量，可以换算出所需要的材料、人工、机械台班用量。对于自建小别墅而言，由于人工费是已经与承包者商定好的，机械费用也相对可以忽略，主要就是通过定额，能够准确地知道所需的材料用量。

（3）施工组织相关信息　如土石方开挖时，人工挖土还是机械挖土等。对于自建小别墅施工来说，这些信息都比较简单，有些是自己能够理解，有些询问承包商就能够知道。这些资料在工程量计算、定额项目的套用等方面都起着重要作用。

（4）工程合同或协议　工程承包合同是双方必须遵守的文件，其中有关条款是编制工程预算的依据。

二、编制程序

自建小别墅的工程预算编制程序一般如下：看图纸→掌握计算规则→列项计算工程量→查材料和人工→套单价→汇编整理成表。

（1）看图纸　在编制工程预算之前，必须熟悉施工图纸，尽可能详细地掌握施工图纸和有关设计资料，熟悉施工组织流程和现场情况，了解施工方法、工序、操作及施工组织进度。要掌握诸如层数、层高、室内外标高、墙体、楼板、顶棚材质、地面厚度、墙面装饰等工程的做法，对工程的全貌和设计意图有了全面、详细的了解后，才能正确结合各分部分项工程项目计算相应工程量。

（2）掌握计算规则　有关工程量计算的规则、规定等，是正确使用计算"三量"的重要依据。因此，在编制工程预算计算工程量之前，必须清楚所列项目包括的内容、使用范围、计量单位及工程量的计算规则等，以便为工程项目的准确列项、计算、套单价做好准备。

（3）列项计算工程量　工程预算的工程量，具有特定的含义，不同于施工现场的实物量。工程量往往要综合，包括多种工序的实物量。工程量的计算应以施工图参照计算工程量的有关规定列项、计算。

工程量是确定工程造价的基础数据，计算要符合有关规定。工程量的计算要认真、仔细，既不重复计算，又不漏项。最好能够留一个计算底稿，便于复查。

（4）根据计算出来的工程量，套定额算出人工和材料用量

（5）套单价，编制工程预算书　将工程量计算底稿中的预算项目、数量填入工程预算表中，套相应综合单价，计算工程费用，然后按照一定的比例计算出措施费，最后汇总求出工程预算总费用。

（6）汇总成表　工程施工预算书计算完毕后，为了方便大家查阅，应该汇总成清晰的表格，将项目、工程量、单价、总价——标明清楚，一般做成 EXCEL 表格，就很清楚了。

三、工程预算的编制方法

房屋建筑工程预算的编制方法有单价法、实物法两种。

1. 单价法

单价法编制工程预算，是指用事先编制的各分项工程单位估价表来编制工程预算的方法。用根据施工图计算的各分项工程的工程量，乘以单位估价表中相应单价，汇总相加得到工程直接费用，然后再加上措施费等，就可以得出工程预算总费用。图 3-1 所示即为单价法编制工程预算的步骤。

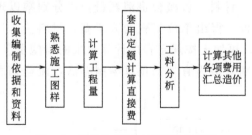

图 3-1　单价法编制工程预算的步骤

具体步骤如下。

（1）收集编制依据和资料　主要有施工图设计文件、材料预算价格、预算定额、单位估价表、工程承包合同等。

（2）熟悉施工图样等资料

（3）计算工程量　正确计算工程量是编制工程预算的基础。

（4）套用定额计算直接费　工程量计算完毕并核对无误后，用工程量套用单位估价表中相应的定额基价，相乘后汇总相加，便得到工程直接费。

计算直接费的步骤如下：

① 正确选套定额项目；

② 填列分项工程单价；

③ 计算分项工程直接费，分项工程直接费主要包括人工费、材料费和机械费。

$$分项工程直接费＝预算定额单价×分项工程量$$

其中
$$人工费＝定额人工费单价×分项工程量$$
$$材料费＝定额材料费单价×分项工程量$$
$$机械费＝定额机械费单价×分项工程量$$

单位工程直接（工程）费为各分部分项工程直接费之和。

$$单位工程直接（工程）费＝\sum 各分部分项工程直接费$$

（5）编制工料分析表　根据各分部分项工程的实物工程量及相应定额项目所列的人工、材料数量，计算出各分部分项工程所需的人工及材料数量，相加汇总即得到该单位工程所需的人工、材料的数量。

（6）计算出措施费，并汇总单位工程造价　单价法具有计算简单、工作量小、编制速度快等优点。但由于采用事先编制的单位估价表，其价格只能反映某个时期的价格水平。在市场价格波动较大的情况下，单价法计算的结果往往会偏离实际价格，造成不能及时准确确定工程造价。

2. 实物法

实物法编制工程预算是先根据施工图计算出的各分项工程的工程量，然后套用预算定额或实物量定额中的人工、材料、机械台班消耗量，再分别乘以现行的人工、材料、机械台班的实际单价，得出单位工程的人工费、材料费、机械费，并汇总求和，得出直接工程费，再加上按规定程序计算出来的措施费等，即得到工程预算价格。这也是自建小别墅最为有效的预算编制办法，流程如图3-2所示。

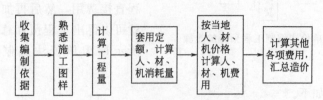

图 3-2　实物法编制工程预算的步骤

由图 3-2 可以看出实物法与单价法的不同主要是中间的两个步骤，具体分析如下。

① 工程量计算后，套用相应定额的人工、材料、机械台班用量。定额中的人工、材料、机械台班标准反映一定时期的施工工艺水平，是相对稳定不变的。

计算出各分项工程人工、材料、机械台班消耗量并汇总单位工程所需各类人工工日、材料和机械台班的消耗量。

分项工程的人工消耗量＝工程量×定额人工消耗量

分项工程的材料消耗量＝工程量×定额材料消耗量

分项工程的机械消耗量＝工程量×定额机械消耗量

② 用现行的各类人工、材料、机械台班的实际单价分别乘以人工、材料、机械台班消耗量，并汇总得出单位工程的人工费、材料费、机械费。

在市场经济条件下，人工、材料和机械台班单价是随市场而变化的，而且是影响工程造价最活跃、最主要的因素。用实物法编制工程预算，采用工程所在地当时的人工、材料、机械台班价格，反映实际价格水平，工程造价准确性高。

第四节　工程预算的快速估算方法

很多房主都能碰到这样的工匠，只要你说出大概的楼层、结构、形式，他就能很快的给你一个造价，很多人都觉得够厉害、够专业。其实，这就是工程预算中的快速估算。所谓的估算，就是通过一些经济指标数值来进行快速的工程造价确定。

1. 整体估算

整体估算是一种非常粗略的估算，主要就是针对房屋整体的造价水平进行一种类比估算。最通行的办法就是通过了解同类型房屋的总体造价来获得一个基本的数值。例如，周围邻居去年刚建好的楼房，大概花费了 20 万元，自己也大概要建这么大小的房屋，但是装修可能要稍微好一点，这样，价格可能就在 23 万元左右。还有就是通过造价指标来进行估算，比如一般的自建小别墅造价指标为 1500～2000 元/m² 左右，只要知道大概的建筑面积，就能够得出一个基本总价。不过这样的估算，虽然最快，但是误差也比较大，只能作为一开始的初步估计。

2. 细部估算

细部估算就相对准确一点，主要是通过对建筑结构的分解，将一个个项目的价格估算出来，最后再汇总成整体价格。相对而言，这种估算方法要准确得多，当然，过程也会复杂一些。表 3-2～表 3-5 列出了一些小别墅施工过程中可能会用到的价格指标，供大家对比参考。

表 3-2　自建小别墅估算人工价格参考

项目	价格/元	单位	备注
模板工程	20～24	m²	粘灰面
混凝土施工	40～43	m³	
钢筋	320～430	t	
钢筋	11～14	m²	
砌筑	60～75	m²	
抹灰	8～16	m²	不扣除门窗洞口，不包括脚手架搭拆
面砖粘贴	18～20	m²	
室内地面砖	15～18	m²	600mm×600mm
踢脚线	3～4	m	
室内墙砖	25～30	m²	包括倒角
石膏板吊顶	20～25	m²	平棚
铝扣板吊顶	25～30	m²	平棚
大白乳胶漆	6～8	m²	
外墙砖	43～52	m²	
屋面挂瓦	13～16	m²	
水暖	9～11	m²	建筑面积
电气照明	6～8	m²	

表 3-3　自建小别墅估算建筑价格参考

项目	价格/（元/m²）	备注
桩基工程	70～100	
钢筋	160～300	35～40kg/m²
混凝土	100～165	0.3～0.5m³/m²
砌体工程	60～120	
抹灰工程	25～40	
外墙工程	50～100	包括保温，以一般涂料为标准
室内水电安装工程	60～120	
屋面工程	15～30	
门窗工程	90～150	一般档次，不含进户门。 每平方米建筑面积门窗面积约为 0.25～0.5m²
土方、进户门、烟道	30～150	

续表

项目	价格/（元/m²）	备注
地下室	40～100	如果有，增加造价
电梯工程	80～120	一般档次
人工费	130～200	
模板、支撑、脚手架	70～150	
临时设施	30～50	
简单装修	250～350	
精装修	750～1200	

表 3-4　砖混结构主要材料用量表

材料	用量	
水泥	160kg/m²	
砖	140～160 块/m²	
钢筋	18～20kg/m²	
外墙抹灰	0.7～1 倍建筑面积	
内墙抹灰	1.7 倍建筑面积	
室内抹灰	3～3.4 倍建筑面积	
水泥地面抹灰	3m²/袋	
砖墙	60mm	606 块/m³
	120mm	552 块/m³
	180mm	539 块/m³
	240mm	529 块/m³
	370mm	522 块/m³
	490mm	518 块/m³
外墙瓷砖	0.3～0.33 倍建筑面积	

表 3-5　框架结构主要材料用量表

材料	用量
水泥	175～190kg/m²
砖	110～130 块/m²
钢筋	35～40kg/m²
外墙抹灰	0.7～0.9 建筑面积
内墙抹灰	1.7 倍建筑面积

续表

材料	用量
粘灰面积	2 倍建筑面积

第五节 >> 工程量的计算

正确计算工程量是编制工程预算的基础。在整个编制工作中，许多工作时间是消耗在工作量计算阶段内，而且工程项目划分是否齐全，工程量计算的正确与否将直接影响预算的编制质量。

一、工程量计算技巧

1. 工程量计算步骤

计算工程量一般按以下步骤进行。

（1）划分计算项目　要严格按照施工图示的工程内容和预算定额的项目，确定计算分部、分项工程项目的工程量，为防止丢项、漏项，在确定项目时应将工程划分为若干个分部工程，在各分部工程的基础上再按照定额项目划分各分项工程项目。

（2）计算工程量　根据一定的计算顺序和计算规则，按照施工图示尺寸及有关数据进行工程量计算。工程量单位应与定额计量单位一致。

2. 计算实物工程量的注意事项

（1）必须口径一致　施工图列出的工程项目（工程项目所包括的内容及范围）必须与计量规则中规定的相应工程项目一致，才能准确地套用工程量单价。计算工程量除必须熟悉施工图纸外，还必须熟悉计算规则中每个项目所包括的内容和范围。

（2）必须按工程量计算规则计算　工程量计算规则是综合和确定各项消耗指标的基本依据，也是具体工程测算和分析资料的准绳。

（3）必须按图纸计算　工程量计算时，应严格按照图纸所注尺寸进行计算，不得任意加大或缩小、任意增加或减少，以免影响工程量计算的准确性。图纸中的项目，要认真反复清查，不得漏项和余项或重复计算。

（4）必须列出计算式　在列计算式时，必须部位清楚，详细列项标出计算式，注明计算结构构件的所处位置和轴线，并保留工程量计算书，作为复查依据。工程量计算应力求简单明了、醒目易懂，并要按一定的次序排列，以便审核和校对。

（5）必须计算准确　工程量计算的精度将直接影响工程造价确定的精度，因此数量计算要准确。一般规定工程量的精确度应按计算规则中的有关规定执行。

（6）必须计量单位一致　工程量的计量单位，必须与计算规则中规定的计量单位相一致，才能准确地套用工程量单价。有时由于所采用的制作方法和施工要求不同，其计算工程量的计量单位是有区别的，应予以注意。

（7）必须注意计算顺序 为了计算时不遗漏项目，又不产生重复计算，应按照一定的顺序进行计算。例如，对于具有单独构件（梁、柱）的设计图纸，可按如下的顺序计算全部工程量。

首先，将独立的部分（如基础）先计算完毕，以减少图纸数量；其次，再计算门窗和混凝土构件，用表格的形式汇总其工程量，以便在计算砖墙、装饰等工程项目时运用这些计算结果；最后，按先水平面（如楼地面和屋面）、后垂直面（如砌体、装饰）的顺序进行计算。

（8）力求分层分段计算 要结合施工图纸尽量做到结构按楼层，内装修按楼层分房间，外装修按从地面分层施工计算。这样，在计算工程量时既可避免漏项，又可为编制工料分析和安排施工进度计划提供数据。

（9）必须注意统筹计算 各个分项工程项目的施工顺序、相互位置及构造尺寸之间存在内在联系，要注意统筹计算顺序。例如，墙基沟槽挖土与基础垫层，砖墙基础、墙体防潮层，门窗与砖墙及抹灰等之间的相互关系。通过了解这种存在的内在关系，寻找简化计算过程的途径，以达到快速、高效之目的。

（10）必须自我检查复核 工程量计算完毕后，检查其项目、计算式、数据及小数点等有无错误和遗漏。

二、建筑面积及计算规则

1. 建筑面积的含义

建筑面积是指房屋建筑各层水平面积相加后的总面积。它包括房屋建筑中的使用面积、辅助面积和结构面积三部分。

使用面积是指建筑物各层平面布置中可直接为生产或生活使用的净面积的总和。生活间、工作间和生产间等的净面积辅助面积是指建筑物各层平面布置中为辅助生产或生活使用的净面积的总和，如居住生活间、工作间和生产间等的净面积。

辅助面积是指建筑物各层平面布置中为辅助生产或生活使用的净面积的总和，如楼梯间、走道间、电梯井等所占面积。

结构面积是指建筑物各层平面布置中的墙柱体、垃圾道、通风道、室外楼梯等结构所占面积的总和。

建筑面积是建设工程计价中的一个重要指标。建筑面积之所以重要，是因为它具有重要作用。

① 建筑面积是国家控制基本建设规模的主要指标。

② 建筑面积是初步设计阶段选择概算指标的重要依据之一。根据图纸计算出来的建筑面积和设计图纸表面的结构特征，查表找出相应的概算指标，从而可以

编制出概算书。

③ 建筑面积在施工图预算阶段是校对某些分部分项工程的依据。如场地平整、楼地面、屋面等工程量可以用建筑面积来校对。

④ 建筑面积是计算面积利用系数、土地利用系数及单位建筑面积经济指标的依据。

2. 建筑面积计算规则

《建筑工程建筑面积计算规范》对建筑工程建筑面积的计算作出了具体的规定和要求，主要包括以下内容。

① 单层建筑物的建筑面积，应按其外墙勒脚以上结构外围水平面积计算，并应符合下列规定：

a. 单层建筑物高度在 2.20m 及以上者应计算全部面积，高度不足 2.20m 者应计算 1/2 面积；

b. 利用坡屋顶内空间时净高超过 2.10m 的部位应计算全面积；净高 1.20～2.10m 的部位应计算 1/2 面积；净高不足 1.20m 的部位不应计算面积。

注：建筑面积的计算是以勒脚以上外墙结构外边线计算，勒脚是墙根部很矮的一部分墙体加厚，不能代表整个外墙结构，所以要扣除勒脚墙体加厚的部分。

② 单层建筑物内设有局部楼层者，局部楼层的 2 层及以上楼层，有围护结构的应按其围护结构外围水平投影面积计算，无围护结构的应按其结构底板水平投影面积计算。层高在 2.20m 及以上者应计算全面积；层高不足 2.20m 者应计算 1/2 面积。

注：1. 单层建筑物应按不同的高度确定其面积的计算。其高度指室内地面标高至屋面板板面结构标高之间的垂直距离。遇有以屋面板找坡的平屋顶单层建筑物，其高度指室内地面标高至屋面板最低处板面结构标高之间的垂直距离。

2. 坡屋顶内空间建筑面积计算，可参照《住宅设计规范》（GB 50096—2011）有关规定，将坡屋顶的建筑按不同净高确定其面积的计算。净高指楼面或地面至上部楼板底面或吊顶底面之间的垂直距离。

③ 多层建筑物首层应按其外墙勒脚以上结构外围水平投影面积计算；2 层及以上楼层应按其外墙结构外围水平投影面积计算。层高在 2.20m 及以上者应计算全面积；层高不足 2.20m 者应计算 1/2 面积。

注：多层建筑物的建筑面积应按不同的层高分别计算。层高是指上、下两层楼面结构标高之间的垂直距离。建筑物最底层的层高，有基础底板的指基础底板上表面结构标高至上层楼面的结构标高之间的垂直距离；没有基础底板的指地面标高至上层楼面结构标高之间的垂直距离。最上一层的层高是指楼面结构标高至屋面板板面结构标高之间的垂直距离，遇有以屋面板找坡的屋面，层高指楼面结构标高至屋面板最低处板面结构标高之间的垂直距离。

④ 多层建筑坡屋顶内，当设计加以利用时，净高超过 2.10m 的部位应计算全

面积；净高在 1.20～2.10m 的部位应计算 1/2 面积；当设计不利用或室内净高不足 1.20m 时，不应计算面积。

注：多层建筑坡屋顶内的空间应视为坡屋顶内的空间，设计加以利用时，应按其净高确定其面积的计算。设计不利用的空间，不应计算建筑面积。

⑤ 地下室、半地下室，包括相应的有永久性顶盖的出入口，应按其外墙上口（不包括采光井、外墙防潮层及其保护墙）外边线所围水平面积计算。层高在 2.20m 及以上者应计算全面积；层高不足 2.20m 者应计算 1/2 面积。

注：地下室、半地下室应以其外墙上口外边线所围水平面积计算。原计算规则规定按地下室、半地下室上口外墙外围水平面积计算，文字上不甚严密，"上口外墙"容易理解为地下室、半地下室的上一层建筑的外墙。由于上一层建筑外墙与地下室墙的中心线不一定完全重叠，多数情况是凸出或凹进地下室外墙中心线。

⑥ 坡地建筑物吊脚架空层（图 3-3）、深基础架空层，设计加以利用并有围护结构的，层高在 2.20m 及以上的部位应计算全面积；层高不足 2.20m 的部位应计算 1/2 面积。设计加以利用、无围护结构的建筑吊脚架空层，应按其利用部位水平面积的 1/2 计算；设计不利用的深基础架空层、坡地吊脚架空层、多层建筑坡屋顶内的空间不应计算面积。

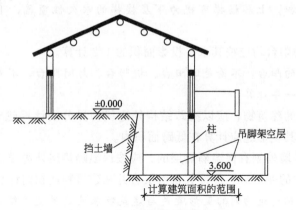

图 3-3 坡地建筑物吊脚架空层

⑦ 建筑物的门厅、大厅按一层计算建筑面积。门厅、大厅内设有回廊时，应按其结构底板水平面积计算。层高在 2.20m 及以上者应计算全面积；层高不足 2.20m 者应计算 1/2 面积。

⑧ 建筑物间有围护结构的架空走廊，应按其围护结构外围水平面积计算。层高在 2.20m 及以上者应计算全面积；层高不足 2.20m 者应计算 1/2 面积。有永久性顶盖无围护结构的应按其结构底板水平面积的 1/2 计算。

⑨ 建筑物外有围护结构的落地橱窗、门斗、挑廊、走廊、檐廊，应按其围护结构外围水平面积计算。层高在 2.20m 及以上者应计算全面积；层高不足 2.2m 者应计算 1/2 面积。有永久性顶盖无围护结构的应按其结构底板水平面积的 1/2

计算。

⑩ 建筑物顶部有围护结构的楼梯间、水箱间、电梯机房等，层高在 2.20m 及以上者应计算全面积；层高不足 2.20m 者应计算 1/2 面积。

注：如遇建筑物屋顶的楼梯间是坡屋顶，应按坡屋顶的相关规定计算面积。

⑪ 设有围护结构不垂直于水平面而超出底板外沿的建筑物，应按其底板面的外围水平面积计算。层高在 2.20m 及以上者应计算全面积；层高不足 2.20m 者应计算 1/2 面积。

注：设有围护结构不垂直于水平面而超出底板外沿的建筑物是指向建筑物外倾斜的墙体，若遇有向建筑物内倾斜的墙体，应视为坡屋顶，应按坡屋顶有关规定计算面积。

⑫ 雨篷结构的外边线至外墙结构外边线的宽度超过 2.10m 者，应按雨篷结构板水平投影面积的 1/2 计算。

注：雨篷均以其宽度超过 2.10m 或不超过 2.10m 衡量，超过 2.10m 者应按雨篷的结构板水平投影面积的 1/2 计算。有柱雨篷和无柱雨篷计算应一致。

⑬有永久性顶盖的室外楼梯，应按建筑物自然层水平投影面积的 1/2 计算。

注：室外楼梯，最上层楼梯无永久性顶盖，或不能完全遮盖楼梯的雨篷，上层楼梯不计算面积，上层楼梯可视为下层楼梯的永久性顶盖，下层楼梯应计算面积。

⑭ 建筑物的阳台均应按其水平投影面积的 1/2 计算。

注：建筑物的阳台，不论是凹阳台、挑阳台、封闭阳台，不封闭阳台均按其水平投影面积的一半计算。

⑮高低联跨的建筑物，应以高跨结构外边线为界分别计算建筑面积；其高低跨内部连通时，其变形缝应计算在低跨面积内。

⑯ 建筑物外墙外侧有保温隔热层的，应按保温隔热层外边线计算建筑面积。

⑰ 建筑物内的变形缝，应按其自然层合并在建筑物面积内计算。

注：此处所指建筑物内的变形缝是与建筑物相连通的变形缝，即暴露在建筑物内，在建筑物内可以看得见的变形缝。

⑱ 下列项目不应计算面积。

a. 建筑物通道（骑楼、过街楼的底层）。

b. 建筑物内设备管道夹层。

c. 建筑物内分隔的单层房间等。

d. 屋顶水箱、花架、凉棚、露台、露天游泳池。

e. 建筑物内的操作平台、上料平台、安装箱和罐体的平台。

f. 勒脚、附墙柱垛、台阶、墙面抹灰、装饰面、镶贴块料面层、装饰性幕墙、空调室外机搁板（箱）、飘窗、构件、配件、宽度在 2.10m 及以内的雨篷以及与建筑物内不相连通的装饰性阳台、挑廊。

注：突出墙外的勒脚、附墙柱垛、台阶、墙面抹灰、装饰面、镶贴块料面层、装饰性幕墙、空调室外机搁板（箱）、飘窗、构件、配件、宽度在 2.10m 及以内的雨篷以及与建筑物内不相连通的装饰性阳台、挑廊等均不属于建筑结构，不应计算建筑面积。

　　g. 无永久性顶盖的架空走廊，室外楼梯和用于检修、消防等的室外钢楼梯、爬梯。

　　h. 自动人行道。

　　注：水平步道（滚梯）属于安装在楼板上的设备，不应单独计算建筑面积。

三、装饰装修工程计量规则

1. 楼地面工程

　　（1）整体面层　水泥砂浆楼地面、现浇水磨石楼地面按设计图示尺寸以面积计算，应扣除突出地面构筑物、设备基础、地沟等所占面积，不扣除柱、垛、间壁墙、附墙烟囱及面积在 0.3m² 以内的孔洞所占面积，但门洞、空圈、暖气包槽的开口部分也不增加，计量单位为"m²"。

　　（2）块料面层　天然石材楼地面、块料楼地面按设计图示尺寸以面积计算，不扣除 0.1m² 以内的孔洞所占面积，计量单位为"m²"。

　　（3）橡塑面层　按设计图示尺寸以面积计算，不扣除 0.1m² 以内的孔洞所占面积，计量单位为"m²"，如橡胶板楼地面、橡胶卷材楼地面、塑料板楼地面、塑料卷材楼地面。

　　（4）其他材料面层　按设计图示尺寸以面积计算，不扣除 0.1m² 以内的孔洞所占面积，计量单位为"m²"，如铺设地毯、铺设木地板、铺设竹地板、防静电活动地板、不锈钢复合地板。

　　（5）踢脚线　按设计图示长度乘高度以面积计算，计量单位为"m²"，如水泥砂浆踢脚线、石材踢脚线、现浇水磨石踢脚线、塑料板踢脚线、木质踢脚线、金属踢脚线、防静电踢脚线。

　　踢脚线砂浆打底与墙柱面抹灰不得重复计算，即墙柱面设计要求抹灰时，其踢脚线可以不考虑砂浆打底。

　　（6）楼梯装饰　按设计图示尺寸以楼梯（包括踏步、休息平台以及 500mm 以内的楼梯井）水平投影面积计算，计量单位为"m²"，如天然石材楼梯面，块料楼梯面，水泥砂浆楼梯面，现浇水磨石楼梯面，楼梯铺设地毯、木板楼梯面等。

　　（7）扶手、栏杆、栏板装饰　按设计图示扶手中心线以长度计算，不扣弯头所占长度，计量单位为"m"。如金属扶手带栏杆、栏板，硬木扶手带栏杆、栏板，塑料扶手带栏杆、栏板，金属靠墙扶手，硬木靠墙扶手，塑料靠墙扶手等。扶手、栏杆、栏板适用于楼梯、阳台、走廊、回廊及其他装饰性栏杆、栏板。

　　（8）台阶装饰　按设计图示尺寸以水平投影面积计算，计量单位为"m²"，如天然石材台阶面、块料台阶面、水泥砂浆台阶面、现浇水磨石台阶面。

（9）零星装饰项目　按设计图示尺寸以面积计算，计量单位为"m²"，如天然石材零星项目、碎拼石材零星项目、块料零星项目、水泥砂浆零星项目等。零星装饰适用于小面积少量分散的楼地面装修。

2. 墙柱面工程

（1）墙面抹灰

① 墙面一般抹灰。按设计图示尺寸及垂直投影面积计算，计量单位为"m²"。外墙按抹灰面垂直投影面积计算，内墙面抹灰按室内地面（或墙裙顶面）至顶棚底面计算，应扣除门窗洞口和 0.3m² 以上孔洞所占的面积。内墙抹灰不扣除踢脚线、挂镜线及 0.3m² 以内的孔洞和墙与构件交接处的面积，但门窗洞口、孔洞的侧壁面积也不增加。附墙柱的侧面抹灰并入墙面抹灰工程量内计算。

② 墙面装饰抹灰、墙面拉条灰、墙面甩毛灰、墙面勾缝。按设计图示尺寸及垂直投影面积计算，计量单位为"m²"。外墙按抹灰面垂直投影面积计算，内墙面抹灰按室内地面（或墙裙顶面）至顶棚底面计算，应扣除门窗洞口和 0.3m² 以上孔洞所占的面积。内墙抹灰不扣除踢脚线、挂镜线及 0.3m² 以内的孔洞和墙与构件交接处的面积，但门窗洞口、孔洞的侧壁面积亦不增加。附墙柱的侧面抹灰应并入墙面抹灰工程量内计算。墙面勾缝按垂直投影面积计算，应扣除墙裙和墙面抹灰面积，不扣除门窗洞口、门窗套、腰线等零星抹灰所占的面积，附墙柱和门窗洞口侧面勾缝面积亦不增加。与墙面同材质的踢脚线，或踢脚线已列入墙面、墙裙项目内的，踢脚线不再单独列项目。

（2）柱面抹灰　按设计图示尺寸以面积计算，计量单位为"m²"，包括柱面一般抹灰、柱面装饰抹面、柱面勾缝等。

（3）零星抹灰　按设计图示尺寸展开面积计算，计量单位为"m²"，如零星项目一般抹灰、零星项目装饰抹灰。零星抹灰和块料面层适用于小面积少量分散的抹灰和块料面层。

（4）墙面镶贴块料

① 按设计图示尺寸以面积计算，计量单位为"m²"，如天然石材墙面、碎拼石材墙面、块料墙面等。

② 干挂石材钢骨架按设计图示尺寸以吨计算，计量单位为"t"。

（5）柱面镶贴块料　天然石材柱面、碎拼石材柱面、块料柱面按设计图示尺寸以实贴面积计算，计量单位为"m²"。

（6）零星镶贴块料　按设计图示尺寸以展开面积计算，计量单位为"m²"，如天然石材零星项目、碎拼石材零星项目、块料零星项目。

① 装饰板墙面。装饰板柱（梁）面、隔断、幕墙装饰板墙面。

② 按设计图示墙净长乘以净高以面积计算，扣除门窗洞口及 0.3m² 以上的孔洞所占面积，计量单位为"m²"。

③ 装饰板柱（梁）面。按设计图示外围饰面尺寸乘以高度计算，计量单位为"m^2"，柱帽、柱墩工程量并入相应柱面积内计算，计量单位为"m^2"。

④ 隔断。按设计图示尺寸以框外围面积计算，扣除 $0.3~m^2$ 以上的孔洞所占面积，浴厕隔断门的材质相同者，其门的面积不扣除，并入隔断内计算，计量单位为"m^2"。

⑤ 幕墙。按设计图示尺寸以幕墙外围面积计算，带肋全玻幕墙其工程量按展开尺寸以面积计算，计量单位为"m^2"。设在玻璃幕墙、隔墙上的门窗，可包括在玻璃幕墙、隔墙项目内，但应在项目中加以注明。

3. 顶棚工程

（1）顶棚抹灰　按设计图示尺寸以面积计算，不扣除间壁墙、垛、柱、附墙烟囱、检查口和管道所占的面积。带梁顶棚、梁两侧抹灰面积并入顶棚内计算；板式楼梯底面抹灰按斜面积计算；锯齿形楼梯底板按展开面积计算，计量单位为"m^2"。

（2）顶棚装饰

① 灯带。按设计图示尺寸框外围面积计算，计量单位为"m^2"。

② 送风口、回风口。按设计图示规定数量计算，计量单位为"个"。

③ 采光玻璃大棚。按设计图示尺寸框外围水平投影以面积计算，计量单位为"m^2"。

（3）顶棚吊顶

① 顶棚面层。按设计图示尺寸以面积计算，顶棚面中的灯槽、跌级、锯齿形、吊挂式、藻井式展开增加的面积不另计算，不扣除间壁墙、检查洞、附墙烟囱、柱垛和管道所占面积，应扣除 $0.3m^2$ 以上孔洞、独立柱及与顶棚相连的窗帘盒所占的面积，计量单位为"m^2"。

② 格栅吊顶。按设计图示尺寸主墙间净空以面积计算，计量单位为"m^2"。

③ 藤条造型悬挂吊顶、网架（装饰）吊顶。按图示尺寸水平投影以面积计算，计量单位为"m^2"。

④ 织物软雕吊顶。按设计图示尺寸主墙间净空以面积计算，计量单位为"m^2"。

注：顶棚检查孔、检修走道、灯槽包括在相应顶棚清单项目中，不单独列项目；顶棚形式有平面、跌级、锯齿形、阶梯形、吊挂式、藻井式以及矩形、圆弧形、拱形等。顶棚设置保温隔热或吸音层应按"建筑工程"相应项目列项。

4. 门窗工程

① 门窗均按设计规定数量计算，计量单位为"樘"，如木门、金属门、金属卷帘门、其他门、木窗、金属窗等。

② 门窗套按设计图示尺寸以展开面积计算，计量单位为"m^2"。

③ 窗帘盒、窗帘轨、窗台板按设计图示尺寸以长度计算，计量单位为"m^2"。

④ 门窗五金安装按设计数量计算，计量单位为"个"。

5. 油漆、涂料、裱糊工程

① 门窗油漆按设计图示数量计算，计量单位为"樘"。

② 木扶手油漆按设计图示尺寸以长度计算，计量单位为"m"。

③ 木材面油漆按设计图示尺寸以面积计算，计量单位为"m^2"。

④ 木地板油漆、木地板烫硬蜡面按设计图示尺寸以面积计算，不扣除 $0.1m^2$ 以内孔洞所占的面积，计量单位为"m^2"。

⑤ 金属面油漆按设计图示构件以重量计算，计量单位为"t"。

⑥ 抹灰面油漆按设计图示尺寸以面积计算，计量单位为"m^2"。

⑦ 喷塑、涂料、裱糊按设计图示尺寸以面积计算，计量单位为"m^2"。

⑧ 空花格、栏杆刷白水泥，空花格、栏杆刷石灰油浆，空花格、栏杆刷乳胶漆，按设计图示尺寸以外框单面垂直投影面积计算，计量单位为"m^2"。

⑨ 线条刷白水泥浆、石灰油浆、红土子浆、乳胶漆等，按线条设计图示尺寸以长度计算，计量单位为"m"。

第四章

Chapter **04**

自建小别墅的主体建材选用

第一节 >> 选材常识

1. 自建小别墅常用的建材

自建小别墅常用的建材主要是结构主体材料、防水保温材料、隔音材料、装修材料等。

（1）结构主体材料 通常包括钢筋、水泥、混凝土、砖、砌块、砂石、石灰、木材、瓦、玻璃等。

（2）防水保温材料 主要有沥青、塑料、橡胶、金属、泡沫混凝土等。

（3）隔音材料 主要有多孔石膏板、吸音塑料板、膨胀珍珠岩。

（4）装修材料 通常包括油漆、涂料、瓷砖、石材、壁纸等，此外，对于自建小别墅来说，给排水管、陶瓷卫浴具以及各种五金建材也是非常重要的。

2. 怎样挑选符合规范标准的建材

建材是修建住宅最为重要的方面，而且费用支出也是最大的，能够占到全部造价六七成左右，况且建材质量是否过关，也会影响到房屋的质量。

通常情况下，选择建筑材料主要就是这么几个基本原则：①质量合格；②造价合理；③施工方便。此外，还要参考房屋所在的地区、位置、环境和使用条件等因素。

在选购建材的时候，最为重要的就是要挑选符合质量规范的材料，自家建房，当然得选货真价实的高质量建材了，可以从以下几点加以注意。

① 尽量去信誉好的市场或商家购买。主要看口碑，农村和小城镇地方不大，商家的信誉如何，稍微打听一下，就一清二楚了。咱们的传统非常重视人情，地方越小，这种观念越重。但是在选建材的时候，建议大家还是要以质量合格作为

唯一标准。

② 选购材料一定要查看材料的质量保证书、合格证明、检验报告等质量证明材料，这些就相当于是材料的身份证，必须要仔细查看。

③ 选购的材料进场后，要对材料进行验收或抽查。对于需要复验的材料有条件的要进行试验；没有条件进行试验的，要请有经验的人员验收。

3. 什么是绿色建材

现在国家一直提倡绿色建筑、生态建筑，因此市面上也出现了很多所谓的绿色建材，打的广告语也是非常诱人，那么何为绿色建材呢？

绿色建材是指在原料采用、产品制造、使用或者再循环以及废料处理等环节中对环境负荷最小和有利于人体健康的建筑材料。简单点说呢，它是指那些无毒无害、无污染、不影响人和环境安全的建筑材料。此外，绿色建材不仅在使用过程中达到健康要求，生产、再利用和废弃后的处理过程中也必须满足环保要求和绿色标准。

绿色建材与传统建材相比主要是产品制造环节比较环保、能够提供额外的环境改善、可再回收利用，绿色建材与传统建材的区别见表4-1。

表 4-1　绿色建材与传统建材的区别

项目	绿色建材	传统建材
工艺技术	能耗低、不污染环境	能耗较高，对环境有破坏
生产过程	不使用甲醛、卤化物溶剂或芳香族碳氢化合物，产品中不含汞及其化合物，不使用铅、铬、镉及其化合物的颜料和添加剂	有些材料在生产过程中，往往要添加一些化学原料，导致环保性降低
产品设计	以改善生活环境，提高生活质量为宗旨，不损害人体健康，还应对人体健康有益	主要就是简单考虑如何适应建筑功能和施工的需要
产品功能	不少绿色建材具备多方面的功能，如抗菌、灭菌、防霉、防火、阻燃、除臭、消声、防辐射、消磁等	仅仅只是为了满足建筑物本身的基本功能
回收处理	产品可循环或回收再利用，没有污染环境的废弃物，对环境的负荷相对较小	不少建材存在污染环境、不能再分解、无法回收利用，对环境的负荷较大

根据绿色建材自身的主要特点，大致可分为：节能型、环保型、安全舒适型、保健型、特殊环境型等几种类型。其实，绿色建材的含义相当宽，目前还没有一个确切的定义，概括起来就是说资源、能源消耗少，并且有利于健康，可提高人类生活质量，又能够与环境相协调的建筑材料。对于市面上商家的一些广告营销说法，建议大家还是要认真辨别，不要盲目跟风。

 **基础材料的选用**

1. 怎样选水泥

自建小别墅一般就是用硅酸盐水泥和普通硅酸盐水泥，它们的主要的几个技术指标见表 4-2，不同龄期水泥的强度规范要求见表 4-3。

表 4-2 水泥主要技术指标

技术指标	性能要求
细度：水泥颗粒的粗细程度	颗粒越细，硬化得越快，早期强度也越高。硅酸盐水泥和普通硅酸盐水泥细度以比表面积表示，不小于 300m²/kg
凝结时间：①从加水搅拌到开始凝结所需的时间称初凝时间；②从加水搅拌到凝结完成所需的时间称终凝时间	硅酸盐水泥初凝时间不小于 45min，终凝时间不大于 6.5h；普通硅酸盐水泥初凝时间不小于 45min，终凝时间不大于 6h
体积安定性：指水泥在硬化过程中体积变化的均匀性能	水泥中含杂质较多，会产生不均匀变形
强度：指水泥胶砂硬化后所能承受外力破坏的能力	不同品种不同强度等级的通用硅酸盐水泥，其不同龄期的强度应符合表 4-3 的规定。一般而言，自建小别墅选择强度等级为 32.5 级的水泥就可以了

表 4-3 不同龄期水泥的强度规范要求

品种	强度等级	抗压强度/MPa		抗折强度/MPa	
		3 天	28 天	3 天	28 天
硅酸盐水泥	42.5	≥17.0	≥42.5	≥3.5	≥6.5
	42.5R	≥22.0		≥4.0	
	52.5	≥23.0	≥52.5	≥4.0	≥7.0
	52.5R	≥27.0		≥5.0	
	62.5	≥28.0	≥62.5	≥5.0	≥8.0
	62.5R	≥32.0		≥5.5	
普通硅酸盐水泥	42.5	≥17.0	≥42.5	≥3.5	≥6.5
	42.5R	≥22.0		≥4.0	
	52.5	≥23.0	≥52.5	≥4.0	≥7.0
	52.5R	≥27.0		≥5.0	

在选购水泥时，可以从以下几个方面加以判断。

① 看水泥的包装是否完好，标识是否完全。正规水泥包装袋上的标识有：工

厂名称，生产许可证编号，水泥名称，注册商标，品种（包括品种代号），强度等级（标号），包装年、月、日和编号。

②用手指捻一下水泥粉，如果是感觉到有少许细、砂、粉，则表明水泥细度是正常的。

③看水泥的色泽是否为深灰色或深绿色，如果色泽发黄（熟料是生烧料）、发白（矿渣掺量过多）的水泥强度一般比较低。

④水泥也是有保质期的。一般而言，超过出厂日期30天的水泥，其强度将有所下降。储存3个月后的水泥，其强度会下降10％～20％，6个月后会降低15％～30％，一年后会降低25％～40％。正常的水泥应无受潮结块现象，优质水泥在6h左右即可凝固，超过12h仍不能凝固的水泥质量那就不行了。

⑤作为基础建材，市面上水泥的价格相对比较透明，例如强度等级为32.5级的普通硅酸盐水泥，一袋也就是20元左右。水泥强度等级越高，价格也相应高一些。

2. 怎样选建筑用砂石

（1）建筑用砂的种类　一般建筑用砂可分为天然砂和人工砂。天然砂是由自然风化、水流搬运和分选、堆积形成的、粒径小于4.75mm的岩石颗粒，包括河砂、湖砂、山砂、淡化海砂，但不包括软质岩、风化岩石的颗粒；人工砂是经除土处理的机制砂、混合砂的统称。机制砂是由机械破碎、筛分制成的，粒径小于4.75mm的岩石颗粒，但是不包括软质岩、风化岩石的颗粒。混合砂则是由机制砂和天然砂混合制成的建筑用砂。

（2）建筑用砂的规格　建筑用砂在实际中主要按照细度模数分为细、中、粗三种规格，其细度模数分别为：细砂1.6～2.2、中砂2.3～3.0、粗砂3.1～3.6。在实际施工中，细砂通常用来抹面，混凝土则往往使用中粗砂。

（3）建筑用砂的类别　根据国家规范，建筑用砂按技术要求分为Ⅰ、Ⅱ、Ⅲ三种类别，分别用于不同强度等级的混凝土。

建筑用砂类别的划分涉及到的因素较多，包含颗粒级配、含泥量、含石粉量、有害物质含量（这里的有害物质是指对混凝土强度的不良影响）、坚固性指标、压碎指标六个方面。对于普通业主来说，很多因素是很难了解的，一般我们可以大概地去辨别：类别低的砂看着更细一些，清洁程度也要差一点，当然，石粉含量、有害物质等也会相对多一些，最后拌和的混凝土强度也会等级低一点。

①Ⅰ类砂宜用于强度等级大于C60的混凝土。

②Ⅱ类砂宜用于强度等级为C30～C60以及有抗冻、抗渗或其他要求的混凝土。

③Ⅲ类砂宜用于强度等级小于C30的混凝土和建筑砂浆。

因为自建小别墅所需混凝土的强度等级一般不高，因此，选择Ⅲ类砂就能够满足要求了。

（4）砂表观察密度、堆积密度、空隙率　应符合如下规定：

① 表观密度大于 2500kg/m³；

② 松散堆积密度大于 1350kg/m³；

③ 空隙率小于 47％。

对于这一点，业主在选购时，主要看砂的重量够不够，颗粒是不是相对立体、均匀，有没有风化的砂。

（5）其他要求　挑选砂石料时，要注意砂石料中不宜混有草根、树叶、树枝、塑料品、煤块、炉渣等有害物质。对于预应力混凝土、接触水体或潮湿条件下的混凝土所用砂，其氯化物含量应小于 0.03％。

其实，对于自建小别墅而言，在选择砂的时候，首先要搞清楚是用来做什么，如果是搅拌混凝土就选中粗砂，如果是要装饰抹面，那就选相对细的砂。然后看里面是否有其他杂质、砂的颗粒是否饱满、均匀、是否有一些风化的砂。至于是选天然砂石还是机制砂石主要受制于当地的自然环境，一般以更经济的作为首选。

3. 怎样选建筑石灰

石灰在自建房中是用途比较广泛的建筑材料，在实际生产中，由于石灰石原料的尺寸大或煅烧时窑中温度分布不匀等原因，石灰中常含有欠火石灰和过火石灰。欠火石灰中的碳酸钙未完全分解，使用时缺乏黏结力。过火石灰结构密实，表面常包覆一层熔融物，熟化很慢。

生石灰呈白色或灰色块状，为便于使用，块状生石灰常需加工成生石灰粉、消石灰粉或石灰膏。

① 生石灰粉是由块状生石灰磨细而得到的细粉。

② 消石灰粉是块状生石灰用适量水熟化而得到的粉末，又称熟石灰。

③ 石灰膏是块状生石灰用较多的水（约为生石灰体积的 3～4 倍）熟化而得到的膏状物，也称石灰浆。

通常自建小别墅买的都是生石灰，然后要经过熟化或消化，即用水熟化一段时间，得到熟石灰或消石灰，就是常说的氢氧化钙。

在自建小别墅的施工中，熟化石灰常用两种方法：消石灰浆法和消石灰粉法。石灰熟化时会放出大量的热，体积增大 1～2 倍，在熟化过程中，一定要注意好防护安全，避免出现意外情况。一般煅烧良好、氧化钙含量高的石灰熟化较快，放热量和体积增大也较多。

石灰熟化的理论需水量为石灰重量的 32％ 左右，在生石灰中，均匀加入 60％～80％ 的水，可以得到颗粒细小、分散均匀的消石灰粉。若用过量的水熟化，将得到具有一定稠度的石灰膏。石灰中一般都含有过火石灰，过火石灰熟化慢，若没有经过彻底的熟化，在使用后期会继续与空气中的水分发生熟化，从而产生膨胀而引起隆起和开裂。所以，为了消除过火石灰的这种危害，石灰在熟化后，一定要"陈伏"两周左右。

在购买生石灰时，应选块状生石灰，好的块状生石灰应该具有以下几个方面的特点：

① 表面不光滑、毛糙。表面光滑有反光，轮廓清楚的为石头，一般都是没有烧好；

② 同样体积的石灰，烧得好的较轻，没烧好的石块沉，轮廓清楚如毛刺；

③ 好的石灰化水时全部化光，没有杂质，也没有石块沉淀物；

④ 在购买石灰时，最好现买、现化、现用。

4. 怎样选基础用管道

现在市面上的管道材质五花八门，各种材质、型号、功能往往让人晕头转向。要想选对、选好基础用管道，首先就得了解管道的种类，以及用在什么地方。以下是几种常用管道的材质与使用特性。

（1）薄壁不锈钢管　最常见的一种基础管材，耐腐蚀、不易氧化生锈、抗腐蚀性强、使用安全可靠、抗冲击性强、热传导率相对较低。但不锈钢管的价格目前相对较高，另在选择使用时要注意选择耐水中氯离子的不锈钢型号。

（2）薄壁铜管　住宅建筑中的铜管是指薄壁紫铜管。按有无包覆材料分类，有裸铜管和塑覆铜管（管外壁覆有热挤塑料覆层，用以保护铜管和管道保温）薄壁铜管具有较好的力学性能和良好的延展性，其管材坚硬、强度高，小管径的生产由拉制而成。由于管材的管壁较薄，所用的材料也较少，所以质量较轻；又因其管壁光滑，流动阻力小，有利于节约管材和降低能耗。铜管可以再生，国内每年有 1/3 的铜可再利用。此外，铜管性能稳定，不易腐蚀，能抑制细菌的生长，所以是房屋给水管道的最佳选择。薄壁铜管的市场价格也不菲。

（3）PP-R 管　一般用于给水管，管道压力不能大于 0.6MPa，温度不能高于 70℃，其优点是价格比较便宜，施工方便，是目前应用最多的一种管材。PP-R 管具有如下特点：

① 耐腐蚀、不易结垢，避免了镀锌钢管锈蚀结垢造成的二次污染；

② 耐热，可长期输送温度为 70℃ 以下的热水；

③ 保温性能好，20℃ 时的导热系数仅约为钢管的 1/200、紫铜管的 1/1400；

④ 卫生、无毒，可以直接用于纯净水、饮水管道系统；

⑤ 重量轻，强度高，PP-R 管的密度一般为 $0.89 \sim 0.91\text{g/cm}^3$，仅为钢管的 1/9、紫铜管的 1/10；

⑥ 管材内壁光滑，不易结垢，管道内流体阻力小，流体阻力远低于金属管道。

由于 PP-R 管在施工中采用热熔连接技术，故又被称为热熔管。加上管材与管件的材质一致，所以管在热熔连接后，能使管材与管件在接口处连为一体，整体性好，不易渗漏。但 PP-R 管在连接时需要专用工具，连接表面需加热，加热时间过长或承插口插入过度会造成水流堵塞。

在选购 PP-R 管时，要注意以下几点。

① PP-R 管有冷水管和热水管之分，但无论是冷水管还是热水管，其材质应该是一样的，其区别只在于管壁的厚度不同。

② 一定要注意，目前市场上较普遍存在着管件、热水管用较好的原料，而冷水管却用 PP-B（PP-B 为嵌段共聚聚丙烯）冒充 PP-R 的情况。这类产品在生产时需要焊接不同的材料，因材质不同，焊接处极易出现断裂、脱焊、漏滴等情况，埋下各种隐患。

③ 选购时应注意管材上的标识，产品名称应为"冷热水用无规共聚聚丙烯管材"或"冷热水用 PP-R 管材"，并标明了该产品执行的国家标准。当发现产品被冠以其他名称或执行其他标准时，则尽量不要选购该产品。

（4）PVC-U 管　又称硬聚乙烯管，适合用在温度小于 45℃，压力小于0.6MPa 的管道。PVC-U 管的化学稳定性好、耐腐蚀性强、使用卫生、对水质基本无污染。管还具有导热系数小，不易结露，管材内壁光滑，水流阻力小，材质较轻，加工、运输、安装、维修方便等特点。但要注意的是，其强度较低、耐热性能差、不宜在阳光下暴晒。

还有一点，虽然 PVC-U 管价格较低廉，且对水质的影响很小，但当在生产过程中，加入不恰当的添加剂和其他不洁的残留物后，会从塑料中向管壁迁移，并会不同程度地向水中析出，这也是该管道材料最大的缺陷。

（5）铝塑复合管　结构为塑料→胶黏剂→铝材，即内外层是聚乙烯塑料，中间层是铝材，经热熔共挤复合而成。铝塑复合管和其他塑料管道的最大区别是它集塑料与金属管的优点于一身，具有独特的优点：机械性能优越，耐压较高；采用交联工艺处理的交联聚乙烯（PEX）做的铝塑复合管耐温较高，可以长期在95℃高温下使用；能够阻隔气体的渗透且热膨胀系数低。

铝塑复合管有较好的保温性能，内外壁不易腐蚀，因内壁光滑，对流体阻力很小，又可随意弯曲，所以安装施工方便。铝塑复合管有足够的强度，可将其作为供水管道，若其横向受力太大，则会影响其强度，所以宜做明管施工或将其埋于墙体内，不宜埋入地下。

（6）衬 PVC 镀锌钢管　兼有金属管材强度大、刚性好和塑料管材耐腐蚀的优点，同时也克服了两类材料的缺点。衬 PVC 镀锌钢管的优点是管件配套多、规格齐全。

但是这种复合管材也存在自身的缺点，例如材料用量多，管道内实际使用管径变小；在生产中需要增加复合成型工艺，其价格要比单一管材的价格稍高。此外，如黏合不牢固或环境温度和介质温度变化大时，容易产生离层而导致管材质量下降。

在具体施工中，应根据自己的经济实力和对管道材料的使用要求进行选择，力求达到经济实惠。

第三节 结构建材的选用

一、怎样选建筑钢筋

钢筋时自建小别墅要购买的一个大宗建材，在结构中，钢筋的作用非常重要，对于结构的安全性起着至关重要的作用，因此，钢筋的选购非常关键，一定要购买货真价实的合格产品。

1. 钢筋的种类

钢筋种类很多，通常按轧制外形、直径大小、力学性能、生产工艺以及在结构中的用途进行分类。

（1）按轧制外形分

① 光面钢筋：Ⅰ级钢筋（HPB300级钢筋）均轧制为光面圆形截面，供应形式有盘圆，直径不大于10mm，长度为6~12m。

注：需要说明的是，根据最新的国家规定，原来的Ⅰ级钢筋（HPB235）已经停止使用了，但是在实际施工过程中，对于自建小别墅而言，高度和强度都不是很大，如果市面上还有这类钢筋，也还是可以使用的，这样可以节省一部分的费用。

② 带肋钢筋：有螺旋形、人字形和月牙形三种，一般Ⅱ、Ⅲ级钢筋轧制成人字形，Ⅳ级钢筋轧制成螺旋形及月牙形。

③ 钢线（分低碳钢丝和碳素钢丝两种）及钢绞线。

④ 冷轧扭钢筋：经冷扎并冷扭成型的钢筋。

（2）按直径大小分　钢丝（直径3~5mm）、细钢筋（直径6~10mm）、粗钢筋（直径大于22mm）。对于自建小别墅而言，最常用的钢筋还是细钢筋。

（3）按力学性能分　Ⅰ级钢筋（HPB300）、Ⅱ级钢筋（HRB335）、Ⅲ级钢筋（HRB400）、Ⅳ级钢筋（HRB500）。

注：HPB是指光面圆形钢筋；HRB是指螺纹钢。

（4）按生产工艺分　热轧、冷轧、冷拉的钢筋，还有以Ⅳ级钢筋经热处理而成的热处理钢筋，强度比前者更高。

（5）按在结构中的作用分　受压钢筋、受拉钢筋、架立钢筋、分布钢筋、箍筋等。

2. 钢筋的选用

钢筋是否符合质量标准，直接影响房屋的使用安全，在购买钢筋时应注意以下几个方面。

① 购进的钢筋应有出厂质量证明书或试验报告单，每捆或每盘钢筋均应有标牌。

② 钢筋的外观检查：钢筋表面不得有裂缝、结疤、折叠或锈蚀现象；钢筋表面的凸块不得超过螺纹的高度；钢筋的外形尺寸应符合技术标准规定。

③ 钢筋根上印有直径，对一对，看是否与标定相符。

在选购钢筋的时候，可以参考表 4-4 所列的现象进行对比、参考。

表 4-4　优质与劣质钢筋对比表

识别内容	螺纹钢		线材	
	国标材	伪劣材	国标材	伪劣材
肉眼外观	颜色深蓝、均匀，两头断面整齐无裂纹。凸形月牙纹清晰，间距规整	有发红、发暗、结痂、夹杂现象，断端可能有裂纹、弯曲等。月牙纹细小不整齐	颜色深蓝、均匀，断面整齐无裂纹。高线只有两个断端。蓝色氧化皮屑少	有发红、发暗、结痂、夹杂现象，断端可能有裂纹、弯曲等。线材有多个断头。氧化屑较多
触摸手感	光滑、质沉重、圆度好	粗糙、明显不圆感（即有"起骨"的感觉）	光滑，无结疤与开裂等现象。圆度好	粗糙、有夹杂、结疤明显不圆感（起骨）
初步测量	直径与圆度符合国标	直径与不圆度不符合国标	直径与不圆度符合国标	直径与不圆度符合国标
产品标牌	标牌清晰光洁，牌上钢号、重量、生产日期、厂址等标识清楚	多无标牌，或简陋之假牌	标牌清晰光洁，牌上钢号、重量、生产日期、厂址等标识清楚。	多无标牌，或简陋之假牌
质量证明书	电脑打印、格式规范、内容完整（化学成分、机械性能、合同编号、检验印章等）	多无质量证明书，或作假，即所谓质量证明书"复印件"	电脑打印、格式规范、内容完整（化学成分、机械性能、合同编号、检验印章等）	多无质量证明书，或作假，即所谓质量证明书"复印件"
销售授权	商家有厂家正式书面授权	商家说不清或不肯说明钢材来源	商家有厂家正式书面授权	商家说不清或者不肯说明钢材来源
理化检验	全部达标	全部或部分不达标	全部达标	全部或部分不达标
售后服务	质量承诺"三包"	不敢书面承诺	质量承诺"三包"	不敢书面承诺

注：1. 圆度是指钢材直径最大与最小值的比率。在没有相应测量工具的情况下，用手触摸也可感觉钢材的大概圆度情况，因为人手的触觉相当敏锐。

2. 质量证明书是钢材产品的"身份证"，购买时要查阅原件，然后索取复印件，同时盖经销商公章并妥善保管。注意有的伪劣产品的所谓"质量证明书"，是以大钢厂的质量证明书为蓝本用复印机等篡改而成的，细看不难发现字迹模糊、前后反差大、笔画粗细不同、字间前后不一致等破绽。

3. 钢筋调直，可用机械或人工调直。经调直后的钢筋不得有局部弯曲、死弯、小波浪形，其表面伤不应使钢筋截面减小 5％。

二、怎样选砌墙砖

1. 承重墙

承重墙是指在砌体结构中支撑着上部楼层重量的墙体，在图纸上为黑色墙体，打掉会破坏整个建筑结构。承重墙是经过科学计算的，如果在承重墙上打孔开洞，就会影响建筑结构稳定性，改变了建筑结构的体系。

能作为承重墙用砖的种类很多，有黏土砖、页岩砖、灰砂砖等。农村与小城镇自建小别墅一般是用普通黏土砖。目前，国家严格限制普通黏土砖的使用，一些承重墙体改用页岩砖等材料。

无论选择哪种砖，都必须满足所需要的强度等级。普通黏土砖按照抗压强度可以为 MU10、MU15、MU20、MU25 和 MU30 五个强度等级。

普通黏土砖的标准尺寸是 240mm×115mm×53mm。

2. 非承重墙

其实"非承重墙"并非不承重，只是相对于承重墙而言，非承重墙起到次要承重作用，但同时也是承重墙非常重要的支撑部位。非承重墙通常用以黏土、工业废料或其他地方资源为主要原料，以不同工艺制造的、用于砌筑承重和非承重墙体的墙砖，所以又叫做砌墙砖。

用作砌筑非承重墙的砖按照生产工艺分为烧结砖和非烧结砖。经焙烧制成的砖为烧结砖；经碳化或蒸汽（压）养护硬化而成的砖属于非烧结砖。

按照孔洞率（砖上孔洞和槽的体积总和与按外尺寸算出的体积之比的百分率）的大小，砌墙砖分为实心砖、多孔砖和空心砖。实心砖是没有孔洞或孔洞率小于15％的砖；孔洞率等于或大于 15％，孔的尺寸小而数量多的砖称为多孔砖；孔洞率等于或大于 15％，孔的尺寸大而数量少的砖称为空心砖。

（1）烧结普通砖　烧结普通砖是以黏土、页岩、煤矸石、粉煤灰为主要原料，经焙烧而成的普通砖。按主要原料分为烧结黏土砖、烧结页岩砖、烧结煤矸石砖和烧结粉煤灰砖。

在焙烧温度范围内生产的砖称为正火砖，未达到焙烧温度范围生产的砖称为欠火砖，而超过焙烧温度范围生产的砖称为过火砖。欠火砖颜色浅、敲击时声音哑、孔隙率高、强度低、耐久性差，工程中不得使用欠火砖。过火砖颜色深、敲击声响亮、强度高，但往往变形大，变形不大的过火砖可用于基础等部位。

烧结普通砖具有较高的强度、较好的绝热性、隔声性、耐久性及价格低廉等优点，加之原料广泛、工艺简单，所以是应用历史最久，应用范围最为广泛的墙体材料。另外，烧结普通砖也可用来砌筑柱、拱、烟囱、地面及基础等，还可与轻骨料混凝土、加气混凝土、岩棉等复合砌筑成各种轻质墙体，在砌体中配置适当的钢筋或钢丝网也可制作柱、过梁等，代替钢筋混凝土柱、过梁使用。

烧结普通砖的缺点是生产能耗高、砖的自重大、尺寸小、施工效率低、抗震性能差等，尤其是黏土实心砖大量毁坏土地、破坏生态。从节约黏土资源及利用工业废渣等方面考虑，提倡大力发展非黏土砖。所以，我国正大力推广墙体材料改革，以空心砖、工业废渣砖、砌块及轻质板材等新型墙体材料代替黏土实心砖，已成为不可逆转的势头。

（2）烧结多孔砖和烧结空心砖　烧结多孔砖、烧结空心砖与烧结普通砖相比，具有很多的优点。使用这些砖可使建筑物自重减轻 1/3 左右，节约黏土 20%～30%，节省燃料 10%～20%，且烧成率高，造价降低 20%，施工效率可提高 40%，并能改善砖的绝热和隔声性能，在相同的热工性能要求下，用空心砖砌筑的墙体厚度可减薄半砖左右。

①烧结多孔砖。按主要原料分为黏土砖、页岩砖、煤矸石砖和粉煤灰砖。烧结多孔砖的孔洞垂直于大面，砌筑时要求孔洞方向垂直于承压面。因为它的强度较高，主要用于建筑物的承重部位。

②烧结空心砖。由两两相对的顶面、大面及条面组成直角六面体，在烧结空心砖的中部开设有至少两个均匀排列的条孔，条孔之间由肋相隔，条孔与大面、条面平行，其间为外壁，条孔的两开口分别位于两顶面上，在所述的条孔与条面之间分别开设有若干孔径较小的边排孔，边排孔与其相邻的边排孔或相邻的条孔之间为肋。空心砖结构简单，制作方便；砌筑墙体后，能确保设置相这种墙面上的串点吊挂的承载能力，适用于非承重部位作墙体围护材料。

（3）蒸压灰砂砖　蒸压灰砂砖以适当比例的石灰和石英砂、砂或细砂岩，经磨细、加水拌和、半干法压制成型并经蒸压养护而成，是替代烧结黏土砖的产品。

蒸压灰砂砖的外形为直角六面体，标准尺寸与普通黏土砖一样。根据抗压强度和抗折强度分为 MU10、MU15、MU20、MU25 四个强度等级。

蒸压灰砂砖材质均匀密实，尺寸偏差小，外形光洁整齐。MU15 及其以上的灰砂砖可用于基础及其他建筑部位；MU10 的灰砂砖仅可用于防潮层以上的建筑部位。由于灰砂砖中的某些水化产物（氢氧化钙、碳酸钙等）不耐酸，也不耐热，因此不得用于长期受热 200℃以上、受急冷急热和有酸性介质侵蚀的建筑部位，也不宜用于有流水冲刷的部位。

（4）粉煤灰砖　蒸压（养）粉煤灰砖是以粉煤灰和石灰为主要原料，掺入适量的石膏和骨料，经坯料制备、压制成型、高压或常压蒸汽养护而制成。其颜色呈深灰色。粉煤灰砖的标准尺寸与普通黏土砖一样，强度等级分为 MU7.5、MU10、MU15、MU20 四个等级。优等品的强度级别应不低于 MU15 级，一等品的强度级别应不低于 MU10 级。

粉煤灰砖可用墙体和基础，但用于基础或易受冻融和干湿交替作用的部位时，必须使用一等品和优等品。粉煤灰砖不得用于长期受热 200℃以上、受急冷急热和有酸性介质侵蚀的建筑部位。为避免或减少收缩裂缝的产生，用粉煤灰砖砌筑的建筑物，应适当增设圈梁及伸缩缝。

（5）炉渣砖　炉渣砖是以煤渣为主要原料，加入适量石灰、石膏等材料，经混合、压制成型、蒸汽或蒸压养护而制成的实心砖。颜色呈黑灰色。其标准尺寸与普通黏土砖一样，强度等级与灰砂砖相同。炉渣砖也是可以用于墙体和基础，但用于基础或用于易受冻融和干湿交替作用的部位必须使用 MU15 级及其以上的砖。炉渣砖同样不得用于长期受热 200℃ 以上、受急冷急热和有酸性介质侵蚀的建筑部位。

3. 砌墙用砌块

砌块是形体大于砌墙砖的人造块材。砌块一般为直角六面体，也有各种异形的。砌块系列中主规格的长度、宽度或高度有一项或一项以上分别大于 365mm、240mm 或 115mm，但高度不大于长度或宽度的六倍，长度不超过高度的三倍。按产品主规格的尺寸可分为大型砌块（高度大于 980mm）、中型砌块（高度为 380～980mm）和小型砌块（高度为 115～380mm）。

① 普通混凝土小型空心砌块，适用于地震设计烈度为 8 度及 8 度以下地区的建筑物的墙体。对用于承重墙和外墙的砌块，要求其干缩值小于 0.5mm/m，非承重或内墙用的砌块，其干缩值应小于 0.6mm/m。

② 粉煤灰砌块，属于硅酸盐类制品，是以粉煤灰、石灰、石膏和骨料（炉渣、矿渣）等为原料，经配料、加水搅拌、振动成型、蒸汽养护而制成的密实砌块。

粉煤灰砌块的干缩值比水泥混凝土大，适用于墙体和基础，但不宜用于长期受高温和经常受潮湿的承重墙，也不宜用于有酸性介质侵蚀的部位。

③ 蒸压加气混凝土砌块，以钙质材料（水泥、石灰等）、硅质材料（砂、矿渣、粉煤灰等）以及加气剂（铝粉）等，经配料、搅拌、浇筑、发气、切割和蒸压养护而成的多孔砌块。

蒸压加气混凝土砌块质量轻，具有保温、隔热、隔声性能好、抗震性强、耐火性好、易于加工、施工方便等特点，是应用较多的轻质墙体材料之一。蒸压加气混凝土砌块适用于承重墙、间隔墙和填充墙，作为保温隔热材料也可用于复合墙板和屋面结构中。在无可靠的防护措施时，该类砌块不得用于水中、高湿度和有侵蚀介质的环境中，也不得用于建筑物的基础和温度长期高于 80℃ 的建筑部位。

④ 轻骨料混凝土小型空心砌块，由水泥、砂（轻砂或普砂）、轻粗骨料、水等经搅拌、成型而得。所用轻粗骨料有粉煤灰陶粒、黏土陶粒、页岩陶粒、膨胀珍珠岩、自然煤矸石轻骨料、煤渣等。其主规格尺寸为 390mm×190mm×190mm。砌块按强度等级分为六级：1.5、2.5、3.5、5.0、7.5、10 六个等级；按尺寸允许偏差和外观质量，分为一等品和合格品。

强度等级为 3.5 级以下的砌块主要用于保温墙体或非承重墙体，强度等级为 3.5 级及其以上的砌块主要用于承重保温墙体。

4. 新型墙体材料

现在市面上不少材料都是打着新型材料的旗号，其实，包括上面叙述的不少砌体都是属于新型墙体材料的范畴。目前市面上可见的新型墙体材料归纳起来，其种类与名称可以参考表4-5。

表 4-5　新型墙体材料

种类	名　称
砖类	非黏土烧结多孔砖和非黏土烧结空心砖
	混凝土多孔砖
	蒸压粉煤灰砖和蒸压灰砂空心砖
	烧结多孔砖和烧结空心砖
砌块类	普通混凝土小型空心砌块
	轻集料混凝土小型空心砌块
	烧结空心砌块（以煤矸石、江河湖淤泥、建筑垃圾、页岩为原料）
	蒸压加气混凝土砌块
	石膏砌块
	粉煤灰小型空心砌块
板材类	蒸压加气混凝土板
	建筑隔墙用轻质条板
	钢丝网架聚苯乙烯夹芯板
	石膏空心条板
	玻璃纤维增强水泥轻质多孔隔墙条板
	金属面夹芯板
	建筑平板（包括：纸面石膏板、纤维增强硅酸钙板、纤维增强低碱度水泥建筑平板、维纶纤维增强水泥平板、建筑用石棉水泥平板）

注：1. 原料中掺有不少于30％的工业废渣、农作物秸秆、建筑垃圾、江河（湖、海）淤泥的墙体材料产品，都可以看作是新型墙体材料。

2. 符合国家标准、行业标准和地方标准的混凝土砖、烧结保温砖（砌块/中空钢网内模隔墙、复合保温砖/砌块、预制复合墙板/体、聚氨酯硬泡复合板及以专用聚氨酯为材料的建筑墙体等也归于新型墙体材料之列。

5. 怎样选隔声材料

人在房屋中活动，总会产生一定程度的噪声，为了互补影响，在建造过程中必须要使用一定量的隔声材料。

隔声材料种类繁多，比较常见的有砖块、钢筋混凝土墙、木板、石膏板、铁板、隔声毡、纤维板等。严格意义上说，几乎所有的材料都具有隔声作用，其区别就是不同材料间隔声量的大小不同而已。同一种材料，由于面密度不同，其隔声效果也会存在比较大的变化。

从理论上讲，隔声材料的单位密集面密度越大，隔声量就越大，材料的面密度与隔声量成正比关系。

对于隔声材料，要减弱透射声能，阻挡声音的传播，就不能如同吸声材料那样多孔、疏松、透气，相反，它的材质应该是重而密实的。因此，在选择隔声材料时，主要选择那些密实无孔隙，有较大重量的材料。

由于对噪声控制的手段缺乏了解，关于吸声与隔声的概念常常被混淆了。例如玻璃棉、岩矿棉一类具有良好吸声性能但隔声性能很差的材料就被误称为"隔声材料"。

吸声材料的材质应该是多孔、疏松和透气，这就是典型的多孔性吸声材料，在工艺上通常是用纤维状、颗粒状或发泡材料以形成多孔性结构。结构特征是：材料中具有大量的、互相贯通的、从表到里的微孔，也即具有一定的透气性。

隔声材料需要减弱透射声能，阻挡声音的传播，就不能如同吸声材料那样多孔、疏松、透气，相反它的材质应该是重而密实，如钢板、铅板、砖墙等一类材料。隔声材料材质的要求是密实无孔隙或缝隙，有较大的重量。由于这类隔声材料密实，难于吸收和透过声能而反射能强，所以它的吸声性能差。

吸声和隔声虽然有着本质上的区别，但在具体的工程应用中，它们却常常结合在一起，并发挥了综合的降噪效果。当吸声材料和隔声材料组合使用，或者将吸声材料作为隔声构造的一部分，一般都能够提升隔声结构的效果。从理论上讲，加大室内的吸声量，相当于提高了分隔墙的隔声量。常见的有隔声房间、隔声罩、由板材组成的复合墙板等。

三、怎样选木材

房屋建筑包括房架、屋顶、檩条、椽子、屋面板、房檐、柱子、门、窗、地板、墙壁板、天花板等部分。用材含水率必须在15％以下（生材绝不可使用），同时还需预先做防腐、防虫、防火处理。可用树种很多，但最佳用材为针叶材（地板例外）：南方首选杉木，次选松木；北方首选红松，次选其他松木。选木材时要注意以下几点。

① 新鲜的木方略带红色，纹理清晰。如果其色彩呈暗黄色、无光泽，则说明是朽木。

② 看所选木方横切面大小的规格是否符合要求，头尾是否光滑均匀，前后不能大小不一。

③ 看木方是否平直。如果有弯曲也只能是顺弯，不能有波浪弯，否则使用后容易引起结构变形、翘曲。

④ 要选木节较少、较小的木方。如果木节大而且多，钉子、螺钉在木节处会拧不进去或者钉断木方，导致结构不牢固，而且容易从木结处断裂。

⑤ 要选没有树皮、虫眼的木方。树皮是寄生虫栖身之地，有树皮的木方易生蛀虫，有虫眼的也不能用。如果这类木方用在装修中，蛀虫会吃掉所有它能吃的木质。

⑥ 要选密度大的木方，用手拿有沉重感，用指甲抠不会有明显的痕迹，用手压木方有弹性，弯曲后容易复原，不会断裂。

⑦ 最好选择加工结束时间长一些且不是露天存放的木方，这样的木方比刚刚加工完的含水率相对会低一些。

第四节　建筑用防水与保温材料

1. 如何选择基础用防水材料

一般来说防止雨水、地下水、腐蚀性液体以及空气中的湿气、蒸汽等侵入建筑物的材料基本上都统称为防水材料。在自建小别墅中，常用的防水材料有防水卷材、防水砂浆和防水涂料这几种。

现在市场上的防水材料众多，很多人不知道怎么去选择，但是防水对于自建房来说，非常关键。防水材料的质量不好，导致的结果就是返潮、长霉，进而影响结构安全与环境健康。对于常见的防水材料，可以从以下几个方面入手进行挑选。

（1）就防水卷材而言，首先看外观

① 看表面是否美观、平整、有无气泡、麻坑等；

② 看卷材厚度是否均匀一致；

③ 看胎体位置是否居中，有无未被浸透的现象（常说的露白槎）；

④ 看断面油质光亮度；

⑤ 看覆面材料是否粘接牢固。

（2）防水涂料　防水涂料可看其颜色是否纯正，有无沉淀物等，然后将样片放入杯中加入清水泡一泡，看看水是否变混浊，有无溶胀现象，有无乳液析出；然后再取出样片，拉伸时如果变糟变软，这样的材料长期处于泡水的环境是非常不利的，不能保证防水质量。

（3）闻一闻气味　以改性沥青防水卷材来说，符合国家标准的合格产品，基本上没有什么气味。在闻的过程中，要注意以下几点：①有无废机油的味道；②有无废胶粉的味道；③有无苯的味道；④有无其他异味。

质量好的改性沥青防水卷材在施工烘烤过程中，不太容易出油，一旦出油后就能粘接牢固。而有些材料极易出油，是因为其中加入了大量的废机油等溶剂，使得卷材变得柔软，然而当废机油挥发掉后，在很短的时间内，卷材就会干缩发硬，各种性能指标就会大幅下降，使用时寿命大大减少。

一般来说，对于防水涂料而言，有各种异味的涂料大多属于非环保涂料，应慎重选择。

(4) 多问　多向商家询问、咨询，从了解的内容来分析、辨别、比较材料的质量。主要打听一下：①厂家原材料的产地、规格、型号；②生产线及设备状况；③生产工艺及管理水平。

(5) 试一试　对于防水材料可以多试一试，比如可以用手摸、折、烤、撕、拉等，以手感来判断材料的质量。

以改性沥青防水卷材来说，应该具有以下几个方面的特点：①手感柔软，有橡胶的弹性；②断面的沥青涂盖层可拉出较长的细丝；③反复弯折其折痕处没有裂纹。质量好的产品，在施工中无收缩变形、无气泡出现。

而三元乙丙防水卷材的特点则是：①用白纸摩擦表面，无析出物；②用手撕，不能撕裂或撕裂时呈圆弧状的质量较好。

对于刚性堵漏防渗材料来说，可以选择样品做实验，在固化后的样品表面滴上水滴，如果水滴不吸收，呈球状，质量就相对较好，反之则是劣质品。

2. 常用的防水涂料有哪些

对于建筑来说，防水是一个极为重要的环节，目前防水涂料应用得非常广泛，市面上能见到的防水涂料主要有：水性沥青基防水涂料、聚氨酯防水涂料、水性聚氯乙烯焦油防水涂料、聚氯乙烯弹性防水涂料、皂液乳化沥青、溶剂型橡胶沥青防水涂料、聚合物乳液建筑防水涂料、聚合物水泥防水涂料、界面渗透型防水涂料等。需要提醒的是，有些防水涂料因为有毒和污染现场，已被国家明令限制使用，如聚氯乙烯改性煤焦油防水涂料等。

按材料性质，防水涂料可以分为以下三种。

(1) 有机防水涂料　主要包括合成橡胶类、合成树脂类和橡胶沥青等。有机防水涂料固化成膜后最终是形成柔性防水层，常用于房屋的迎水面，这是充分发挥有机防水涂料在一定厚度时有较好的抗渗性。在房屋的基层面上（特别是在各种复杂表面上）能形成无接缝的完整的防水膜，又能避免涂料与基层黏结力较小的弱点。在冬季施工时，水乳型防水涂料效果不好，应改为反应型防水涂料。溶剂型防水涂料虽然也适合冬季使用，但由于溶剂挥发会污染环境，故不宜在封闭的环境中使用。

常见的氯丁橡胶防水涂料、SBS改性沥青防水涂料等聚合物乳液防水涂料属挥发固化型，聚氨酯防水涂料属反应固化型。

(2) 聚合物水泥防水涂料　简称JS防水涂料。聚合物水泥防水涂料所用原材料不会对环境和人体健康构成危害，具有比一般有机涂料干燥快、弹性模量低、体积收缩小、抗渗性好等优点，国外称之为弹性水泥防水涂料或者水凝固型涂料。JS防水涂料又可以分为以下两类：

① 以聚合物为主的防水涂料，主要用于非长期浸水环境下的建筑防水工程；

② 以水泥为主的防水涂料，适用于长期浸水环境下的建筑防水工程。

（3）无机防水涂料 主要是水泥类无机活性涂料，包括聚合物改性水泥基防水涂料和水泥基渗透结晶型防水涂料。这是一种以水泥石英砂等为基材，掺入各种活性化学物质配制的一种刚性防水材料，它既可作为防水剂直接加入混凝土中，也可作为防水涂层涂刷在混凝土基面上。该材料借助其中的载体不断向混凝土内部渗透，并与混凝土中某种组分形成不溶于水的结晶体充填毛细孔道，大大提高混凝土的密实性和防水性。

无机防水涂料不适用于变形较大或受振动部位，而且无机防水涂料由于凝固快与基面有较强的黏结力，与水泥砂浆防水层、涂料防水层黏结性好，最宜用于背水面混凝土基层上做防水过渡层。

3. 如何选择屋面用防水材料

经常使用的屋面防水材料主要包括以下几种：合成高分子防水卷材、高聚物改性沥青防水卷材、沥青防水卷材、高聚物改性沥青防水涂料、合成高分子防水涂料和细石混凝土等。

（1）合成高分子防水卷材 它是以合成橡胶、合成树脂或两者的共混体为基料，制成的可卷曲的片状防水材料。合成高分子防水卷材具有以下特点：

① 匀质性好；

② 拉伸强度高，完全可以满足施工和应用的实际要求；

③ 断裂伸长率高，合成高分子防水卷材的断裂伸长率都在 100％ 以上，有的高达 500％ 左右，可以较好地适应建筑工程防水基层伸缩或开裂变形的需要，确保防水质量；

④ 抗撕裂强度高；

⑤ 耐热性能好，合成高分子防水卷材在 100℃ 以上的温度条件下，一般都不会流淌和产生集中性气泡；

⑥ 低温柔性好，一般都在 −20℃ 以下，如三元乙丙橡胶防水卷材的低温柔性在 −45℃ 以下；

⑦ 耐腐蚀能力强，合成高分子防水卷材的耐臭氧、耐紫外线、耐气候等能力强，耐老化性能好，比较耐用。

（2）高聚物改性沥青防水卷材 它是以合成高分子聚合物改性沥青为涂盖层，纤维织物或纤维毡为胎体，粉状、粒状、片状或薄膜材料为覆面材料制成可卷曲的片状材料。高聚物改性沥青卷材常用的有以下两种。

① 弹性体改性沥青卷材（SBS 改性沥青卷材）。用 SBS 改性沥青浸渍胎基，两面涂以 SBS 沥青涂盖层，上表面撒以细砂、矿物粒（片）料或覆盖聚乙烯膜，下表面撒以细砂或覆盖聚乙烯膜所制成的一类卷材。该类卷材使用聚酯毡和玻纤毡两种胎基。聚酯毡（长丝聚酯无纺布）力学性能很好，耐水性、耐腐蚀性也很好，是各种胎基中最高级的；玻纤毡耐水性、耐腐蚀性好，价格低，但强度低，无延展性。

改性沥青防水卷材的最大特点是低温柔性好，冷热地区均适用，特别适用于寒冷地区，可用于特别重要及一般防水等级的屋面、地下防水工程、特殊结构防水工程。施工可采用热熔法，亦可采用冷粘法。

② 塑性体改性沥青卷材（APP改性沥青卷材）。它属于塑性体沥青防水卷材中的一种。它是用APP改性沥青浸渍胎基（玻纤毡、聚酯毡布涂盖两面，上表面撒以细砂、矿物粒（片）料或覆盖聚乙烯膜，下表面撒以砂或覆盖聚乙烯膜的一类防水卷材。

APP改性沥青防水卷材的性能接近SBS改性沥青卷材。其最突出的特点是耐高温性能好，130℃高温下不流淌，特别适合高温地区或太阳辐射强烈地区使用。另外APP改性沥青防水卷材热熔性非常好，特别适合热熔法施工，也可用冷粘法施工。

（3）沥青防水卷材　它指的是有胎卷材和无胎卷材。凡是用厚纸或玻璃丝布、石棉布、棉麻织品等胎料浸渍石油沥青制成的卷状材料，称为有胎卷材；将石棉、橡胶粉等掺入沥青材料中，经碾压制成的卷状材料称为辊压卷材，即无胎卷材。

（4）高聚物改性沥青防水涂料　以沥青为基料，用合成高分子聚合物进行改性，配制成的水乳型或溶剂型防水涂料。与沥青基涂料相比，高聚物改性沥青防水涂料在柔韧性、抗裂性、强度、耐高低温性能、使用寿命等方面都有了较大的改进，常用的建材有氯丁橡胶改性沥青涂料、SBS改性沥青涂料及APP改性沥青涂料等，具体性能及应用见表4-6。

表4-6　常见高聚物改性沥青防水涂料

名称	组成	性能	应用
氯丁橡胶改性沥青涂料	一种高聚物改性沥青防水涂料	在柔韧性、抗裂性、拉伸强度、耐高低温性能、使用寿命等方面比沥青基涂料有很大改善	可广泛应用于屋面、地面、混凝土地下室和卫生间等的防水工程
SBS改性沥青涂料	采用石油沥青为基料，为改性剂并添加多种辅助材料配制而成的冷施工防水涂料	具有防水性能好、低温柔性好、延伸率高、施工方便等特点，具有良好的适应屋面变形能力	主要用于屋面防水层，防腐蚀地坪的隔离层，金属管道的防腐处理；水池、地下室、冷库、地坪等的抗渗、防潮等
APP改性沥青涂料	以高分子聚合物和石油沥青为基料，与其他增塑剂、稀释剂等助剂加工合成	具有冷施工、表干快、施工简单、工期短特点；具有较好的防水、防腐和抗老化性能；能形成涂层无接缝的防水膜	适用于各种屋面、地下室防水、防渗；斜沟、天沟建筑物之间连接处、卫生间、浴池、储水池等工程的防水、防渗

（5）合成高分子防水涂料　它是以合成橡胶或合成树脂为主要成膜物质，配制成的单组分或多组分的防水涂料。由于合成高分子材料本身的优异性能，以此为原料制成的合成高分子防水涂料具有高弹性、防水性、耐久性和优良的耐高低温性能。常用的建材有聚氨酯防水涂料、丙烯酸防水涂料、有机硅防水涂料等，

具体性能及应用见表 4-7。

表 4-7　常见合成高分子防水涂料

名称	组成	性能	应用
聚氨酯防水涂料	一种液态施工的环保型防水涂料，是以进口聚氨酯预聚体为基本成分，无焦油和沥青等添加剂	它与空气中的湿气接触后固化，在基层表面形成一层坚固的坚韧的无接缝整体防水膜	可广泛应用屋面、地基、地下室、厨房、卫浴等的防水工程
丙烯酸防水涂料	一种高弹性彩色高分子防水材料，是以防水专用的自交联纯丙乳液为基础原料，配以一定量的改性剂、活性剂、助剂及颜料加工而成	无毒、无味、不污染环境，属环保产品；具有良好的耐老化、延伸性、弹性、黏结性和成膜性；防水层为封闭体系，整体防水效果好，特别适用于异形结构基层的施工	主要使用于各种屋面、地下室、工程基础、池槽、卫生间、阳台等的防水施工，也可适用于各种旧屋面修补
有机硅防水涂料	该涂料是以有机硅橡胶等材料配制而成的水乳性涂料，具有良好的防水性、憎水性和渗透性	涂膜固化后形成一层连续均匀完整一体的橡胶状弹性体，防水层无搭头接点，非常适合异形部位。具有良好的延伸率及较好的拉伸强度，可在潮湿表面上施工	适用于新旧屋面、楼顶、地下室、洗浴间、泳池、仓库的防水、防渗、防潮、隔气等用途，其寿命可达 20 年

（6）细石混凝土　一般是指粗骨料最大粒径不大于 15mm 的混凝土。

对于细石混凝土，水泥不能使用火山灰质水泥；砂要采用粒径 3～5mm 的中粗砂，粗骨料含泥量不应大于 1%；细骨料含泥量不应大于 2%；水采用自来水或可饮用的天然水；混凝土强度不应低于 C20，每 10m³ 混凝土水泥用量不少于 66kg，水灰比不应大于 0.55；含砂率宜为 35%～40%；灰砂比宜为 1:2～1:2.5。

4. 如何选择保温墙体材料

对于现阶段的房屋施工来说，采用黏土空心砖、各种混凝土空心砌块、加气混凝土砌块或条板等单一墙体材料已难满足节能保温的需求。大幅地提高外墙保温性能的有效途径就是采用复合墙体。

复合墙体是指用承重材料墙体（如砖或砌块）与高效保温材料（如聚苯板、岩棉板或玻璃棉板等）进行复合而成的墙体。在复合墙体中，根据保温材料所处的相对位置不同，又分为外保温复合墙体、内保温复合墙体以及夹芯保温复合墙体。

（1）内保温做法　即在外墙内侧（室内一侧）增加保温措施。常用的做法有贴保温板、粉刷石膏（即在墙上粘贴聚苯板，然后用粉刷石膏做面层）、聚苯颗粒胶粉等。内保温虽然保温性能不错，施工也比较简单，但是对外墙某些部位如内外墙交接处难以处理，从而形成"热桥"效应。另外，将保温层直接做在室内，一旦出现问题，维修时对居住环境影响较大。因此，工程质量必须严格把关，避免出现开裂、脱落等现象。

（2）外保温做法　即在墙体外侧（室外一侧）增加保温措施。保温材料可选用聚苯板或岩棉板，采取黏结及锚固件与墙体连接，面层做聚合物砂浆用玻纤网格布增强；对现浇钢筋混凝土外墙，可采取模板内置保温板的复合浇筑方法，使结构与保温同时完成；也可采取聚苯颗粒胶粉在现场喷、抹形成保温层的方法；还可以在工厂制成带饰面层的复合保温板，到现场安装，用锚固件固定在外墙上。与内保温做法比较，外保温的热工效率较高，不占用室内空间，对保护主体结构有利，不仅适用于新建房屋，也适用于既有建筑的节能改造。因此，外保温复合墙体已成为墙体保温方式的发展方向。但由于保温层处于室外环境，因而对外保温的材料性能和施工质量有更为严格的要求。

（3）夹芯保温做法　即把保温材料（聚苯、岩棉、玻璃棉等）放在墙体中间，形成夹芯墙。这种做法将墙体结构和保温层同时完成，对保温材料的保护较为有利。但由于保温材料把墙体分为内外"两层"，因此在内外层墙皮之间必须采取可靠的拉结措施，尤其是对于有抗震要求的地区，措施更是要严格到位。

5. 如何选择屋面用保温材料

市面上屋面保温材料有很多种类，应用范围也很广，屋面保温材料应选用孔隙多、表观密度小、导热系数（小）的材料。常用屋面保温材料主要有以下几种。

（1）憎水珍珠岩保温板　它具有容量轻、憎水率高、强度好、导热系数小、施工方便等优点，是其他材料无法比拟的。它广泛用于屋顶、墙体、冷库、粮仓及地下室的保温，隔热和各类保冷工程。

（2）岩棉保温板　以玄武岩及其他天然矿石等为主要原料，经高温熔融成纤维，加入适量黏结剂，固化加工而制成的。建筑用岩棉板具有优良的防火、保温和吸声性能。它主要用于建筑墙体、屋顶的保温隔音，建筑隔墙、防火墙、防火门的防火和降噪。

（3）膨胀珍珠岩　它具有无毒、无味、不腐、不燃、耐碱耐酸、容量轻、绝热、吸声等性能，使用安全、施工方便。

（4）聚苯乙烯膨胀泡沫板（EPS板）　它属于有机类保温材料，是以聚苯乙烯树脂为基料，加入发泡剂等辅助材料，经加热发泡而成的轻质材料。

（5）XPS挤塑聚苯乙烯发泡硬质隔热保温板　由聚苯乙烯树脂及其他添加剂通过连续挤压出成型的硬质泡沫塑料板，简称XPS保温板。XPS保温板因采用挤压过程制造出拥有连续均匀的表面及闭孔式蜂窝结构，这些蜂窝结构的互连壁有一致的厚度，完全不会出现间隙。这种结构让XPS保温板具有良好的隔热性能、低吸水性和抗压强度高等特点。

（6）水泥聚苯小型空心轻质砌块　这种砌块是利用废聚苯和水泥制成的空心砌块，可以改善屋面的保温隔热性能，有390mm×190mm×190mm、390mm×90mm×190mm两种规格，前者主要用于平屋面，后者主要用于坡屋面。

（7）泡沫混凝土保温隔热材料　利用水泥等胶凝材料，大量添加粉煤灰、矿渣、石粉等工业废料，是一种利废、环保、节能的新型屋顶保温隔热材料。泡沫混凝土屋面保温隔热材料制品具有轻质高强、保温隔热、物美价廉、施工速度快等显著特点。既可制成泡沫混凝土屋面保温板，又可根据要求现场施工直接浇筑，施工省时、省力。

（8）玻璃棉　属于玻璃纤维中的一个类别，是一种人造无机纤维。采用石英砂、石灰石、白云石等天然矿石为主要原料，配合一些纯碱、硼砂等化工原料熔成玻璃。在融化状态下，借助外力吹制成絮状细纤维，纤维和纤维之间为立体交叉，互相缠绕在一起，呈现出许多细小的间隙，具有良好的绝热、吸声性能。

（9）玻璃棉毡　为玻璃棉施加黏合剂，加温固化成型的毡状材料。其容重比板材轻，有良好的回弹性、价格便宜、施工方便。玻璃棉毡是为适应大面积敷设需要而制成的卷材，除保持了保温隔热的特点外，还具有十分优异的减振、吸声特性，尤其对中低频和各种振动噪声均有良好的吸收效果，有利于减少噪声污染，改善工作环境。

第五章

Chapter **05**

基础施工

第一节 >> 基础类型与构造

基础是房屋的建筑根本，是至关重要的建筑结构。由于地域的不同和地质条件的复杂多变，自建小别墅的基础也是多种多样，一定要选择适合自己房屋的基础形式，才能在保证房屋安全的前提下，获得更好的经济性。

一、基础的类型

在自建小别墅中，常用的基础类型主要有独立基础、条形基础、筏板基础这三类。

1. 独立基础

当建筑物上部结构为梁、柱构成的框架、排架或其他类似结构时，下部常采用阶梯形或锥体形的结构形式，称为独立基础，如图5-1所示。

2. 条形基础

在砖混结构的建筑中，砖墙为主要垂直承重的结构，沿承重墙连续设置的基础就称为条形基础或带形基础。条形基础是墙下基础的基本形式，也是自建小别墅最常用的一种基础形式，如图5-2所示。

图 5-1 独立基础

图 5-2 条形基础

3. 筏板基础

当上部荷载很大，地基又比较松软或地下水位较高时，常将柱下或墙下基础连成一片，形成平板式或梁板式钢筋混凝土地板，这种结构形式就称为筏板基础，如图 5-3 所示。

图 5-3 筏板基础

二、基础用材料

自建小别墅的基础，根据所用材料的不同，又可以分为灰土基础、三合土基础、砖基础、毛石基础、混凝土或钢筋混凝土基础。在目前情况下，混凝土或钢筋混凝土基础用得最多，在石材比较丰富的地区，则往往采用毛石基础或者毛石混凝土基础。

三、基础埋置深度

我国地域辽阔，各地的气候条件有较大差别。为保证基础不受土壤的冻胀影响，基础就要有一定的埋置深度。

在冬季，地面以下的土壤受到冰冻形成冻土层，温度越低，冻土层越厚。冻土层以下是非冰冻土层。冻土层与非冻土层的结合处称为冰冻线。如将基础放在冰冻层上时，土的冻胀则会将基础抬起；气温回升冻土层解冻后，基础会下沉。这样，建筑物周期性地处于不稳定状态，导致建筑物产生较大的变形，严重时还会引起墙体开裂，建筑物倾斜甚至倒塌。

一般情况下，基础埋深（从建成后室外地坪最低处算起）不应小于当地冻土层厚度，且不小于50cm，必要时，应请专业的设计人员加以设计。地基必须挖至老土层，土质应均匀一致，并且进入老土层深度不应小于20cm。

处于寒冷地区的房屋基础埋深一定要考虑土壤冻胀的影响。一般情况下，严寒地区的基础应埋置在冰冻线以下约200mm的深度。

四、钢筋混凝土基础的构造

在目前自建小别墅的建筑中，钢筋混凝土基础算是应用最为广泛的一种基础了，主要有如下两种形式。

1. 条形基础

当条形基础采用混凝土材料时，混凝土垫层厚度一般为100mm。条形基础钢筋由底板钢筋网片和基础梁钢筋骨架组成，但有的也只配置钢筋网片。底板钢筋网片的铺设与独立基础相同。骨架所用钢筋的直径和截面高度应根据各地的标准图集和设计要求来确定。

2. 独立基础

当柱子的荷载偏心矩不大时，常用方形；偏心矩较大时，则用矩形。钢筋混凝土部分由垫层和柱基组成，垫层比柱基每边宽100mm。独立基础主要有锥形基础和阶梯形基础两种形式。

（1）锥形基础　锥形基础边缘的高度不宜小于200mm。如果基础高度在900mm以内时，柱子的插筋应该伸至基础底部的钢筋网片内，并在端部做成直弯钩，如图5-4所示。当基础高度较大时，位于柱四角的插筋应伸入底部，其余的钢筋只需伸入基础达到锚固长度即可。柱子插筋长度范围内应设置箍筋。受力钢筋由设计确定，一般直径不宜小于ϕ12，间距不应大于200mm，基础顶面每边应比柱子边缘宽出50mm，便于柱模板的安装。

（2）阶梯形基础　当独立基础为阶梯形时（图5-5），每阶高度一般在300～

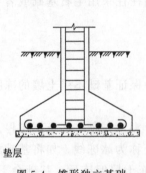

图5-4　锥形独立基础

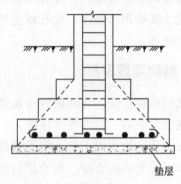

图5-5　阶梯形独立基础

500mm。基础高度小于等于 350mm 时用一个梯阶。如基础高度大于 350mm 而小于 900mm 时用两个梯阶，大于 900mm 时用 3 个梯阶。梯阶的尺寸应用整数，一般在水平及垂直方向均用 50mm 的倍数。

第二节　地基的定位及放线

在开挖地基土方前，首先要进行地基的测量和放线，将设计好的建筑物图样，按设计尺寸在预定建筑地面上进行测量，并用各种标志标出该建筑物的施工位置、尺寸和形状。

严格标准的定位及放线，包括测量和放线两个方面的内容，必须使用专业的测量仪器。而在自建小别墅的建设中，由于受地理条件、施工场地、测量仪器等条件的限制，会给定位放线带来一定的不便。而且，在农村和小城镇地区建房，相对来说，没有那么精确的定位要求，所以通常用的都是相对简易的放线定位方法。常用的工具主要就是钢卷尺、水平尺、透明塑料水管、线绳、白灰粉、木楔。

1. 按原有房屋定位

如果在拟建的地方有原建房屋，不论其是同排、错排、同列的布局，均应把原有的房屋作为参照物，然后从参照物的墙体向拟建房屋的位置方向引线。如两者同排，应从原房屋的纵墙上引线；如两者同列，则从横墙上引线；当两者为错排时，哪个边距拟建房屋较近时，就以该边为引线。引线时必须注意一个问题，就是引线不能和原房屋的墙体接触，必须用两个相等厚度的垫块分别支放墙体的两端，将线搭放在垫块上，然后用钢卷尺顺原墙体的延长线量出拟建房屋和原有房屋的距离，将木楔打入土内作为固定点，再按勾股弦定理找出拟建房屋的各边边线。

2. 根据规划道路定位

先测量出道路的中心线，并从道路中心线向拟建房屋的位置拉两条平行线，定出拟建房屋的基础边线。然后根据基础平面图的基槽宽度，用 5m 钢卷尺找出墙体中线。

以墙体中线为准线，并在划定的边线作垂线，在垂线和准线上分别以固定点量出 3m 和 4m 的长度，并标出记号，使两个固定点相交，用钢卷尺量垂线和准线上 3m 和 4m 两点间的距离，如达不到 5m 时，应调整垂线的左右位置，直到量出 5m 时将垂线固定。这个垂线定位边就是房屋的横墙边线。然后分别以准线和垂线量出对应的边线，就定出了房屋的所在位置，如图 5-6 所示。

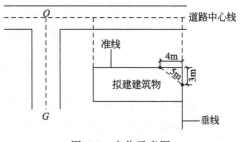

图 5-6　定位示意图

3. 基槽的定位

自建小别墅的基础使用最多的就是条形基础。房屋的基槽宽度都不是很大，一般在 1000mm 左右，深度一般在 500mm 左右。基槽是在所有边线定位后定位。

基槽定位时，先在拟建房屋的四角打上木楔，或根据图 5-7 所示设置龙门桩，根据测量数据，在龙门桩上标出基槽的边线、墙体中心线和水平线及标高线。当各线测量准确后，用白灰粉顺线撒出基槽的两边线。可用水平尺或水平管测定水平点和标高点。

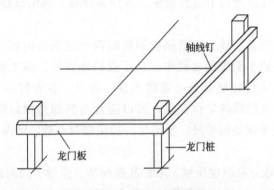

图 5-7　龙门桩设置示意图

（1）用水平尺测定　使用水平尺测定水平线和标高时，也能达到同样的准确性。用水平尺测定时，先在原有房屋的某点或规划的标高点处拉一根直线，将水平尺放在线的中间部位，并用两小堆砂将水平尺架起，调整水平尺中的气泡处于水平位置，将所拉的直线与水平尺面相平行，直线两端也就成为平行关系。以这个水平点为准，用直尺向上或向下量出房屋的 ±0.000 或基础的基底标高，并将这点标在木楔或龙门桩上，作为复核、验线的标准点，如图 5-8 所示。

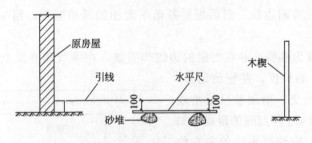

图 5-8　水平尺定位示意图

（2）使用水平管的测定　将水平管内注满水，但不得混有气泡。如果水位看不清时，可在水中加点颜料，使水变色。

将水平管的一端放在规划的水平点或放在原有房屋的某一标高点。这点即是临时的标准点，并使管中的水平面与该点平齐。另一端放于木楔或龙门桩旁，上下移动水平管，使一端管中的水平面与标准点平齐稳定的情况下，标出另一端的水平面位置，这时，两点间呈水平状态。这种方法称为水平点的测定。然后将水平管一端移到拟建房屋的另外三个大角，以另一端为标准点，分别测出其余三个大角的水平位置，并标在龙门桩或木楔上。如果水平管的长度足够长时，也可在一端不移动的情况下，在另一端分别测出各个角的水平线。

4. 标高的定位

房屋标高是指每层房屋的设计高度和房屋的总高度。图纸上设计的±0.000标高有两种表示方法：一种是绝对标高，另一种是相对标高。其定位方法如下。

（1）绝对标高±0.000的定位　施工图上一般均注明±0.000相对标高值。该数据可从建筑物附近的水准控制点或大地水准点进行引测，并在供放线用的龙门桩上标出。

如拟建建筑的±0.000相当于绝对标高的94.5m，附近水准点的标高为95m，将水准仪安放在水准点与建筑物龙门桩的中间，调平后，测出望远镜在水准点上的水准尺上的读数为1.5m，则95+1.5-94.5=2m。将水准尺下部靠着龙门桩，上下移动，使望远镜中水准尺的读数为2m，在水准尺底部用铅笔在龙门桩一侧画出横线。这个横线就是±0.000的位置。

（2）相对标高±0.000的定位　一般来说，相对标高在自建小别墅的施工中用得更为广泛一些。在有的施工图上，由于原有建筑较多，或临街道较近时，往往在施工图上直接标注±0.000的位置与某种建筑物或道路的某处标高相同或成某种关系，在±0.000定位时，就可以由该处进行引测。如某拟建建筑物±0.000与道路路边石高出350mm，在标高定位时，先将水准尺放到路边石上，使水准仪安放在路边石与龙门桩的中间，调平后，用望远镜读出水准尺上的读数，然后将水准尺移至龙门桩，上下移动水准尺，当前读数与望远镜横丝相平时，在水准尺底部的龙门桩上画一条直线，然后用尺向上量测350mm，即为相对标高±0.000的定位线。

第三节 》 基础开挖与回填

基础定位放线撒灰结束后，经复线检查符合设计基础平面的尺寸要求后，就可以进行基槽或基坑的开挖。由于自建小别墅建筑面积较小，所以基槽或基坑的土方量都不大，一般均采用人工或小型开挖机械开挖的方法。使用小型机械开挖时，还需要人工修理槽壁和槽底。

一、基础开挖

在开始开挖前，必须把现场平整范围内的障碍物如树木、电线、电杆、管道、房屋、坟墓等清理干净。场地如有高压线、电杆、塔架、地上和地下管道、电缆、坟墓、树木、沟渠以及旧有房屋、基础等应进行拆除或搬迁、改建、改线；对附近原有建筑物、电杆、塔架等采取有效的防护和加固措施，可利用的建筑物应充分利用。在黄土地区或有古墓地区，应在工程基础部位，按设计要求位置，用洛阳铲进行详探，发现墓穴、土洞、地道、地窖、废井等应对地基进行局部处理。

不论是人工开挖还是机械开挖，都要注意，为了方便在基槽内施工，开挖基槽时，每边应比设计的槽宽多开挖些，以作为施工空间。

主要施工步骤：测量放线→分层开挖→排降水→修坡→整平→验槽。

1. 人工开挖

① 基槽（坑）开挖应按放线定出的开挖宽度，分段分层挖土。根据土质和地下水情况，采取在四侧或两侧直立或放坡开挖。

② 在天然湿度的地质土中开挖基槽（坑），如无地下水，挖方边坡可做成直立壁，不加支撑，但挖方深度不得超过表 5-1 的规定，如果超过表 5-1 规定的深度，应进行放坡开挖。基槽（坑）的宽度应稍大于基础的宽度，根据基础做法留出基础砌筑或支模板的操作面宽度，一般每侧为 300～500mm。

表 5-1　基槽（坑）不加支撑时的容许直立开挖深度

土的种类	容许深度/m
密实、中密的砂土和碎石类土（充填物为砂土）	1.00
硬塑、可塑的粉质黏土及粉土	1.25
硬塑、可塑的黏土和碎石类土（充填物为黏性土）	1.50
坚硬的黏土	2.00

③ 当开挖基槽（坑）的土体含水量较大而不稳定，或基坑较深，或受周围场地限制需用较陡的边坡或直立开挖而土质较差时，应采取或局部采取临时性支撑加固。开挖宽度较大的基坑，当在局部地段无法放坡，或下部土方受到基坑尺寸限制不能放较大的坡度时，则应在下部坡脚采取加固措施。如采用短桩与横隔板支撑或砌砖、毛石或用编织袋装土或砂石堆砌临时矮挡土墙保护坡脚。当开挖深基坑时，须采取安全可靠的支护措施。

④ 挖土应沿灰线里面切出基槽的轮廓线。对普通软土，或自上而下分层开挖，每层深度为 300～600mm，从开挖端向后倒退按踏步形挖掘；对较为坚硬的土和碎石类土，先用镐刨松后，再向前挖掘，每层挖土厚度 150～200mm，每层应清底和出土后再挖掘下一层。

⑤ 基槽（坑）开挖应尽量防止扰动地基土，当基坑挖好后不能及时进行下道工序施工时，应预留 150～300mm 的土不挖，待下道工序开始前再挖至设计标高。

⑥ 在地下水位以下挖土且水量不大时，可采取明沟和集水井排水法随挖随排

除地下水。其方法是在每层土开挖之前，先在基坑四周或两侧挖500mm深排水沟，每隔20～30m挖一口集水井，深度在1m以上，将土中或表面的水经排水沟排到集水井，然后用水泵抽出坑外。排水沟和集水井应随开挖面先行不断加深，始终保持比开挖面低300～500mm，以利开挖能顺利进行。

⑦ 在基槽（坑）边缘上侧堆土或堆放材料时，应与基坑边缘保持1m以上的距离，以保证基槽（坑）边坡的稳定。当土质较好时，堆土或材料应距基坑边缘0.8m以外，高度不宜超过1.5m，并应留出基础施工时进料的通道。

⑧ 在邻近建筑物旁开挖基槽（坑）的土方，当开挖深度深于原有基础时，开挖应保持一定的坡度，以免影响邻近建筑物基础的稳定，一般应满足 $h/l \leqslant 0.5 \sim 1$（h 为超过原有基础的深度，l 为离原有基础的距离）。如不能满足要求，应采取在坡脚设挡墙或支撑的加固措施。

⑨ 开挖基槽（坑）时，不得超过基底标高，如个别地方超挖时，应用与基土相同的土料补填，并夯实至要求的密实度，或用灰土或砂砾石填补并夯实。在重要部位超挖时，可用低强度等级混凝土填补。

⑩ 雨期施工时，应在基槽（坑）两侧提前挖好排水沟，以防地面雨水流入基槽（坑）；同时应经常检查边坡和支护稳定情况，必要时适当放缓边坡坡度或设置支撑，以防止坑壁受水浸泡造成塌方。

⑪ 冬期施工时，挖土要连续快速挖掘、清除，以免间歇使土冻结。基坑土方开挖完毕，应立即进行下道工序施工，如有停歇（1～2天），应覆盖草袋、草垫等简单保温材料；如停歇时间较长，应在基底预留一层松土层（200～300mm）不挖，并用保温材料覆盖，待下道工序施工时再清除到设计标高，以防基土受冻。

⑫ 在基础开挖完之后，一定要进行钎探，这一步，很多人都忽略了，从而导致房屋建成后容易出现墙体开裂等现象。所以，基础开挖结束后，应对基土进行钎探，目的就是通过钢钎打入地基一定深度的击打次数，判断地基持力土质是否分布均匀、平面分布范围和垂直分布的深度。

基土已挖至设计基坑或基槽底标高，土层符合要求，表面平整，轴线及坑、槽宽度长度均符合要求时，即可确定探孔。探孔的平面布置如无特殊规定时，可按表5-2的规定执行。

表 5-2 探孔排列形式及尺寸要求

槽宽/m	排列方式	间距/m	深度/m
小于0.8	中心一排	1.0～1.5	1.5
0.8～2.0	两排错开	1.0～1.5	1.5
大于2.0	梅花形	1.0～1.5	2.0

2. 机械开挖

机械开挖基槽前，要控制好开挖的深度，并要有控制的措施。机械不得在输电线路一侧挖掘，任何情况下，机械的任何部位与架空线路的安全距离应符合表 5-3 的规定。

表 5-3　机械与架空线路的安全距离

输电线电压/kV	与架空线的垂直距离/m	水平安全距离/m
1	1.3	1.5
1~20	1.5	2.0
35~110	2.5	4
154	2.5	5
220	2.5	6

采用机械开挖的过程中，还需要注意以下几个问题。

① 在施工过程中，应对平面位置、水平标高、边坡坡度、地下水位降低等情况进行跟踪检查，并随时观察周围的环境变化。

② 挖土机沿挖方边缘移动：机械距离边坡上缘的宽度不得小于基坑（槽）和管沟深度的 1/2。

③ 开挖中发现有古墓、枯井等异常情况时，应停止开挖，探明情况后方可继续进行。

④ 土方开挖应尽量防止对基土的扰动，并预留一定的厚度，然后用人工挖除。当使用推土机或挖土机时，应保留 200mm，用反铲机械挖土时，应保留 300mm。

3. 槽深、 槽宽的控制

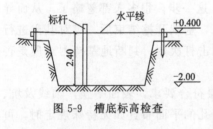

图 5-9　槽底标高检查

当基坑、基槽开挖结束后，应对基坑、基槽的深度和宽度进行检查。在龙门板两端拉直线，按龙门板顶面与槽底设计标高差，在标杆上画一道横线。检查时，将标杆上的横线与所拉的水平线相比较，横线与水平线齐平时，说明坑底或槽底标高符合要求，不然则不符合要求，如图 5-9 所示。

二、土方回填

土方回填分基槽或基坑回填、室内外地面回填等。土方回填与夯实对农村住宅建筑工程质量影响较大。

1. 回填土要求

宜优先选用基槽（坑）中挖出的原土，并清除其中的有机杂质和粒径大于 50mm 的颗粒，含水量应符合设计要求。

① 采用的回填土应为黏土，不应采用地表的耕植土、淤泥、膨胀土及杂

填土。

② 基底为灰土地基时，土料应尽量采用地基槽中挖出的土。土块较大时，则应过筛筛除。拌制三七灰土的石灰必须消解后方可应用，粒径不得大于 5mm，和黏土拌和均匀后铺入槽内。

③ 也可采用黏土、粉煤灰、白灰混合后作为回填土。

④ 砂垫层或者砂石垫层地基宜采用质地坚硬、粒径为 0.25～0.5mm 的中砂、粗砂，或采用粒径为 20～50mm 的碎石或卵石。

⑤ 室内回填土时，不得采用拆除的旧墙土、旧土坯等碱性大的土，以防返潮。

⑥ 如果是石屑，不能含有机杂质，最大粒径不得大于 50mm。

2. 回填前基坑（槽）处理

回填前，应清除基底上草皮、杂物、树根和淤泥，排除积水，并在四周设排水沟或截洪沟，防止地面水流入填方区或基槽（坑），浸泡地基，造成基土下陷。

① 当填方基底为耕植土或松土时，应将基底充分夯实或碾压密实。

② 当填方位于水田、沟渠、池塘或含水量很大的松散地段，应根据具体情况采取排水疏干，或将淤泥全部挖除换土、抛填片石、填砂砾石、翻松、掺石灰等措施进行处理。

③ 当填土场地地面陡于 1/5 时，应先将斜坡挖成阶梯形，阶高 0.2～0.3m，阶宽大于 1m，然后分层填土，以利接合和防止滑动。

3. 土方回填

主要施工步骤：基层处理→分层摊铺→分层压（夯）密实→分层检查验收。

① 填土前应检验土料质量、含水量是否在控制范围内。土料含水量一般以手握成团、落地开花为适宜。当含水量过大，应采取翻松、晾干、风干、换土回填、掺入干土或其他吸水性材料等措施，防止出现橡皮土。如土料过干（或砂土、碎石类土）时，则应预先洒水湿润，增加压实遍数或使用较大功率的压实机械等措施。

② 回填土应分层摊铺和夯压密实，每层铺土厚度和压实遍数应根据土质、压实系数和机具性能而定。常用夯（压）实工具机械每层铺土厚度和所需的夯（压）实遍数参考数值见表 5-4。

表 5-4　填方每层铺土厚度和压实遍数

压实机具	每层铺土厚度/mm	每层压实遍数/遍
平碾（8～120t）	200～300	6～8
羊足碾（5～160t）	200～350	6～16
蛙式打夯机（200kg）	200～250	3～4
振动碾（8～15t）	60～130	6～8

续表

压实机具	每层铺土厚度/mm	每层压实遍数/遍
人工打夯	不大于200	3～4

③ 在地形起伏处填土，应做好接槎，修筑1∶2阶梯形边坡，每台阶高可取500mm，宽1000mm。分段填筑时，每层接缝处应做成大于1∶1.5的斜坡。接缝部位不得在基础、墙角、柱墩等重要部位。

④ 人工回填打夯前应将填土初步整平，打夯要按一定方向进行，一夯压半夯，夯夯相接，行行相连，两遍纵横交叉，分层夯打。

⑤ 夯实基槽时，行夯路线应由四边开始，然后夯向中间。用蛙式打夯机等小型机具夯实时，打夯之前应对填土初步整平，打夯机依次夯打，均匀分开，不留间歇。

⑥ 填土层如有地下水或滞水时，应在四周设置排水沟和集水井，将水位降低。已填好的土层如遭水浸泡，应把稀泥铲除后，方能进行上层回填；填土区应保持一定横坡，或中间稍高两边稍低，以利排水；当天填土应在当天压实。

⑦ 雨期基槽（坑）或管沟回填，从运土、铺填到压实各道工序应连续进行。雨前应压完已填土层，并形成一定坡度，以利排水。施工中应检查、疏通排水设施，防止地面水流入坑（槽）内，造成边坡塌方或使基土遭到破坏。

⑧ 冬期填方，要清除基底上的冰雪和保温材料，排除积水，挖出冰块和淤泥。回填宜连续进行，逐层压实，以免地基土或已填的土受冻。

4. 基础夯实

在自建小别墅中，大多采用灰土地基，夯实的机具为柴油打夯机、蛙式打夯机和人工夯实。

(1) 材料的处理　灰土基础中所用的土和熟石灰粉要分别过筛处理。

(2) 灰土的拌制　灰土的拌和配合比一般是石灰粉比土为3∶7或2∶8。拌和的灰土必须均匀一致，灰土颜色应统一，翻拌次数不得少于3遍，并要随拌随用。

灰土施工时，一定要控制含水量。在现场检查时，用手将灰土握成团，然后用两手指轻轻一按即碎为宜。当含水量不足或超量时，必须洒水湿润或晾晒。

(3) 基底处理　将基底表面铲平，并用铁耙抓毛，打两遍底夯。如果局部有软弱土层时，应即时挖除，并用灰土回填夯实。

(4) 分层铺土　灰土分层铺设时，应根据所用压实机具按表5-4的规定执行。各层虚铺后，都应用十指铁耙将表面修平。

(5) 夯压　人工夯实时，要使用60～80kg的木夯、铁夯或石夯击打，举起的高度不小于500mm。夯击时，后一夯应压住前夯的一半，或者按梅花形夯击后，再夯击每夯的相连处，依次序进行，不得隔夯。

蛙式打夯机夯实时，夯打前应对所铺的基土初步平整，夯机依次夯打，均匀分布，不留间隔。

夯击过程要依序进行，不得有间隔或漏夯。夯击时，后一夯应压住前夯的一半，或者按梅花形夯击后，再夯击每夯的相连处。

用蛙式打夯机夯实时，拉夯者的速度不宜太快，要随着夯的惯性逐渐向前。扶夯者要掌握好夯的方向，不得产生漏夯。到达四角位置时，要夯击到基础的边沿，然后退回再转弯。

夯压的遍数一般不应少于 4 遍。夯击时，应做到夯与夯相连，行行相连，不得有漏夯现象。每夯击一遍后，应修整表面。夯实后，表面应无虚土，坚实、发黑、发亮。

（6）接槎与留槎　如因条件限制，灰土分段施工时，不得在墙角、柱基及承重墙窗间墙下接槎。上下两层灰土的接槎距离不得小于 500mm，并应做成直槎。当灰土地基标高不同时，应做成台阶式，每阶宽度不少于 500mm，如图 5-10 所示。每层虚土应从留缝处往前延伸 500mm。夯实时，应夯过接缝 300mm 以上。

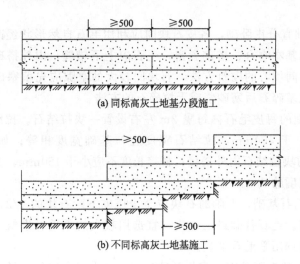

(a) 同标高灰土地基分段施工

(b) 不同标高灰土地基施工

图 5-10　灰土垫层接缝

灰土垫层夯实后，应注意保护，在未砌筑基础前，不得受雨水或自来水的浸泡，否则，必须将其挖开后重新夯实。

第四节　石砌体基础的施工

在山区或者是石料比较丰富的地区，常采用石块来砌筑基础。这种基础的强度较高，但由于石块没有砖块那样标准，所以，在砌筑时，石块与石块之间的搭接是石砌体基础施工的重点。在石砌体基础中，常用的有毛石基础、料石基础。

主要施工步骤：设置标志板、皮数杆、放线→垫层清理、湿润（石料）→试排、撂底→砌筑（砂浆拌制）→检查、验收。

1. 毛石基础

（1）立皮数杆　在垫层转角处、交接处及高低处立好基础皮数杆。基础皮数杆要进行抄平，使杆上所示底层室内地面标高与设计的底层室内地面标高一致。

（2）基层表面清理、湿润　毛石基础砌筑前，基础垫层表面应清扫干净，洒水湿润。

（3）砌筑前准备工作　砌筑前，应对弹好的线进行复查，位置、尺寸应符合设计要求，根据现场石料的规格、尺寸、颜色进行试排、撂底并确定组砌方法。

（4）试排、撂底　砌毛石基础应双面拉准线。第一皮按所放的基础边线砌筑，以上各皮按准线砌筑。

（5）砂浆拌制　砂浆拌制宜采用机械搅拌，投料顺序为：砂→水泥→掺合料→水。

（6）砌筑

① 毛石基础宜分皮卧砌，各皮石块间应利用毛石自然形状经敲打修整，使能与先砌毛石基础基本吻合、搭砌紧密；毛石应上下错缝，内外搭砌，不得采用先砌外面石块后中间填心的砌筑方法，石块间较大的空隙应先填塞砂浆后用碎石嵌实，不得采用先塞碎石后塞砂浆或干填碎石的方法。

② 毛石基础的每皮毛石内每隔 2m 左右设置一块拉结石。拉结石宽度：如基础宽度等于或小于 400mm，拉结石宽度应与基础宽度相等；如基础宽度大于400mm，可用两块拉结石内外搭接，搭接长度不应小于 150mm，且其中一块长度不应小于基础宽度的 2/3。

③ 阶梯形毛石基础，上阶的石块应至少压砌下阶石块的 1/2，相邻阶梯毛石应相互错缝搭接。毛石基础最上一皮，宜选用较大的平毛石砌筑。转角处、交接处和洞口处也应选用平毛石砌筑。

④ 有高低台的毛石基础，应从低处砌起，并由高台向低台搭接，搭接长度不小于基础高度。

⑤ 毛石基础转角处和交接处应同时砌筑，如不能同时砌又必须留槎时，应留成斜槎，斜槎长度应不小于斜槎高度，斜槎面上毛石不应找平，继续砌时应将斜槎面清理干净，浇水湿润。

2. 料石基础

料石基础的前面工序与毛石基础基本上是一样的，只是在砌筑这一环节，略有不同。

① 料石基础砌筑形式有丁顺叠砌和丁顺组砌。丁顺叠砌是一皮顺石与一皮丁石相隔砌筑，上下皮竖缝相互错开1/2石宽；丁顺组砌是同皮内1～3块顺石与一

块丁石相隔砌筑，丁石中距不大于 2m，上皮丁石坐中于下皮顺石，上下皮竖缝相互错开至少 1/2 石宽（图 5-11）。

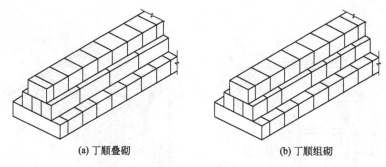

(a) 丁顺叠砌   (b) 丁顺组砌

图 5-11　料石基础砌筑形式

② 阶梯形料石基础，上阶料石应至少压砌下阶料石的 1/3。

③ 砌筑时，砂浆铺设厚度应略高于规定灰缝厚度，一般高出厚度 6~8mm。

除上述这些不太一样的地方外，其他砌筑要点与"毛石基础"的砌筑基本相同。

 **钢筋混凝土基础的施工**

在自建小别墅的施工中，钢筋混凝土基础现在已经成为最为主要的基础形式。钢筋混凝土条形基础与砖石条形基础相比，基础尺寸不受限制，可有效减小地基应力和埋置深度，基础强度也更高，还可以节省材料和减少土方开挖量。

1. 基础模板安装

条形基础模板一般由侧模、斜撑、平撑组成。主要施工步骤为：抄平、放线（弹线）→模板加工或预拼装→模板安装→校正加固。

① 抄平、放线。将控制模板标高的水平控制点引测至基坑（槽）壁上，或已安装好的柱或墙的竖向钢筋上；在混凝土垫层上弹出轴线和基础外边线。

② 当基础模板采用竹（木）胶合板模板或木模板时，应先根据基础尺寸下料加工成形，木模板内侧应刨光。

③ 模板安装。侧板和端头板制成后，应先在基槽底弹出基础边线和中心线，再把侧板和端头板对准边线和中心线垂直竖立，校正调平无误后，用斜撑和平撑钉牢。如基础较长，可先立基础两端的两块侧板，校正后再在侧板上口拉通线，依照通线再立中间的侧板。

当侧板高度大于基础台阶高度时，可在侧板内侧按台阶高度弹准线，并每隔 2m 左右在准线上钉圆钉，作为混凝土浇筑高度的标志。为防止在浇筑混凝土时模板变形，保证基础宽度的准确，在侧板上口每隔一定距离钉上搭头木。

模板支撑于土壁时，必须将松土清除修平，并加设垫板；为了保证基础宽度，防止两侧模板位移，宜在两侧模板间相隔一定距离加设临时木条支撑，浇筑混凝土时拆除。

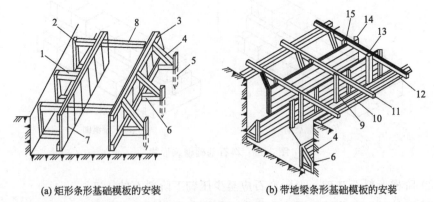

(a) 矩形条形基础模板的安装　　　　　　(b) 带地梁条形基础模板的安装

图 5-12　条形基础模板的安装

1—平撑；2—垂直垫木木楞；3—木楞；4—斜撑；5—木桩；6—水平撑；7—侧板；8—搭木；
9—地梁模板斜撑；10—垫板；11—桥杠；12—木楔；13—地梁侧板；14—木楞；15—吊木

2. 钢筋混凝土条形基础的配筋

（1）墙下条形基础的配筋　墙下条形基础中的受力钢筋是经过计算确定的，并沿宽度方向布置，钢筋之间的间距等于或小于 200mm，但不得小于 100mm。条形基础中一般不设置弯起筋，但沿基础纵向布置分布筋，其直径为 $\phi6\sim\phi8$，间距为 200mm，设在受力钢筋的上面。基础混凝土的强度等级不低于 C20。

（2）柱下条形基础的配筋　柱下条形基础的截面一般采用倒 T 形，底板伸出翼板的厚度不小于 200mm。基础肋梁的纵向受力钢筋按计算确定，一般是上下双层配置，直径不小于 $\phi14$。梁底常配 2～4 根纵向受力主筋。箍筋直径为 $\phi6\sim\phi8$。当肋宽小于或等于 350mm 时采用双肢箍。当肋宽大于 350mm 或小于、等于 800mm 时，用四肢箍。柱下钢筋混凝土条形基础截面如图 5-13 所示。

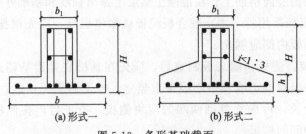

(a) 形式一　　　　　　(b) 形式二

图 5-13　条形基础截面

钢筋混凝土条形基础在丁字形或十字形交接处的钢筋沿一个主要受力方向通长放置，如图 5-14 所示。

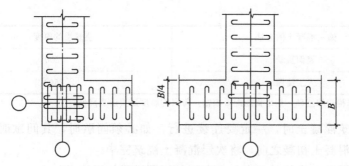

图 5-14 条形基础交接处钢筋的放置

3. 钢筋混凝土条形基础的施工

混凝土浇筑是自建小别墅施工中最为重要的一个步骤，也是直接影响基础质量好坏的工序。而且由于混凝土浇筑施工不可逆，因此在施工时尤其要注意。

（1）检查及准备 在进行基础浇筑之前，要对模板、基槽以及材料做相应的检查和准备。

① 在浇筑混凝土垫层前，应对基槽尺寸、标高进行复核，全部挖除局部松软土层，用灰土或砂砾石回填夯实至与基底齐平。

② 模板、钢筋、预埋件及管线等全部安装完毕，钢筋、预埋件及预留洞口已经做好验收，标高、轴线、模板等已进行复核。

③ 检查并清理模板内残留杂物，用水冲净。

④ 混凝土搅拌机、振捣器等机具经检查、维修和试运转。

⑤ 电源、线路已经检查，如果有必要，还需要做好夜间施工照明的准备。

⑥ 冬期施工的混凝土应做好测温准备工作。

（2）混凝土浇筑 主要施工步骤：搅拌→浇筑→振捣→养护→表面缺陷的检查与修整。

① 搅拌。搅拌混凝土前使搅拌机加水空转数分钟，将积水倒净，使搅拌筒充分润湿。搅拌第一盘时考虑粘在搅拌机筒壁和叶片上的砂浆损失，石子用量应按配合比适当减少。每次搅拌好的混凝土要卸净后再投入拌和料，不能在搅拌的时候边出料边进料。

混凝土搅拌时的装料顺序是：石子→水泥→砂。对于自建小别墅的现场搅拌来说，搅拌时间不得少于90s，实际操作中，一般都会适当延长搅拌时间，以搅拌均匀。

② 浇筑。混凝土应分层浇筑，每层浇筑厚度应根据混凝土的振捣方法而定，其厚度应符合表5-5的规定。

表 5-5 混凝土浇筑每层厚度

捣实混凝土的方法	浇筑层的厚度/mm
插入式振捣	振捣器作用部分长度的1.25倍

续表

捣实混凝土的方法	浇筑层的厚度/mm
表面振动	200
人工捣固	250①

①对于特殊构造的基础，如果钢筋配备较密，每层的厚度还要适当降低。

在对浇筑混凝土时，一定要连续进行，如必须间歇时，其间歇时间宜缩短，并应在前层混凝土初凝之前，将次层混凝土浇筑完毕。

在进行混凝土浇筑时，有几个方面的问题需要加以注意。

a. 浇筑条形基础应分段、分层连续进行，一般不留施工缝。各段各层间应互相衔接，每段长 2～3m，逐段逐层呈阶梯形推进。

b. 混凝土捣固一般采用插入式振动器，其移动间距不大于作用半径的 1.25 倍（一般为 300～400mm）。使用插入式振捣器应快插慢拔，插点要均匀排列、逐点移动、顺序进行，不得遗漏，做到均匀振实。

c. 在浇筑混凝土时，应经常观察模板、支架、钢筋、预埋件和预留孔洞的情况，当发现有变形、移位时，应立即停止浇筑，并应在已浇筑的混凝土凝结前修整完好。普通混凝土达到凝结强度的时间可参考表 5-6。

表 5-6 普通混凝土达到 1.2MPa 强度所需龄期参考表

外界温度	水泥品种及级别	混凝土强度等级	期限/h	外界温度	水泥品种及级别	混凝土强度等级	期限/h
1～5℃	普通42.5	C15	48	10～15℃	普通42.5	C15	24
		C20	44			C20	20
	矿渣32.5	C15	60		矿渣32.5	C15	32
		C20	50			C20	24
5～10℃	普通42.5	C15	32	15℃以上	普通42.5	C15	20以上
		C20	28			C20	20以上
	矿渣32.5	C15	40		矿渣32.5	C15	20
		C20	32			C20	20

d. 混凝土应连续浇筑，以保证基础良好的整体性。由于其他原因而不能连续施工时，则必须留置施工缝。施工缝应留置在外墙或纵墙的窗口或门口下，或横墙和山墙的跨度中部，必须避免留在内外墙丁字交接处和外墙大角附近。

第六节 >> 特殊地基的处理

在自建小别墅地基的施工过程中，对于一些特殊的地基必须要进行处理。除了在选址时要注意避开陷空、滑坡等不良地段外，在实际施工中，最容易碰到的就是地基土层的处理。

1. 松土地基的处理

在基槽或基坑中，有局部地层发现比较松软的土层。这种土层对地基的承载力影响较大，必须进行处理。一般可以采取以下几种处理方法。

① 基础开挖结束后，应对基土进行钎探，其目的就是通过钢钎打入地基一定深度的击打次数，判断地基持力土质是否分布均匀、平面分布范围和垂直分布的深度。

② 打完钎孔，如无不良现象后，即可进行灌砂处理。灌砂处理时，每灌入300mm 深时可用平头钢筋棒捣实一次。

③ 当基槽或基坑开挖后，发现基槽或基坑的中间部位有松土坑时，首先要探明松土坑的深度，将坑中的松软土挖除，使坑的四壁和坑底均应见到天然土为止。如天然土为较密实的黏性土时，用 3∶7 灰土回填夯实；当天然土为砂土时，用砂或级配砂石回填；天然土若为中密可塑的黏性土或新近沉积黏性土时，可用 2∶8 灰土分层回填夯实。各类分层回填厚度不得超过 200mm。

④ 松软土坑在基槽或基坑中范围过大，且超过了槽、坑的边缘，并且超过部分还挖不到天然土层时，只将松软土坑下部的松土挖出，并且应超过槽、坑边不少于 1m，然后按第②条的内容进行处理。

⑤ 松土坑深度大于槽宽或者超过 1.5m，这时将松土挖出至天然土，然后用砂石或灰土处理夯实后，在灰土基础上 1～2 皮砖处或混凝土基础内，防潮层下1～2 皮砖处及首层顶板处，加配 $\phi 8～\phi 12$ 钢筋，长度应为在松土坑宽度的基础上再加 1m，以防该处产生不均匀沉降，导致墙体开裂。

⑥ 土坑长度超过 5m，应挖出松土，如果坑底土质与槽、坑底土质相同时，可将此部分基础加深，做成 1∶2 踏步与同端相连，每步高不大于 500mm，长度不大于 1m。

⑦ 当松土已挖至水位时，应将松土全部挖去，再用砂石或混凝土回填。如坑底在地下水位以下，回填前先用 1∶3 粗砂与碎石分层回填密实，地下水位以上用3∶7 灰土回填夯实至基槽、坑底相平。

2. 膨胀土地基处理

膨胀土是一种黏性土，在一定荷载作用下受水潮湿时，土体膨胀；干燥失水时，土体收缩，具有这种性质的土称为膨胀土。膨胀土地基对建筑物有较严重的危害性，必须进行处理。

① 建筑物应尽量建在地形平坦地段，避免挖方与填方改变土层条件和引起湿度的过大变化。

② 组织好地面排水，使场地积水不流向建筑物或构造物，以免雨水浸泡或渗透。散水宽度不宜大于 1.5m。高耸建筑物、构造物的散水应超出基础外缘 0.5～1m。散水外缘可设明沟，但应防止断裂。

③ 砖混建筑物的两端不宜设大开间。横墙基础隔段宜前后贯通。

④ 在建筑物周围植树时，应使树与建筑物隔开一定距离，一般不小于 5m 或为成年树的高度。

⑤ 建筑物地面，一般宜做块料面层，采用砂、块石等做垫层。经常受水浸湿或可能积水的地面及排水沟，应采用不漏水材料。

3. 橡皮土的处理

在夯打击实回填土的过程中，可能因黏性土中含水量较大，导致如"橡皮土"的产生。处理要点如下。

① 在回填土方时，一定要控制土中的含水量，一般含水量不得大于 12%，也不得小于 8%。如果含水率超过最大含水量时，则应进行风干处理。

② 如橡皮土面积较大，则可采用换土的方法先挖除橡皮土，然后用 3∶7 灰土或砂石混合后回填夯实。

③ 荷载较大的房屋基础，也可采用 300mm 的毛石块，依次夯入土中，直至打不下去为止，然后在其上面满铺 50～100mm 的碎石再夯实。

4. 冻土地基处理

冻胀性土具有极大的不稳定性。在寒冷地区，当温度在 0℃ 以下时，由于土中的水分结冰后体积产生膨胀，导致土体结构破坏；气温升高后，冰冻融化、体积缩小而下沉，使上部建筑结构随之产生不均匀下沉，造成墙体开裂、倾斜或者倒塌。

① 在严寒地区，为防止基土冻胀力和冻切力对建筑物的破坏，须选择地势高、地下水位低的场地，上部结构宜选择对冻土变形适应性较好的结构类型，做好场地排水设计。

② 选择建房位置时，应选在干燥较平缓的高阶地上或地下水位低、土的冻胀性较小的建筑场地上。

③ 合理选择基础的埋置深度，采用对克服冻切力较有利的基础形式，如有大放脚的带形基础、阶梯式柱基础、爆扩桩、筏板基础。

④ 基础埋深应大于受冰冻影响的永冻土层或不冻胀土层之上。基础梁下有冻胀土时，应在梁下填充膨胀珍珠岩或炉渣等松散材料，并有 100mm 左右的空隙。室外散水、坡道、台阶均要与主体结构脱离，散水坡下应填充砂、炉渣等非冻胀性材料。

第七节 》 基础施工常见质量问题

1. 开挖时塌方和滑坡

（1）现象　在挖土方时，土体或岩体由于受到人工、机械振动以及地表或地面水的影响，或是在斜坡地段施工时，边坡的大量土体或岩体在重力作用下，软弱结构层就会沿着一定方向整体向下塌陷或滑动，造成基槽破坏或影响相邻建筑的安全，危害比较严重。

（2）引起滑坡的原因

① 挖方现场离交通公路比较近，且车辆通行频率也比较高，或者有爆破作业等，产生不同频率的振动，使土体或岩体内部结构分子不能相互结合而产生分离，内部摩擦力降低，土体或岩体失控而下滑。

② 挖方时因长期下雨，导致土体内含水量过大，在挖方时加之有振动，使上部土体或岩体在自重作用下沿软弱结构而发生滑坡。

③ 边坡坡度不符合要求，倾角过大，土体因剪切应力增加和内聚应力减弱，导致土体失稳而滑动。

④ 由于地震或河流的冲积，土体或岩体内部产生有断层、裂缝或空洞。开挖时由于对这些结构缺陷未提前发现而产生滑坡。

⑤ 挖土时，将挖出的土料堆放在边坡的一侧，由于堆积量的增加，土体或岩体无法承重时而产生滑坡。

⑥ 土质松软，开挖次序、方法不当。

2. 室内、外回填土夯打不密实

（1）现象　回填的室内、外土方不易被压实，房屋建成后地面下沉、开裂甚至塌陷。

（2）原因

① 所用的回填土质量不符合规定，土中含有大量的有机杂质或者是冰冻土、陈旧土等。

② 回填方基底为耕植土或松土，或是池塘、水田、沟渠等过去蓄水的地段。

③ 山坡上填方时土体不易被固定，产生向下滑移的倾向。

④ 回填土料中含水分过大，在夯打的过程中形成了"橡皮泥"。

⑤ 回填土的厚度过大。

3. 灰土垫层密实度低

（1）现象　灰土垫层的回填多指基槽或基坑的回填，如果这些部位密实度低，将会导致基础产生不均匀沉降、墙体开裂、结构破坏，影响整个建筑的安全。

（2）原因

① 灰土的比例失控，或者使用的土中含有大量的有机物，或者石灰未进行消化处理，灰土中含有大的石灰块或未烧透的石灰石。

② 灰土中含有较多的水分，在夯击过程中形成"橡皮泥"，或者是灰土中水分过低，夯击时不能成形。

③ 虚铺厚度过厚，夯击力达不到虚铺的底部。

④ 施工中接槎过多并且接槎形式不符合要求。

4. 基础轴线位移

(1) 现象　基础轴线位移多指基础墙砌至±0.000处时，基础墙轴线与上部墙体轴线产生偏差，或是隔墙轴线在丁字接槎处产生位移，也就是砖基础位置偏移大于毛石基础轴线偏移大于20mm；料石基础偏移大于10～20mm范围的。这些现象在自建小别墅中特别普遍。由于基础墙体产生偏心受压，则会减小基础墙体的承载能力，影响结构受力性能。

(2) 原因

① 基础排砖撂底时未进行放线，仅用钢尺进行量测后就开始砌筑，从砌筑开始就产生了误差。

② 在砌筑过程中，由于对基础大放脚向内收砖退台时尺寸掌握不准确，产生退台收砖砌筑误差。

③ 在进行基础放线定位时，由于隔墙轴线的定位木桩是在基槽边线上，开挖基槽时隔墙轴线木桩被挖掉或者是直接用钢尺排出隔墙轴线后未设木桩，在砌筑基础隔墙时未按准线施工造成偏差。

5. 防潮层不防潮

(1) 现象　由于基础防潮层不防潮，导致墙体泛碱，抹灰砂浆大片脱落，内墙底部潮湿。

(2) 原因

① 防潮层中防水砂浆中掺合的防水剂用量过少，达不到防潮的作用。

② 防潮层砂浆铺设的厚度达不到要求，起不到防潮的作用。

③ 防潮层在后道工序中被破坏；冬期施工时因防潮层受冻而失效。

第六章

Chapter 06

钢筋混凝土施工

只要涉及混凝土施工，首先就得立模板。模板立得好不好、牢不牢，直接会影响混凝土结构的成形质量。但是模板并不是一味地进行加固，很多时候还要考虑一个经济成本的问题。因此，模板的施工有其规范、合理的要求。

一、整体要求

总的来说，模板及其支架应具有足够的承载能力、刚度和稳定性，能可靠地承受新浇筑混凝土的自重、侧压力以及施工荷载。

① 模板及其支架应能够保证工程结构和构件各部分形状尺寸和相互位置的正确；构造简单，装拆方便，便于钢筋的绑扎安装和混凝土的浇筑、养护等要求；模板接缝不应漏浆。

② 在浇筑混凝土之前，应对模板工程进行验收。模板安装和浇筑混凝土时，应对模板及其支架进行观察和维护，发生异常情况时，应按施工技术方案及时进行处理。

③ 模板与混凝土的接触面应涂隔离剂。不宜采用油质类等影响结构或者妨碍装饰工程施工的隔离剂。严禁隔离剂污染钢筋与混凝土接槎处。

二、模板材料要求

在自建小别墅施工中，用得最多的就是木料、竹（木）胶合板和组合钢模板。

（1）木料 不得采用有脆性、严重扭曲和受潮后容易变形的木材。所用木材应选用质地坚硬、无腐朽的松木和杉木，不宜低于三等材，含水率低于25%。

（2）竹（木）胶合板 要求边角整齐、表面光滑、防水、耐磨、耐酸碱，不得有脱胶空鼓。不得选用使用尿醛树脂胶作为胶合材料的胶合板。

（3）组合式钢模板 俗称小钢模，标准规格：厚度（包括肋高）为55mm，宽度有100mm、150mm、200mm、250mm、300mm五种，长度有450mm、600mm、900mm、1200mm、1500mm五种。另外还有阴角模板、阳角模板、连接角模、"U"形卡、"L"形插销等配件。

三、基础模板施工

基础模板主要施工步骤：抄平、放线（弹线）→模板加工或预拼装→模板安装（杯口芯模安装）→校正加固。

① 抄平、放线：将控制模板标高的水平控制点引测至基坑（槽）壁上，或已安装好的柱或墙的竖向钢筋上；在混凝土垫层上弹出轴线和基础外边线。

② 当基础模板采用竹（木）胶合板模板或木模板时，应先根据基础尺寸下料加工成形，木模板内侧应刨光。

③ 采用组合式钢模板时，应先做配板设计，备齐所需规格的模板及配件、卡具，然后进行预拼装或就地组装。龙骨和支撑系统可采用 ϕ48×3.5 脚手架钢管，龙骨必须采用双钢管和"U"形卡固定。

④ 条形基础模板一般由侧模、斜撑、平撑组成。侧板和端头板制成后，应先在基槽底弹出基础边线和中心线，再把侧板和端头板对准边线和中心线垂直竖立，校正调平无误后，用斜撑和平撑钉牢。如基础较长，可先立基础两端的两块侧板，校正后再在侧板上口拉通线，依照通线再立中间的侧板。当侧板高度大于基础台阶高度时，可在侧板内侧按台阶高度弹准线，并每隔2m左右在准线上钉圆钉，作为混凝土浇筑高度的标志。为防止在浇筑混凝土时模板变形，保证基础宽度的准确，在侧板上口每隔一定距离钉上搭头木。

⑤ 阶梯形独立基础。根据图纸尺寸制作每一阶梯模板，由下逐层向上安装。先安装底层阶梯模板，用斜撑和水平撑加固，核对模板墨线及标高，绑扎钢筋及保护层垫块，再进行上一阶模板安装。上阶模板可采用轿杠架设在两端支架上，重新核对各部位标高尺寸，并用斜撑、水平支撑以及拉杆加以固定、撑牢，最后检查拉杆是否稳固，校核基础模板几何尺寸及轴线位置。

⑥ 模板支撑于土壁时，必须将松土清除修平，并加设垫板。为了保证基础宽度，防止两侧模板位移，宜在两侧模板间相隔一定距离加设临时木条支撑，浇筑

混凝土时拆除。

四、柱模板施工

柱模板主要施工步骤：弹线→找平、定位→加工或预拼装柱模→安装柱模（柱箍）→安装拉杆或斜撑→校正垂直度→检查验收。

混凝土柱的常见断面有矩形、圆形和附壁柱三种。模板可采用木模板、竹（木）胶合板模板、组合式钢模板和可调式定型钢模板，圆形柱可采用定型加工的钢模板等。

① 当矩形柱采用木质模板时，应预先加工成型。木模板内侧应刨光（刨光后的厚度为 25mm），木模板宜采用竖向拼接，拼条采用 50mm×50mm 方木，间距 300mm，木板接头应设置在拼条处。竹（木）胶合板宜用无齿锯下料，侧面应刨直、刨光，以保证柱四角拼缝严密。竖向龙骨可采用 50mm×104mm 或 100mm×100mm 方木，当采用 12mm 厚竹（木）胶合板作柱模板时，龙骨间距不大于 300mm。当柱上梁的宽度小于柱宽时，在柱模上口按梁的宽度开缺口，并加设挡口木，以便与梁模板连接牢固、严密。

② 矩形柱采用组合式钢模板时，应根据柱截面尺寸做配板设计，柱四角可采用阳角模板，亦可采用连接角模。

③ 安装柱模板时，应先在基础面（或楼面）上弹出柱轴线及边线，按照边线位置钉好压脚定位板再安装柱模板，校正好垂直度及柱顶对角线后，在柱模之间用水平撑、剪刀撑等互相拉结固定。

④ 柱模的固定一般采取设拉杆（或斜撑）或用钢管井字支架固定。拉杆每边设两根，固定于事先预埋在梁或板内的钢筋环上（钢筋环与柱距离宜为 3/4 柱高），用花篮螺栓或可调螺杆调节校正模板的垂直度，拉杆或斜撑与地面夹角宜为 45°。

⑤ 柱模板安装注意事项。

a. 柱模安装完毕与邻柱群体固定前，要复查柱模板垂直度、位置、对角线偏差以及支撑、连接件稳定情况，合格后再固定。柱高在 4m 以上时，一般应四面支撑，柱高超过 6m 时，不宜单根柱支撑，宜几根柱同时支撑连成构架。

b. 对高度大的柱，宜在适当部位留浇灌和振捣口，以便于操作。

五、梁模板施工

梁模板主要施工步骤：抄平、弹线（轴线、水平线）→支撑架搭设→支柱头模板→铺梁底模板→拉线找平（起拱）→绑扎梁筋→封侧模。

1. 支撑架搭设

① 梁下支撑架可采用扣件式钢管脚手架、碗扣式钢管脚手架、门式钢管脚手架或定型可调钢支撑搭设。

② 采用扣件式钢管脚手架作模板支撑架时，必须按确保整体稳定的要求设置整体性拉结杆件，立杆全高范围内应至少有两道双向水平拉结杆；底水平杆（扫地杆）宜贴近楼地面（小于300mm）；水平杆的步距（上下水平杆间距）不宜大于1500mm；梁模板支架宜与楼板模板支架综合布置，相互连接、形成整体；模板支架四边与中间每隔四排支架立杆应设置一道纵向剪刀撑，由底至顶连续设置；高于4m的模板支架，其两端与中间每隔4m立杆从顶层开始向下每隔2步设置一道水平剪刀撑。

③ 用碗扣式钢管脚手架系列构件可以搭设不同组架密度、不同组架高度，以承受不同荷载的支撑架。梁模板支架宜与楼板模板支架共同布置，对于支撑面积较大的支撑架，一般不需把所有立杆都连成整体搭设，可分成若干个支撑架，每个支撑架的高宽比控制在3∶1以内即可，但至少有两跨（三根立杆）连成整体。支撑架的横杆步距视承载力大小而定，一般取1200～1800mm，步距越小承载力越大。

④ 底层支架应支承在平整坚实的地面上，并在底部加木垫板或混凝土垫块，确保支架在混凝土浇筑过程中不会发生下沉。

2. 梁底模铺设

按标高拉线调整支架立柱标高，然后安装梁底模板。当梁的跨度大于等于4m时，应按设计要求起拱。如设计无要求时，跨中起拱高度为梁跨度的1‰～3‰。主次梁交接时，先主梁起拱，后次梁起拱。

3. 梁侧模板

根据墨线安装梁侧模板、压脚板、斜撑等。梁侧模板制作高度应根据梁高及楼板模板碰帮或压帮（图6-1）确定。

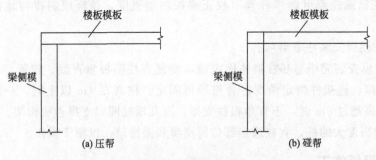

图 6-1 梁侧模制作

当梁高超过700mm时，应设置对拉螺栓紧固。

4. 采用组合式钢模板作梁模板

当采用组合式钢模板作梁模板时，可采用成大块再用吊车吊装，或者单片预组拼后吊装，以及整体吊装预拼这三种方式。

(1) 单块就位组拼　复核梁底标高，校正轴线位置无误后，搭设和调平梁模支架（包括安装水平拉杆和剪刀撑），固定钢楞或梁卡具，再在横楞上铺放梁底板，拉线找直，并用钩头螺栓与钢楞固定，拼接角模，然后绑扎钢筋，安装并固定两侧模板（有对拉螺栓时插入对拉螺栓，并套上套管），按设计要求起拱。安装钢楞，拧紧对拉螺栓，调整梁口平直，复核检查梁模尺寸。安装框架梁模板时，应加设支撑，或与相邻梁模板连接；安装有楼板梁模板时，在梁侧模上连接好阴角模，与楼板模板拼接。

（2）单片预组拼　检查预组拼的梁底模和两侧模板的尺寸、对角线、平整度及钢楞连接以后，先把梁底模吊装就位并与支架固定，再分别吊装两侧模板，与底模拼接后设斜撑固定，然后按设计要求起拱。

（3）整体预拼　当采用支架支模时，在整体梁模板吊装就位并校正后，进行模板底部与支架的固定，侧面用斜撑固定；当采用桁架支模时，可将梁卡具、梁底桁架全部先固定在梁模上。安装就位时，梁模两端准确安放在立柱上。

5. 圈梁模板支设

圈梁模板支设一般采用扁担支模法：在圈梁底面下一皮砖中，沿墙身每隔 0.9～1.2m 留 60mm×120mm 洞口，穿 100mm×50mm 木底楞作扁担，在其上紧靠砖墙两侧支侧模，用夹木和斜撑支牢，侧板上口设撑木和拉杆固定。

6. 梁模板安装注意事项

① 梁口与柱头模板的连接特别重要，一般可采用角模拼接，当角模尺寸不符合要求时，宜专门设计配板，不得用方木、木条镶拼。

底层梁模支架下的土地面，应夯实平整，并按要求设置垫木，要求排水通畅。多层支设时，应使上下层支柱在一条垂直线上，支柱下亦须垫通长脚手板。

② 单片预组拼和整体组拼的梁模板，在吊装就位拉结支撑稳固后，方可脱钩。五级以上大风时，应停止吊装。

③ 采用扣件钢管脚手作支架时，扣件要拧紧，要抽查扣件的扭力矩，横杆的步距要按设计要求设置。采用桁架支模时，要按事先设计的要求设置，桁架的上下弦要设水平连接，拼接桁架的螺栓要拧紧，数量要满足要求。

六、墙模板施工

墙模板主要施工步骤：找平、定位→组装墙模→安装龙骨、穿墙螺栓→安装拉杆或斜撑→校正垂直度→墙模预检。

1. 竹（木）胶合板模板

① 墙模板安装前，应先在基础或地面上弹出墙的中线及边线，按位置线安装门窗洞口模板，下木砖或预埋件，根据边线先立一侧模板，待钢筋绑扎完毕后，再立另一侧模板。面板与板之间的拼缝宜用双面胶条密封。

② 模板安装。墙模板面板宜预先与内龙骨（50mm×100mm方木）钉成大块模板，内龙骨可横向布置，也可竖向布置；外龙骨可用木方（或 $\phi48×3.5$ 钢

管）与内龙骨垂直设置，用"3"形卡及穿墙螺栓固定。内、外龙骨间距应经过计算确定，当采用12mm厚胶合板时，内龙骨间距不宜大于300mm。墙体外侧模板（如外墙、电梯井、楼梯间等部位）下口宜包住下层混凝土100～200mm，以保证接槎平整、防止错台。

　　③ 为了保证墙体的厚度正确，在两侧模板之间应设撑头。撑头可在墙体钢筋上焊接定位钢筋，也可用对拉螺栓代替（图6-2）。

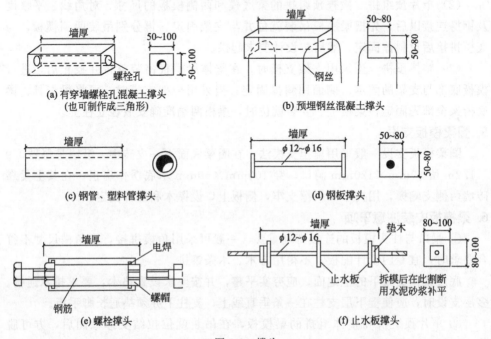

图 6-2　撑头

　　为了防止浇筑混凝土时胀模，应用对拉螺栓固定两侧模板。对拉螺栓宜用 $\phi 12$～$\phi 25$ HPB300 钢筋制作，其纵横向间距，一个方向同外龙骨间距，另一个方向根据计算确定。

2. 组合钢模板

　　① 采用组合式钢模板作墙模板，应根据墙面尺寸进行模板组拼设计，模板一般采用竖向组拼，组拼时应尽量采用较大规格的模板。模板内外龙骨宜采用 $\phi 48 \times 3.5$ 双钢管、"3"形卡和钩头螺栓固定。龙骨间距根据计算确定，但最大间距不宜大于750mm。

　　② 墙模板安装可采用单块就位组拼和预组拼成大块再用吊车安装两种。

　　a. 单块就位组拼。在墙体钢筋绑扎、墙内预留、预埋安装完毕并经隐蔽验收后，从墙体两侧同时自一端开始，向另一端拼装第一层钢模板。当完成第一层模板后，可安装内龙骨，内龙骨与模板肋用钩头螺栓紧固。当钢楞长度不够需要接长时，接头处要增加同样数量的钢楞。然后再逐层组拼其上各层模板。模板自下而上全部组拼完成后，安装外龙骨。外龙骨用"3"形卡和穿墙螺栓对接固定，然后用斜撑校正墙体模板垂直度，并加固固定。

b. 预组拼模板安装。应边就位、边校正，并随即安装各种连接件、支撑件或加设临时支撑。必须待模板支撑稳固后，才能脱钩。当墙面较大，模板需分几块预拼安装时，模板之间应按设计要求增加纵横附加钢楞。当设计无规定时，连接处的钢楞数量和位置应与预组拼模板上的钢楞数量和位置等同。附加钢楞的位置在接缝处两边，与预组拼模板上钢楞的搭接长度，一般为预组拼模板全长（宽）的 15%～20%。

3. 墙模板安装注意事项

① 穿墙螺栓规格和间距应按模板设计的规定边安装边校正，并随时注意使两侧穿孔的模板对称放置，以使穿墙螺栓与墙模保持垂直。穿墙螺栓的设置，应根据不同的穿墙螺栓采取不同的做法：当为组合式对拉螺栓时要注意内部杆拧入尼龙帽有 7～8 个螺纹；当为通长螺栓时要套硬塑料管，以便回收利用。

② 相邻模板边肋用"U"形卡连接的间距，不得大于 300mm，预组拼模板接缝处宜满装"U"形卡，且"U"形卡要正反交替安装。

③ 预留门窗洞口的模板，应有锥度，安装要牢固，既不变形，又便于拆除。

④ 墙模板上预留的小型设备孔洞，当遇到钢筋时，在洞口处局部绕开，其他位置应保证钢筋数量和位置正确，不得将钢筋切断。

⑤ 上下层墙模板接槎的处理。当采用单块就位组拼时，可在下层模板上端设一道穿墙螺栓，拆模时该层模板暂不拆除，在支上层模板时，作为上层模板的支承面。当采取预组拼模板时，可在下层混凝土墙上端往下 200mm 左右处，设置水平螺栓，紧固一道通长的角钢作为上层模板的支托。

⑥ 模板安装校正完毕，应检查扣件、螺栓是否紧固，模板拼缝及底边是否严密，门洞边的模板支撑是否牢靠等，并办理预检手续。

七、楼板模板施工

楼板模板主要施工步骤：支架搭设→龙骨铺设、加固→楼板模板安装→楼板模板预检。

1. 楼板模板支架搭设

楼板模板支架搭设要点同梁模板支架搭设，一般应与梁模板支架统一布置。为加快模板周转，模板下立杆可部分采用"早拆柱头"，使模板拆除时，带有"早拆柱头"的立杆仍保持不动，继续支撑混凝土，从而减小新浇混凝土的支撑跨度，使拆模时间大大提前。使用碗扣式脚手架作支撑架配备"早拆柱头"，一般配置 2.5～3 层楼立杆、1.5～2 层横杆、1～1.5 层模板，即能满足三层周转的需要。"早拆柱头"应根据楼板跨度设置，跨度 4m 以内，可在跨中设一排；6m 以内设两排；8m 以内设三排，即可将新浇混凝土的支撑跨度减小至 2m 以内，从而使新浇混凝土要求的拆模强度从 100％或 75％减小到 50％。

2. 模板安装

① 采用竹（木）胶合板作楼板模板，一般采用整张铺设、局部小块拼补的方法，模板接缝应设置在龙骨上。大龙骨常采用方木或 $\phi48\times3.5$ 双钢管，其跨度取决于支架立杆间距；小龙骨一般采用 50mm×100mm 方木（立放），其间距 300～400mm 为宜（当采用 12mm 厚胶合板时宜取 300mm），其跨度由大龙骨间距决定。大小龙骨跨度均需根据楼板厚度和所采用的施工方法，经计算确定。

② 采用组合式钢模板作楼板模板时，大龙骨可采用 $\phi48\times3.5$ 双钢管、冷轧轻型卷边槽钢、轻型可调桁架等，其跨度经计算确定；小龙骨可采用 $\phi48\times3.5$ 双钢管或方木，其间距不大于 600mm，即保证每一块模板长度内有两根龙骨，小龙骨的跨度（即大龙骨间距）由计算确定。应尽量采用大规格模板，以减少模板拼缝。模板拼缝处应用"U"形卡连接，模板端头缝设于龙骨跨中时，应增设"L"形插销。

模板铺设：模板采用单块就位组拼，宜以每个节间从四周先用阴角模板与墙、梁模板连接，然后向中央铺设，不合模数时用木板嵌补，应放在每开间的中间部位。相邻两板边肋应按设计要求用"U"形卡连接，也可以用钩头螺栓与钢龙骨连接。

楼板模板安装时，先拉通线调节支架的高度，将大龙骨找平，架设小龙骨，铺设模板。楼面模板铺完后，应认真检查支架是否牢固，并将模板清扫干净。

③ 模板的接缝应严密不漏浆，当不能满足拼缝要求时，应用橡皮条、海绵条嵌缝，以免漏浆。

3. 采用桁架作支撑结构时

一般应预先支好梁、墙模板，然后将桁架按模板设计要求支设在梁侧模通长的型钢或方木上，调平固定后再铺设模板，见图 6-3。

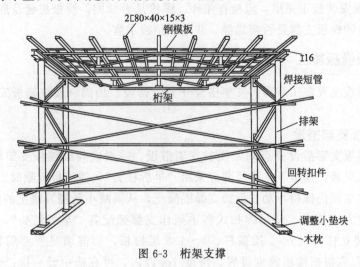

图 6-3　桁架支撑

注意事项：底层地面应夯实，底层和楼层立柱均应垫通长脚手板。采用多层支架时，上下层立柱应在同一条竖向中心线上。

八、楼梯模板施工

　　楼梯模板主要施工步骤：弹控制线→支架搭设→铺底模（含外帮板）→钢筋绑扎→楼梯踏步模板→模板检查验收。

1. 常见楼梯形式

　　常见的楼梯有板式楼梯和梁式楼梯，其支模工艺基本相同，其中休息平台模板的支设方法与楼板模板相同。楼梯模板的安装可参考图6-4进行。

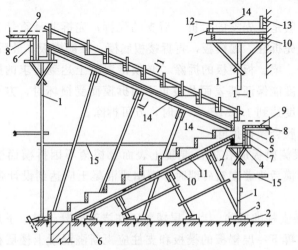

图 6-4　楼梯模板安装示意图

1—顶撑；2—垫板；3—木楔；4—梁底板；5—侧板；6—托板；7—夹板；8—平台木楞；
9—平台底板；10—斜木楞；11—踏步底板；12—帮板；13—吊档；14—踏步侧板；15—牵杠

2. 支模步骤

　　① 在平台梁下立顶撑，下边安放垫板及木楔。

　　② 在顶撑上面钉平台梁底板，立侧板，钉夹板和托板。

　　③ 在贴近墙体处立顶撑，顶撑上钉横杆，搁放木楞，铺设平台底板。

　　④ 在底层楼梯基础侧板上钉托板，将楼梯斜面木楞钉牢在此托板和平台梁侧板外的托板上。

　　⑤ 在斜面木楞上面钉踏步底板，在下面支放斜向顶撑，下加垫板。

　　⑥ 在踏步底模板上弹出楼梯段边线，立外帮板。钉平板夹住，再在外帮板上钉踏步三角木。

　　⑦ 贴墙体钉反三角板与外帮板上的三角木相对应，并在每步三角侧面钉踏步侧板。

　　⑧ 反三角板的下端应钉牢在基础侧板和平台梁的侧板上。

3. 楼梯段模板

① 施工前应根据设计图纸放大样或通过计算，配制出楼梯外帮板（或梁式楼梯的斜梁侧模板）、反三角模板、踏步侧模板等。

② 楼梯段模板支架可采用方木、钢管或定型支柱等作立柱。立柱应与地面垂直，斜向撑杆与梯段基本垂直并与立柱固定。梯段底模可采用木板、竹（木）胶合板或组合钢模板。先安装休息平台梁模板，再安装楼梯模板斜楞，然后铺设楼梯底模和安装外侧帮模板，绑扎钢筋后再安装反三角模板和踏步立板。楼梯踏步亦可采用定型钢模板整体支拆。

九、模板拆除

拆模程序一般是：先支的后拆，后支的先拆；先拆非承重部位，后拆承重部位；肋形楼盖应先拆柱、墙模板，再拆楼板底模、梁侧模板，最后拆梁底模板。

（1）柱、墙、梁、板模板的拆除　必须待混凝土达到要求的脱模强度。柱模板应在混凝土强度能保证其表面及棱角不因拆模而受损坏时，方可拆除；墙模板必须待混凝土强度达到 1.2MPa 以上时，方可拆除。

（2）竹、木胶合模板拆除

① 梁和圈梁侧模板应在保证混凝土表面及棱角不因拆模而受损伤时方可拆除；如圈梁在拆模后接着砌筑砖墙时，则圈梁混凝土应达到设计强度等级的 25% 方可拆除。

② 多层楼板支柱的拆除。当上层楼盖正在浇筑混凝土时，下层楼板的模板和支柱不得拆除；再下一层楼板的模板和支柱应视新浇混凝土楼层荷载和本楼层混凝土强度通过计算确定。

（3）组合钢模板的拆除

① 柱模板拆除，先拆柱斜拉杆或斜支撑，再拆柱箍和对拉螺栓，接着拆连接模板的"U"形卡或"L"形插销，然后用撬杠轻轻撬动模板，使模板与混凝土脱离，即可将模板运走。

② 墙模板拆除，先拆斜拉杆或斜支撑，再拆除穿墙螺栓及纵横钢楞，接着将"U"形卡或"L"形插销等附件拆下，然后用撬杠轻轻撬动模板，使模板脱离开墙面，即可将模板吊运走。

③ 楼板、梁模板拆除

a. 先拆梁侧帮模，再拆除楼板、底模板；楼板底模板拆除应先拆支柱水平拉杆或剪刀撑，再拆"U"形卡，然后拆楼板模板支柱，每根大钢楞留1~2根支柱暂不拆。

b. 操作人员站在已拆除模板的空当，再拆除余下的支柱，使钢楞自由落下。

c. 用钩子将模板钩下，或用撬杠轻轻撬动模板，使模板脱离，待该段模板全部脱模后，运出集中堆放。

d. 楼层较高，采用双层排架支模时，先拆除上层排架，使钢楞和模板落在底层排架上，上层钢模板全部运出后，再拆下层排架。

e. 梁底模板拆除，有穿墙螺栓者，先拆掉穿墙螺栓和梁托架，再拆除梁底模。拆除跨度较大的梁下支柱时，应先从跨中开始，分别向两端拆除。

f. 拆下的模板应及时清理黏结物，修理并涂刷隔离剂，分类整齐堆放备用；拆下的连接件及配件应及时收集，集中统一管理。

第二节 钢筋加工与安装

1. 钢筋进场检查

虽然一般自建小别墅所用钢筋不多，但是对于这种房屋建筑中的核心建材，还是要仔细检查。由于没有专业的实验器材，对于钢筋的检查，主要还是以外观检查为主。

① 钢筋进场时，表面或每捆（盘）钢筋均应有标志。

② 钢筋应平直、无损伤，表面不得有裂纹、油污、颗粒状或片状老锈。

③ 钢筋表面不得有裂纹、结疤和折叠。钢筋表面允许有凸块，但不得超过横肋的高度。

④ 如发现有异常现象时（包括在加工过程中有脆断、焊接性能不良或力学性能显著不正常时），不得使用。

2. 钢筋加工

钢筋加工的主要施工步骤：钢筋配料→（除锈）下料→弯曲成型→挂牌存放。

（1）除锈 油渍、漆污和用锤敲击时能剥落的浮皮、铁锈等应在使用前清除干净。在焊接前，焊点处的水锈应清除干净。一般可采用钢丝刷、砂盘、喷砂和酸洗除锈。

（2）调直 对于盘条钢筋在使用前应调直。

（3）切断 在切断过程中，如发现钢筋有劈裂、缩头或严重的弯头等必须切除。

① 将同规格钢筋根据不同长度长短搭配，统筹排料；一般应先断长料，后断短料，减少短头，以减少损耗。

② 断料应避免用短尺量长料，以防止在量料中产生累计误差。

（4）弯曲成型 钢筋弯曲前，对形状复杂的钢筋应将各弯曲点位置划出。划线是要根据不同的弯曲角度扣除弯曲调整值，其扣法是从相邻两段长度中各扣一半，划线宜从钢筋中线开始向两边进行。弯曲细钢筋时，为了使弯弧一侧的钢筋保持平直，挡铁轴宜做成可变挡架或固定挡架。

（5）钢筋弯钩与弯折要求

① 主筋的弯钩和弯折应符合下列规定：

a. HPB300 级钢筋末端应做 180°弯钩，其弯弧内直径不应小于钢筋直径的 2.5 倍，弯钩的弯后平直部分长度不应小于钢筋直径的 3 倍；

b. 当设计要求钢筋末端需做 135°弯钩时，HRB335 级、HRB400 级钢筋的弯弧内直径不应小于钢筋直径的 4 倍，弯钩的弯后平直部分长度应符合设计要求；

c. 钢筋做不大于 90°的弯折时，弯折处的弯弧内直径不应小于钢筋直径的 5 倍。

② 除焊接封闭环式箍筋外，箍筋的末端应做弯钩，无设计要求时，应符合下列规定。

a. 箍筋弯钩的弯弧内直径不应不小于受力钢筋直径。

b. 箍筋弯钩的弯折角度：对一般结构，不应小于 90°；对有抗震等要求的结构，应为 135°。

c. 箍筋弯后平直部分长度：对一般结构，不宜小于箍筋直径的 5 倍；对有抗震等要求的结构，不应小于箍筋直径的 10 倍。

农村建房时，多数未使用钢筋加工机械，基本依靠手工进行加工。所以在加工梁的弯起钢筋、箍筋、弯钩时，均要借助比较简单的加工工具，如钢筋扳手、钢筋定位卡盘等。这些简单的工具 可以按照下列示意图就地制成。图 6-5 为箍筋加工小扳手的形状。图 6-6 为钢筋定位卡盘和钢筋扳杆的形状。

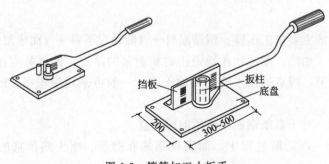

图 6-5 箍筋加工小扳手

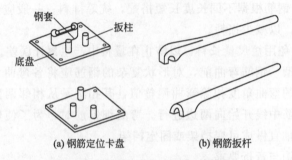

(a) 钢筋定位卡盘   (b) 钢筋扳杆

图 6-6 钢筋定位卡盘及钢筋扳杆

3. 钢筋下料长度计算要求

（1）钢筋下料长度计算通用公式

直钢筋下料长度＝构件长度－保护层厚度＋弯钩增加长度

弯起钢筋下料长度＝直段长度＋斜段长度－弯曲调整值＋弯曲增加长度

箍筋下料长度＝箍筋周长＋箍筋调整值

（2）弯曲调整值　钢筋弯曲处内皮收缩、外皮延伸、轴线长不变，弯曲处形成圆弧。钢筋的量度方法是沿直线量外包尺寸，见图 6-7。不同弯钩的弯曲调整值见表 6-1。

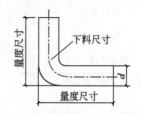

图 6-7　钢筋下料度量示意图

表 6-1　钢筋弯曲调整值

弯曲角度	30°	45°	60°	90°	135°
弯曲调整值	0.35d	0.5d	0.85d	2d	2.5d

注：d 为钢筋直径。

（3）弯钩增加长度　弯钩形式有三种：半圆弯钩、直弯钩及斜弯钩，见图6-8。钢筋弯钩增加长度，按图 6-8 所示的计算简图，其计算值：半圆弯钩为 6.25d ［图 6-8 (a)］，直弯钩为 3d ［图 6-8 (b) ］，斜弯钩为 4.9d ［图 6-8 (c)］。

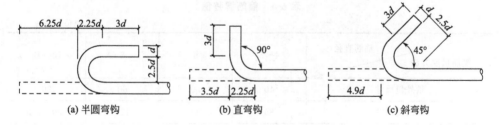

(a) 半圆弯钩　　　　　(b) 直弯钩　　　　　(c) 斜弯钩

图 6-8　钢筋弯钩计算简图

① 对各类弯钩的增加长度可按表 6-2 的规定加以计算。

表 6-2　各类弯钩增加长度

钢筋牌号	弯钩形式			弯曲直径
	半圆弯钩	直弯钩	斜弯钩	
HPB300	3.25d	0.5d	1.9d	2.5d
HRB335	—	0.92d	2.9d	4.0d
HRB400	—	1.2d	3.5d	5.0d

② 弯起钢筋斜长计算可参考图 6-9 和表 6-3 进行。

表 6-3　弯起钢筋斜度长系数表

弯起角度	$\alpha = 30°$	$\alpha = 45°$	$\alpha = 60°$
斜边长度 s	$2h_0$	$1.41h_0$	$1.15h_0$
底边长度 l	$1.732h_0$	h_0	$0.575h_0$
增加长度 $s - l$	$0.268h_0$	$0.41h_0$	$0.575h_0$

注：h_0 为弯起高度。

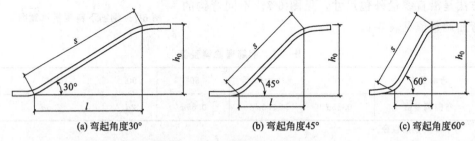

(a) 弯起角度30°	(b) 弯起角度45°	(c) 弯起角度60°

图 6-9　弯起钢筋斜长计算简图

③ 箍筋调整值。箍筋调整值即弯钩增加长度和弯曲调整值两项之差或和，根据箍筋量外包尺寸或内皮尺寸确定，见表 6-4。

表 6-4　箍筋调整值

单位：mm

箍筋量度方法 ＼ 箍筋直径	4～5	6	8	10～12
量外包尺寸	40	50	60	20
量内皮尺寸	80	100	120	150～170

4. 钢筋手工弯曲操作

钢筋弯曲前，应对照图纸或标准图集复核加工钢筋的规格、牌号、形状和各部尺寸。

（1）在钢筋上画线　根据钢筋配料单上的各部尺寸，在钢筋上用石笔进行画线标注。画线时，应结合钢筋的弯曲类型、弯曲角度伸长值，以及扳距等因素进行综合计算，然后将计算的结果依次进行量测标注。如一根直径 20mm、长 45mm 的钢筋，需要加工成弯起钢筋，可按下列步骤进行画线：

① 量出钢筋的中点，在中点画第一道线（2250）；

② 取中间段的 1/2 并减去 0.3d 得出结果画第二道线：$2250 - 0.3 \times 20 = 2244$（mm）。

③ 取斜段长 566mm 并减去 0.3d 得出结果画第三道线：$566 - 0.3 \times 20 = 560$

(mm)；

④ 取直线段 900mm 减弯钩增加长度，得出结果画第四道线：$900 - 5 \times 20 = 800$ (mm)。

以上各线段为钢筋的弯曲点线，弯曲钢筋时即按这些线进行操作，如图 6-10 所示。

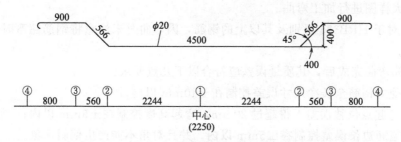

图 6-10　钢筋加工时的画线

（2）弯曲　在成批钢筋正式弯曲前，首先应进行试弯操作。应对每类型的钢筋试弯一根，然后检查其各段尺寸，符合要求后，再成批加工。

弯曲过程中，应特别注意扳手与扳柱之间的净距。一般情况下，扳距的大小主要取决于钢筋直径和弯曲角度。当弯曲角度为 45°时，扳距为所弯钢筋直径的 1.5～2 倍；当为 90°时，为 2.5～3 倍；135°时，为 3～3.5 倍；180°时，为 3.5～4 倍。扳距与弯起点线的关系如图 6-11 所示。

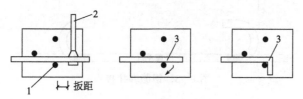

图 6-11　扳距与弯起点的关系
1—扳柱；2—扳杆；3—钢筋

箍筋的一般弯钩形式为直钩，其平直部分等于或大于箍筋直径的 5 倍；如在抗震设防地区，应为 135°的弯钩，其平直部分等于或大于箍筋直径的 10 倍，如图 6-12 所示。

在弯曲钢筋时，需要注意以下几点。

① 在弯曲钢筋时，钢筋必须在工作台上放平，手拿扳手要托平，不能上下摇摆，以免弯曲的钢筋发生翘曲变形。

② 在卡钢筋时要掌握好扳距，弯曲点要准确，以保证成型后的弯曲形状及尺寸准确无误。

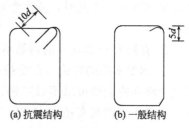

(a)抗震结构　　(b)一般结构

图 6-12　箍筋的结构形式

③ 螺纹钢筋的纵肋往往有扭曲现象，在弯曲时，一定要根据扭曲的情况卡放扳手，注意扳距，同时掌握好弯曲位置。

④ 钢筋弯曲成型时，要将钢筋的一个末端的弯钩进行最后弯曲，以便把配料时的某些尺寸误差留在弯钩内。

⑤ 对于弯曲形状较为复杂的钢筋加工，应按照图纸设计先放 1∶1 的大样图，然后依大样图进行加工弯曲。

⑥ 对于 HRB335 级别及其以上的钢筋，因弯曲时未注意将钢筋超弯时，不能再回弯。

钢筋弯曲完成后，其质量误差应符合以下几点要求：

a. 受力钢筋全长净尺寸误差控制在 ±10mm 以内；

b. 弯起点位移误差不得超过 20mm，弯起高度控制在 ±5mm 以内；

c. 箍筋边长误差控制在 ±5mm 以内，并且对角不能产生偏斜现象。

5. 钢筋绑扎

在自建小别墅的施工中，当钢筋都根据设计样式加工好后，就要进行绑扎安装。钢筋尤其是主筋能否正确安装，关系到结构的使用强度，必须严格控制。

(1) 钢筋绑扎的要求

① 在绑扎接头的搭接长度范围内，应采用钢丝在搭接的两端和中间各绑扎一点，如图 6-13 所示。

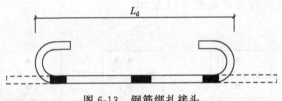

图 6-13　钢筋绑扎接头

② 钢筋网片的绑扎，四周两行钢筋交叉点均要绑扎牢固，中间部分交叉点可相隔交错绑扎，但必须保证受力钢筋不会移动变形。双向主筋的钢筋网，所有交叉点全部绑扎。绑扎时，应注意相邻绑扎点的钢筋丝扣要成字形，以免网片歪斜变形。

③ 直径大于 25mm 的钢筋不得采用绑扎连接，而要采用焊接连接方式。

④ 钢筋末端的弯钩。在受拉区内，HPB300 级钢筋接头的末端应做弯钩，大于这个级别的钢筋可以不做弯钩。如果是受压钢筋，则可以不做弯钩，但是搭接长度不能小于钢筋直径的 30 倍。

(2) 受力钢筋的绑扎规定

① 同一构件中相邻纵向受力钢筋的绑扎搭接接头宜相互错开。绑扎搭接接头中钢筋的横向净距不应小于钢筋直径，且不应小于 25mm。

钢筋绑扎搭接接头连接区段的长度为 $1.3l_1$（l_1 为搭接长度），凡搭接接头中点位于该连接区段长度内的搭接接头均属于同一连接区段。同一连接区段内，纵向钢筋搭接接头面积百分率为该区段内有搭接接头的纵向受力钢筋截面面积与全部纵向受力钢筋截面面积的比值（图 6-14）。

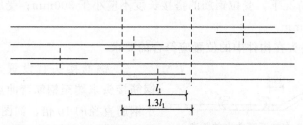

图 6-14 同一连接区段内的纵向受拉钢筋绑扎搭接接头

注：图中所示同一连接区段内的搭接接头钢筋为两根，当各钢筋直径相同时，搭接接头面积百分率为 50%。

② 同一连接区段内，纵向受拉钢筋搭接接头面积百分率应符合设计要求；当设计无具体要求时，应符合下列规定：

a. 对梁类、板类及墙类构件，不宜大于 25%；

b. 对柱类构件，不宜大于 50%；

c. 当工程中确有必要增大接头面积百分率时，对梁类构件，不应大于 50%；对其他构件，可根据实际情况放宽。

③ 当纵向受拉钢筋的绑扎搭接接头面积百分率不大于 25% 时，其最小搭接长度应符合表 6-5 的规定。

表 6-5 纵向受拉钢筋的最小搭接长度

钢筋类型		混凝土强度等级			
		C15	C20~C25	C30~C35	≥C40
光圆钢筋	HPB300 级	45d	35d	30d	25d
带肋钢筋	HRB335 级	55d	45d	35d	30d
	HRB400 级、RRB400 级	—	55d	40d	35d

注：两根直径不同钢筋的搭接长度，以较细钢筋的直径计算。

④ 当纵向受拉钢筋搭接接头面积百分率大于 25%，但不大于 50% 时，其最小搭接长度应按表 6-5 中的数值乘以系数 1.2 取用；当接头面积百分率大于 50% 时，应按表 6-5 中的数值乘以系数 1.35 取用。

⑤ 当带肋钢筋的直径大于 25mm 时，其最小搭接长度应按相应数值乘以系数 1.1 取用。

⑥ 当带肋钢筋的混凝土保护层厚度大于搭接钢筋直径的 3 倍且配有箍筋时，其最小搭接长度可按相应数值乘以系数 0.8 取用。

⑦ 对有抗震设防要求的结构构件，其受力钢筋的最小搭接长度对一、二级抗震等级应按相应数值乘以系数 1.15 采用；对三级抗震等级应按相应数值乘以系数

1.05 采用。

⑧ 纵向受压钢筋搭接时，其最小搭接长度应根据受拉钢筋搭接规定确定相应数值后，乘以系数 0.7 取用。

⑨ 在任何情况下，受拉钢筋的搭接长度不应小于 300mm；受压钢筋的搭接长度不应小于 200mm。

(3) 绑扎接头在构件中的位置应符合的要求

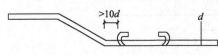

图 6-15　接头末端至弯曲点的距离

① 钢筋接头宜设置在受力较小处，钢筋接头末端至钢筋弯曲点的距离不应小于钢筋直径的 10 倍，如图 6-15 所示。

② 同一纵向受力钢筋不宜设置两个或两个以上接头。受力钢筋的绑扎位置应相互错开。

③ 在绑扎操作过程中，如果分不清受拉区时，接头的位置应按受拉区的规定处理。

(4) 钢筋绑扎的操作方法

在绑扎钢筋的操作中，一是绑扎钢筋的扎扣应合理，二是操作起来应顺手。

① 顺扣法。一面顺扣法操作简便，绑点牢固，适用于钢筋网片、骨架各个部位的绑扎施工，如图 6-16 所示。

图 6-16　顺扣绑扎

② 十字花扣和兜扣。这两种扎扣适用于平板和箍筋绑扎，如图 6-17 和图 6-18 所示。

图 6-17　十字花扣绑扎

③ 缠扣。主要应用于竖直立面中的柱子箍筋和墙体钢筋的绑扎，如图 6-19 所示。

④ 套扣。适用于梁的架立钢筋和箍筋的绑扎，如图 6-20 所示。

⑤ 反十字花扣、兜扣＋缠扣。适用于梁的箍筋与主筋的绑扎，如图 6-21 和图

6-22 所示。

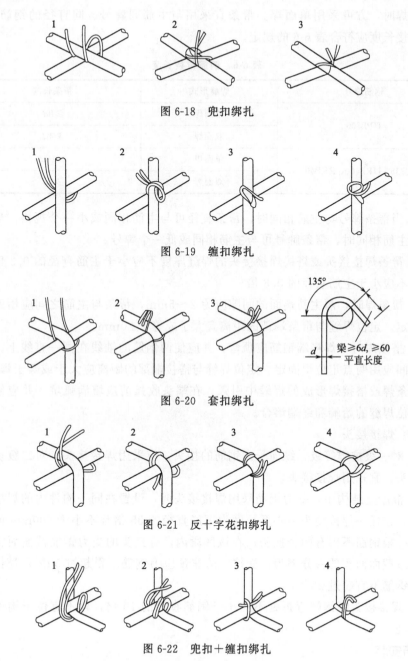

图 6-18　兜扣绑扎

图 6-19　缠扣绑扎

图 6-20　套扣绑扎

图 6-21　反十字花扣绑扎

图 6-22　兜扣＋缠扣绑扎

6. 钢筋焊接

在有条件的情况下，钢筋的连接也可采用焊接连接的方法。但是，焊工必须是经过焊接工艺培训合格取得焊工证书的人员。

（1）帮条长度　钢筋电弧应用帮条、搭接焊接时，宜采用双面焊。当不能进行双面焊时，方可采用单面焊。帮条宜采用与主筋同牌号、同直径的钢筋制作，帮条搭接长度应符合表 6-6 的规定。

表 6-6　钢筋帮条长度

钢筋牌号	焊缝形式	帮条长度
HPB300	单面焊	≥8d
	双面焊	≥4d
HRB335、HRB400、RRB400	单面焊	≥10d
	双面焊	≥5d

① 当帮条牌号与主筋相同时，帮条直径可与主筋相同或小一个规格；当帮条直径与主筋相同时，帮条牌号可与主筋相同或低一个牌号。

② 帮条焊接接头或搭接焊接接头的焊缝厚度不应小于主筋直径的 0.3 倍；焊缝宽度不应小于主筋直径的 0.8 倍。

③ 帮条焊时，两主筋端面的间隙应为 2～5mm，帮条与主筋之间应用四点定位焊固定。定位焊缝与帮条端部的距离宜大于或等于 20mm。

④ 搭接焊时，焊接端钢筋应顶弯，并应使两钢筋的轴线在同一直线上，搭接钢筋之间应用两点定位焊固定。定位焊缝与搭接端部的距离应大于或等于焊接时，应在帮条焊或搭接焊形成的焊缝中引弧，在端头收弧前应填满弧坑，并应使主焊缝与定位焊缝的始端和终端熔合。

（2）焊接接头

① 对一级抗震等级、纵向受力钢筋的接头，应采用焊接接头；对二级抗震等级的接头，宜采用焊接接头。

② 混凝土结构中，受力钢筋采用焊接接头时，设置在同一构件内的焊接接头应错开。在任一焊接接头中心至长度为钢筋直径的 35 倍且不小于 500mm 的区段内，同一根钢筋不得有两个接头；在该区段内，有接头的受力钢筋截面面积占受力钢筋总截面面积的百分率为：受拉区的非预应力钢筋不得超过 50%；受拉区的预应力钢筋不宜超过 25%。

③ 焊接接头距钢筋弯折处不应小于钢筋直径的 10 倍，且不宜位于构件的最大弯矩处。

7. 钢筋安装

（1）钢筋安装的主要施工步骤

① 柱钢筋安装：套柱箍筋→搭接绑扎竖向受力筋→画箍筋间距线→绑箍筋。

② 墙钢筋安装：立 2～4 根竖筋→画水平筋间距→绑定位横筋→绑其余横、竖筋。

③ 梁钢筋安装。

a. 模内绑扎：画主次梁箍筋间距→放主梁次梁箍筋→穿主梁底层纵筋及弯起筋→穿次梁底层纵筋并与箍筋固定→穿主梁上层纵向架立筋→按箍筋间距绑扎→穿次梁上层纵向钢筋→按箍筋间距绑扎。

b. 模外绑扎（先在梁模板上口绑扎成型后再入模内）：画箍筋间距→在主次梁模板上口铺横杆数根→在横杆上面放箍筋→穿主梁下层纵筋→穿次梁下层钢筋→穿主梁上层钢筋→按箍筋间距绑扎→穿次梁上层纵筋→按箍筋间距绑扎→抽出横杆落骨架于模板内。

④ 板钢筋安装：清理模板→模板上画线→绑板下受力筋→绑负弯矩钢筋。

⑤ 楼梯钢筋安装：划位置线→绑主筋→绑分布筋→绑踏步筋。

（2）钢筋绑扎一般操作要点

① 在对所绑扎的钢筋画线时，应画出主筋的间距及数量，并要注明箍筋的加密位置。

② 排放钢筋时，要先排主钢筋，后排分布钢筋；梁类结构构件先排纵筋，后排横向箍筋。

③ 排放钢筋时应将受力钢筋的绑扎接头错开。从任一绑扎接头中心到搭接长度的 1.3 倍区段范围内。有绑扎接头的受力钢筋截面面积占受力钢筋总截面面积百分率：在受拉区不得超过 25％；在受压区不得超过 50％。绑扎接头中钢筋的横向净距不应小于钢筋直径且不应小于 25mm。

④ 钢筋骨架绑扎时应注意绑扎方法，宜用部分反十字扣和套扣绑扎，不得全用一面顺扣，以防钢筋变形。

⑤ 绑扎梁类的箍筋时，箍筋的开口应放在上面，并应相互错开。柱上的箍筋应在四个边筋上相互错开。

⑥ 钢筋的转角与其他钢筋的交叉点均应绑扎，但箍筋的平直部 分与钢筋的交叉点可呈梅花式交错绑扎。

⑦ 绑扎钢筋网片时，若采用顺扣绑扎法时，相邻两个绑扎点应呈八字形，不要互相平行绑扎，以保证骨架不变形。

（3）基础钢筋安装要点

① 四周两行钢筋交叉点应每点扎牢，中间部分交叉点可相隔交错扎牢，但必须保证受力钢筋不位移。双向主筋的钢筋网，则须将全部钢筋相交点扎牢。绑扎时应注意相邻绑扎点的钢丝扣要成八字形，以免网片歪斜变形。

② 基础底板采用双层钢筋网时，在上层钢筋网下面应设置钢筋支撑架（马蹬）或混凝土撑脚，一般每隔 1m 梅花形放置，以保证钢筋位置准确。

③ 钢筋的弯钩应朝上，不要倒向一边；但双层钢筋网的上层钢筋弯钩应朝下。

④ 独立柱基础为双向弯曲，其底面短边的钢筋应放在长边钢筋的上面。

⑤ 现浇柱与基础连接用的插筋，其箍筋应比柱的箍筋缩小一个柱筋直径，插筋位置一定要固定牢靠，以免造成柱轴线偏移。

(4) 柱钢筋安装要点

① 按图纸要求间距，计算好每根柱箍筋数量，先将箍筋套在下层伸出的搭接筋上，然后立柱子钢筋。采用绑扎搭接连接时，在搭接长度内，绑扣不少于 3 个，绑扣要向柱中心。如果柱子主筋采用光圆钢筋搭接时，角部弯钩应与模板成 45°，中间钢筋的弯钩应与模板成 90°。

② 在立好的柱子竖向钢筋上，按图纸要求用粉笔画箍筋间距线。

③ 按已画好的箍筋位置线，将已套好的箍筋往上移动，由上往下绑扎，宜采用缠扣绑扎。

④ 箍筋的接头（弯钩叠合处）应交错布置在四角纵向钢筋上；箍筋转角与纵向钢筋交叉点均应扎牢（箍筋平直部分与纵向钢筋交叉点可间隔扎牢），绑扎箍筋时，绑扣相互间应成八字形。箍筋与主筋要垂直。

⑤ 箍筋的弯钩叠合处应沿柱子竖筋交错布置，并绑扎牢固。

⑥ 如箍筋采用 90°搭接，搭接处应焊接，焊缝长度单面焊缝不小于 5d。

⑦ 柱上下两端箍筋应加密，加密区长度及加密区内箍筋间距应符合设计图纸要求。如设计要求箍筋设拉筋时，拉筋应钩住箍筋。

⑧ 下层柱的钢筋露出楼面部分，宜用工具式柱箍将其收进一个柱筋直径，以便上层柱的钢筋搭接。当柱截面有变化时，其下层柱钢筋的露出部分，必须在绑扎梁的钢筋之前，先行收缩准确。

(5) 梁钢筋安装要点

① 在梁侧模板上画出箍筋间距，摆放箍筋。

② 先穿主梁的下部纵向受力钢筋及弯起钢筋，将箍筋按已画好的间距逐个分开；穿次梁的下部纵向受力钢筋及弯起钢筋，并套好箍筋；放主次梁的架立筋；隔一定间距将架立筋与箍筋绑扎牢固；调整箍筋间距使间距符合设计要求，绑架立筋，再绑主筋，主次梁同时配合进行。

③ 绑梁上部纵向筋的箍筋，宜用套扣法绑扎。箍筋的接头（弯钩叠合处）应交错布置在两根架立钢筋上，其余同柱钢筋安装。

④ 箍筋在叠合处的弯钩，在梁中应交错绑扎，箍筋弯钩为 135°，平直部分长度为 10d，如做成封闭箍时，单面焊缝长度为 5d。

⑤ 梁端第一个箍筋应设置在距离柱节点边缘 50mm 处。

⑥ 板、次梁与主梁交叉处，板的钢筋在上，次梁的钢筋居中，主梁的钢筋在下；当有圈梁或垫梁时，主梁的钢筋在上。在主、次梁受力筋下均应垫垫块，保证保护层的厚度。纵向受力钢筋采用双层排列时，两排钢筋之间应垫以直径 25mm 的短钢筋，以保持其距离。梁筋的搭接长度末端与钢筋弯折处的距离，不得小于钢筋直径的 10 倍。

（6）板钢筋安装要点

① 板钢筋安装前，清理模板上面的杂物，并按主筋、分布筋间距在模板上弹出位置线。按弹好的线，先摆放受力主筋、后放分布筋。预埋件、电线管、预留孔等及时配合安装。在现浇板中有板带梁时，应先绑板带梁钢筋，再摆放板钢筋。

② 绑扎板筋时一般用顺扣或八字扣，除外围两根筋的相交点应全部绑扎外，其余各点可交错绑扎（双向板相交点须全部绑扎）。

③ 板钢筋的下面垫好砂浆垫块，一般间距1.5m。垫块的厚度等于保护层厚度；钢筋搭接长度与搭接位置的要求符合规定。

（7）楼梯钢筋安装要点

① 在楼梯底板上画主筋和分布筋的位置线，根据设计图纸中主筋、分布筋的方向，先绑扎主筋后绑扎分布筋，每个交点均应绑扎。如有楼梯梁时，先绑梁后绑板筋。板筋要锚固到梁内。底板筋绑完，待踏步模板吊绑支好后，再绑扎踏步钢筋。主筋接头数量和位置均要符合施工规范的规定。

② 绑扎梁式楼梯钢筋时，踏步板内横向分布钢筋要求每个踏步范围内不少于2根，且沿垂直于纵向受力钢筋方向布置，间距小于或等于300mm。楼梯段梁的纵向受力筋在平台梁中应有足够的铺固长度。

③ 板的钢筋网绑扎应注意板上部的负筋，要防止被踩下；特别是雨篷、挑檐、阳台等悬臂板，要严格控制负筋位置，以免拆模后断裂。

（8）钢筋安装的误差规定　在钢筋绑扎过程中，难免会有一些误差，不同的部位其允许值要求不同，具体可参见表6-7中的规定。

表6-7　钢筋安装位置的允许偏差

项　　目			允许偏差/mm
绑扎钢筋网	长、宽		±10
	网眼尺寸		±20
绑扎钢筋骨架	长		±10
	宽、高		±5
受力钢筋	间距		±10
	排距		±5
受力钢筋	保护层厚度	基础	±10
		柱、梁	±5
		板、墙、壳	±3
绑扎箍筋、横向钢筋间距			±20
钢筋弯起点位置			20
预埋件	中心线位置		5
	水平高差		+3，0

注：1. 检查预埋件中心线位置时，应沿纵、横两个方向量测，并取其中的较大值。
2. 表中梁类、板类构件上部纵向受力钢筋保护层厚度的合格点率应达到90％及以上，且不得有超过表中数值1.5倍的尺寸偏差。

第三节 》》 混凝土施工

混凝土浇筑质量对房屋结构安全、防震抗灾都起到了至关重要的作用。但是，在农村建筑施工中，手工拌制混凝土的现象还普遍存在，配料时各种材料不精确计算数量。这样，不但降低了混凝土的强度等级，还对房屋的安全性、耐久性带来了极大隐患。所以，改善和提高混凝土的拌制和浇筑的工艺质量，是提高农村房屋建筑质量的关键。

1. 混凝土制拌

配制混凝土的原材料主要包括砂、石、水泥、水、外加剂及各种掺合料，原材料的质量是混凝土质量控制的重要组成部分。对于自建小别墅的施工而言，外加剂以及掺合料相对用得比较少，主要还是要控制基本原料的质量，以及配合比的要求。

（1）混凝土配合比　混凝土配合比就是按照设计的配合比，控制每盘混凝土的各组成材料的用量。

① 在现场拌制过程中，对于原材料要进行准确的称重配比，混凝土原材料每盘称量的偏差应符合表 6-8 的规定。

表 6-8　原材料每盘称量的允许偏差

材料名称	允许偏差
水泥、掺合料	±2%
粗、细骨料	±3%
水、外加剂	±2%

② 在设计混凝土配合比时，水灰比的制定是非常重要的，这是自建小别墅施工中容易忽视的一个关键性技术问题。所谓水灰比，就是用水量与水泥用量的比例关系。混凝土的最大水灰比和最小水泥用量应符合表 6-9 的规定。

表 6-9　混凝土的最大水灰比和最小水泥用量

环境条件	结构物类别	最大水灰比			最小水泥用量/kg		
		素混凝土	钢筋混凝土	预应力混凝土	素混凝土	钢筋混凝土	预应力混凝土
干燥环境	正常的居住	不做规定	0.65	0.60	200	260	300
无冻害	高湿度的室内部件；室外部件；在非侵蚀性土和（或）水中的部件	0.70	0.60	0.60	225	280	300

续表

环境条件	结构物类别	最大水灰比			最小水泥用量/kg		
		素混凝土	钢筋混凝土	预应力混凝土	素混凝土	钢筋混凝土	预应力混凝土
有冻害	经受冻害的室外部件；在非侵蚀性土和（或）水中且经受冻害的部件；高湿度且经受冻害的室内部件	0.55	0.55	0.55	250	280	300
有冻害和除冰剂的潮湿环境	经受冻害和除冰剂作用的室内和室外部件	0.50	0.50	0.50	300	300	300

③ 一般自建小别墅所用混凝土的砂率，可根据粗骨料品种、粒径及水灰比按表 6-10 选取。

表 6-10　混凝土的砂率　　　　　　　　　单位：%

水灰比（W/C）	卵石最大粒径			碎石最大粒径		
	10mm	20mm	40mm	16mm	20mm	40mm
0.40	26～32	25～31	24～30	30～35	29～34	27～32
0.50	30～35	29～34	28～33	33～38	32～37	30～35
0.60	33～38	32～37	31～36	36～41	35～40	33～38
0.70	36～41	35～40	34～39	39～44	38～43	36～41

注：1. 本表数值系中砂的选用砂率，对细砂或粗砂，可相应地减少或增大砂率。

2. 只用一个单粒级粗骨料配制混凝土时，砂率应适当增大。

3. 本表中的砂率系指砂与骨料总量的重量比。

（2）混凝土的拌制　拌制混凝土时应使用机械拌制，尽量不采用人工拌制。拌制混凝土所用的搅拌机类型应与所拌混凝土品种相适应。混凝土搅拌时的装料顺序一般是石子→水泥→砂。为保证混凝土的拌制质量和拌和料的质量，在搅拌第一盘混凝土时，均应采用加半砂或减半石子的方法进行。

混凝土搅拌时间的长短，对拌制的混凝土拌和物的质量和均匀性有较大影响。搅拌时间短，拌和物不均匀，水泥不能均匀地包裹在砂表面；搅拌时间过长，混凝土的强度反而会下降，并且易产生材料离析现象。所以，应随时检查混凝土的最短搅拌时间。混凝土搅拌的最短时间应根据搅拌机型和混凝土坍落度的要求，按表 6-11 的规定执行，并做好检查记录。

表 6-11　混凝土搅拌的最短时间　　　　　　单位：min

混凝土坍落度/mm	搅拌机型	搅拌机出料量		
		<250L	250~500L	>500L
≤30	自落式	90	120	150
	强制式	60	90	120
>30	自落式	90	90	120
	强制式	60	60	90

注：当掺有外加剂时，搅拌时间应适当延长。

混凝土从搅拌机中卸出到浇筑完毕的延续时间不宜超过表 6-12 的规定。

表 6-12　混凝土从卸出到浇筑完毕的延续时间　　　　单位：min

混凝土强度等级	气温	
	≤25℃	>25℃
≤C30	120	90
>C30	90	60

2. 混凝土浇筑

主要施工步骤：浇筑→振捣→养护→表面缺陷的检查与修整。

浇筑混凝土前，应检查模板、支架、钢筋保护层厚度、配筋的数量、箍筋的间距、预埋件、吊环等规格、数量和位置是否符合设计要求。符合要求后，方可进行混凝土的浇筑。

混凝土浇筑的施工要点如下。

① 在进行混凝土浇筑之前，必须做好下面两点准备工作：

a. 在混凝土浇筑期间，应保证水、电照明不中断；

b. 注意天气变化，根据工程需要和季节施工特点，应准备好在浇筑过程中所必需的抽水设备和防雨、防暑、防寒等物资。

② 混凝土应分层浇筑，每层浇筑厚度应根据混凝土的振捣方法而定，其厚度应符合表 6-13 的规定。

表 6-13　混凝土浇筑层厚度　　　　　　单位：mm

捣实混凝土的方法		浇筑层的厚度
插入式振捣		振捣器作用部分长度的 1.25 倍
表面振动		200
人工捣固	在基础、无筋混凝土或配筋稀疏的结构中	250
	在梁、墙板、柱结构中	200
	在配筋密列的结构中	150

③ 浇筑混凝土应连续进行，如必须间歇时，其间歇时间宜缩短，并应在前层混凝土初凝之前，将次层混凝土浇筑完毕。混凝土运输、浇筑及间歇的全部时间不得超过表 6-14 的规定，当超过时应按要求设置施工缝。

表 6-14 混凝土运输、浇筑和间歇的允许时间 单位：min

混凝土强度等级	气温	
	≤25℃	>25℃
≤C30	210	180
>C30	180	150

3. 基础混凝土浇筑

① 基础浇筑前，应根据混凝土基础顶面的标高在两侧模板上弹出标高线。

② 在地基上浇筑混凝土垫层时，对地基应事先按设计标高和轴线等进行校正，应清除淤泥和杂物，同时应有排水和防水措施，对干燥的非黏性土，应洒水湿润，并防止产生积水。

③ 浇筑条形基础应分段分层连续进行，一般不留施工缝。各段各层间应互相衔接，每段长 2～3m，逐段逐层呈阶梯形推进。

④ 浇筑台阶式基础，应按每一台阶高度内分层一次连续浇筑完成（预制柱的高杯口基础的高台部分应另行分层），不允许留设施工缝，每层先浇边角，后浇中间，摊铺均匀，振捣密实。每一台阶浇完，台阶部分表面应随即原浆抹平。浇筑台阶式柱基时，为防止垂直交角处可能出现吊脚（上层台阶与下口混凝土脱空）现象，在浇筑台阶式柱基时，采取如下措施。

a. 在第一级混凝土捣固下沉 20～30mm 后暂不填平，继续浇筑第二级，先用铁锹沿第二级模板底圈做成内外坡，然后再分层浇筑，外圈边坡的混凝土于第二级振捣过程中自动振实。待第二级混凝土浇筑后，再将第一级混凝土齐模板顶边拍实抹平。

b. 在第二级模板外先压以 200mm×100mm 的压角混凝土并加以振捣后，再继续浇筑第二级，待压角混凝土接近初凝时，将其铲平重新搅拌利用。如果条件许可，宜采用柱基流水作业方式，即先浇一排杯基第一级混凝土，回转依次浇筑第二级。这样对已浇筑好的第一阶混凝土将有一个下沉的时间，在振捣二阶混凝土时必须保证不出现施工缝。

⑤ 为保证杯形基础杯口底标高的正确性，宜先将杯口底混凝土振实并稍停片刻，再浇筑振捣杯口模四周的混凝土，振动时间尽可能缩短。同时还应特别注意杯口模板的位置，应在两侧对称浇筑，以免杯口模挤向一侧或由于混凝土泛起而使芯模上升。

⑥ 浇筑现浇柱基础应保证柱子插筋位置的准确，防止位移和倾斜。浇筑时，

先满铺一层 50～100mm 厚的混凝土，并捣实，使柱子插筋下端与钢筋网片的位置基本固定，然后再继续对称浇筑，并避免碰撞钢筋。

⑦ 混凝土捣固一般采用插入式振动器，其移动间距不大于作用半径的 1.25 倍。

⑧ 混凝土浇筑过程中，应注意观察模板、支撑、管道和预留孔洞有无移动情况，当发现变形位移时，应立即停止浇筑，并应在已浇筑的混凝土凝结前修整完好，才能继续浇筑。混凝土浇筑完后表面应用木抹子压实搓平，已浇筑完的混凝土，应在 12h 内覆盖并适当浇水养护，一般养护不少于 7 天。

⑨ 地下室混凝土的浇筑。地下室混凝土浇筑一般采取分段进行，浇筑顺序为先底板，后墙壁、柱，最后顶部梁板。外墙水平施工缝应在底板面上部 300～500mm 范围内和无梁顶板下部 300～500mm 处，并做成企口型式，有严格防水要求，应在企口中部设钢板（或塑料）止水带，内墙与外墙之间可留垂直缝。

地下室底板、墙和顶板浇筑完后，要加强覆盖，并浇水养护；冬期要保温，防止温差过大出现裂缝。地下室混凝土浇筑完毕应防止长期暴露，要抓紧基坑的回填，回填土要在相对的两侧或四周同时均匀进行，分层夯实。

4. 竖向结构混凝土浇筑

① 柱、墙混凝土浇筑前底部应先填以 50～100mm 厚与混凝土配合比相同减半石水泥砂浆。

② 混凝土自吊斗口下落的自由倾落高度不得超过 2m，浇筑高度如超过 2m 时必须采取措施，用串桶、溜管、振动溜管使混凝土下落，或在柱、墙体模板上留设浇捣孔等。浇筑混凝土时应分段分层连续进行，浇筑层高度应根据结构特点、钢筋疏密决定，一般为振捣器作用部分长度的 1.25 倍，最大不超过 500mm。

③ 使用插入式振捣器应快插慢拔，插点要均匀排列，逐点移动，顺序进行，不得遗漏，做到均匀振实。移动间距不大于振捣作用半径的 1.25 倍（一般为 300～400mm）。振捣上一层时应插入下层 50mm，以消除两层间的接缝。

④ 浇筑混凝土应连续进行，如必须间歇，其间歇时间应尽量缩短，并应在前层混凝土凝结之前，将次层混凝土浇筑完毕。间歇的最长时间应按所用水泥品种、气温及混凝土凝结条件确定，一般超过 2h 应按施工缝处理。

⑤ 在浇筑混凝土时，应经常观察模板、钢筋、预留孔洞、预埋件和插筋等有无移动、变形或堵塞情况，发现问题应立即处理，并应在已浇筑的混凝土凝结前修正完好。

5. 水平结构混凝土浇筑

① 梁、板应同时浇筑，浇筑方法应由一端开始用"赶浆法"，即先浇筑梁，根据梁高分层浇筑成阶梯形，当达到板底位置时再与板的混凝土一起浇筑，随着阶梯形不断延伸，梁板混凝土浇筑连续向前进行。浇筑混凝土时，应经常观察模板、钢筋、预留孔洞、预埋件和插筋等有无移动、变形或堵塞情况，发现问题应立即处理，并应在已浇筑的混凝土凝结前修正完好。

② 梁柱节点钢筋较密时，浇筑此处混凝土时宜用小粒径石子同强度等级的混凝土浇筑，并用小直径振捣棒振捣。

③ 浇筑板混凝土的虚铺厚度应略大于板厚，用平板振捣器垂直浇筑方向来回振捣，厚板可用插入式振捣器顺浇筑方向拖拉振捣，一振捣完毕后用大杠刮平、长木抹子抹平。施工缝或有预埋件及插筋处用木抹子找平。浇筑板混凝土时不允许用振捣棒铺摊混凝土。

④ 当梁柱混凝土强度等级不同时，梁柱节点区高强度等级混凝土与梁的低强度等级混凝土交界面处理，应按设计要求执行。当设计无规定时，梁柱节点区混凝土强度等级应与柱相同，并应先浇筑梁柱节点区高强度等级混凝土，再浇筑梁的低强度等级混凝土，两种强度等级混凝土的交界面应设在梁上（图 6-23），并在浇筑节点区高强度等级混凝土时，用钢丝网在临时间断处隔开，以防止高强度等级混凝土过多的流入梁内，并保证节点区混凝土能够振捣密实。梁的混凝土必须在节点区混凝土初凝前浇筑。

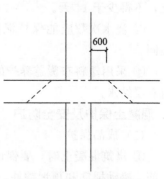

图 6-23　梁、柱不同强度
等级混凝土交界面处理
注：图中交界面倾角为 45°

6. 楼梯混凝土浇筑

楼梯段混凝土自下而上浇筑，先振实底板混凝土，达到踏步位置时再与踏步混凝土一起浇捣，不断连续向上推进，并随时用木抹子（或塑料抹子）将踏步上表面抹平。

施工缝位置：楼梯混凝土宜连续浇筑完，多层楼梯的施工缝应留置在楼梯段 1/3 的部位或休息平台跨中 1/3 范围内，并注意 1/2 梁及梁端应采用泡沫塑料嵌填，以便控制支座接头宽度。施工缝的留置如图 6-24 所示。

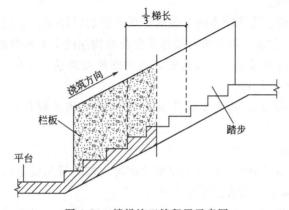

图 6-24　楼梯施工缝留置示意图

7. 混凝土养护

混凝土浇筑完毕后应及时采取有效的养护措施，通常是覆盖浇水养护（平均气温高于5℃）和薄膜布（不透水、气）养护。混凝土养护应符合下列规定。

① 应在浇筑完毕后的12h以内对混凝土加以覆盖并保湿养护。

② 混凝土浇水养护的时间：对采用硅酸盐水泥、普通硅酸盐水泥或矿渣硅酸盐水泥拌制的混凝土，不得少于7天；对掺用缓凝型外加剂或有抗渗要求的混凝土，不得少于14天。

③ 浇水次数应能保持混凝土处于湿润状态；混凝土养护用水应与拌制用水相同。

④ 采用塑料布覆盖养护的混凝土，其全部表面应覆盖严密，并应保持塑料布内有凝结水。

8. 混凝土保护及安全防护

（1）成品保护

① 浇筑混凝土时，要保证钢筋和垫块的位置正确，防止踩踏楼板、楼梯弯起负筋、碰动插筋和预埋铁件，保证插筋、预埋铁件位置正确。

② 不得用重物冲击模板，不在梁或楼梯踏步模板吊帮上蹬踩，应搭设跳板，保护模板的牢固和严密。

③ 已浇筑混凝土要加以保护，必须在混凝土强度达到不掉棱时方准进行拆模操作。

④ 混凝土浇筑、振捣至最后完工时，要保证留出钢筋的位置正确。

⑤ 应保护好预留洞口、预埋件及水电预埋管、盒等。

⑥ 混凝土浇筑完后，待其强度达到1.2MPa以上，方可在其上进行下一道工序施工和堆放少量物品。

⑦ 冬期施工，在楼板上铺设保温材料覆盖时，要铺设脚手板，避免直接踩踏出现较深脚印或凹陷。

⑧ 已浇筑楼板、楼梯踏步的上表面混凝土要加以保护，必须在混凝土强度达到1.2MPa以后，方准在面上进行操作及安装结构用的支架和模板。

⑨ 基础中预留的暖卫、电气暗管，地脚螺栓及插筋，在浇筑混凝土过程中，不得碰撞，或使产生位移。

⑩ 基础内应按设计要求预留孔洞或埋设螺栓和预埋铁件，不得以后凿洞埋设。

（2）安全措施

① 混凝土搅拌开始前，应对搅拌机及配套机械进行无负荷试运转，检查运转正常，运输道路畅通，确认正常方可开机工作。

② 搅拌机运转时，严禁将锹、耙等工具伸入罐内，必须进罐扒混凝土时，要停机进行。搅拌机应有专用开关箱，并应装有漏电保护器，停机时应拉断电

闸，下班时电闸箱应上锁。混凝土搅拌机的齿轮、皮带传动部分，均应装设防护罩。混凝土搅拌机作业中发现故障不能继续运转时，应立即切断电源，将搅拌筒内的混凝土清除干净，然后进行检修。作业后，应对搅拌机进行全面清洗。

③ 搅拌机上料斗提升后，斗下禁止人员通行。

④ 采用手推车运输混凝土时，装车不应过满；卸车时应有挡车措施，不得用力过猛或撒把，以防车把伤人。

⑤ 使用井架提升混凝土时，应设制动安全装置，升降应有明确信号，操作人员未离开提升台时，不得发升降信号。提升台内停放手推车要平稳，车把不得伸出台外，车轮前后应挡牢。

⑥ 使用溜槽及串筒下料时，溜槽与串筒必须牢固地固定，人员不得直接站在溜槽帮上操作。

⑦ 混凝土浇筑前，应对振动器进行试运转，振动器操作人员应穿胶靴、戴绝缘手套；作业移动时严禁用电源线拖拉振捣器；振动器不能挂在钢筋上，湿手不能接触电源开关。平板振捣器与平板应保持紧固，电源线必须固定在平板上，电源开关应装在把手上。操作人员必须穿戴绝缘胶鞋和绝缘手套。作业后，必须切断电源，做好清洗、保养工作，振捣器要放在干燥处，并有防雨措施。

⑧ 混凝土施工作业场地要有良好的排水条件，机械近旁应有水源，机棚内应有良好的通风，采光及防水、防冻，并不得积水。

⑨ 浇筑离地 2m 以上框架、过梁、雨篷和小平台时，应设操作平台，不得直接站在模板或支撑件上操作。浇筑拱形结构，应自两边拱脚对称地同时进行。

9. 常见缺陷的一般处理方法

（1）蜂窝 混凝土表面无水泥浆，露出石子深度大于 5mm，但小于保护层厚度。

处理方法：先凿去蜂窝处薄弱松散的混凝土和突出的颗粒，用水洗刷干净后，用与原混凝土同成分的［或 1：（2～2.5），水泥：砂］水泥砂浆分层压实抹平。抹压砂浆前，表面应充分湿润（但无积水），并刷素水泥浆，一次抹压厚度不超过 10mm。第一遍抹压应用力将砂浆挤入和填满石子空隙，砂浆不应太稀，以防止收缩裂缝。待第一遍砂浆凝固（表面仍潮湿但手按无印痕）后，进行第二遍抹压。最后的表面层抹压时，应注意压平压光，与完好混凝土的交界处应刮平压光。待表层砂浆凝固后，用麻袋片包裹或覆盖保温养护。养护时间同混凝土要求。

（2）露筋 混凝土内主筋、分布筋和箍筋，没有被混凝土包裹而外露。

处理方法：对表面露筋，刷洗干净后，用 1：2 或 1：2.5 水泥砂浆压实抹平整，并认真养护；如露筋较深，应将薄弱混凝土和突出颗粒凿去，洗刷干净后，用比原来高一强度等级的细石混凝土填塞压实，并认真养护。

（3）孔洞　混凝土结构内有空腔，局部没有混凝土。

处理方法：一般孔洞处理是将孔洞周围的松散混凝土凿除，用压力水冲洗，支设带托盒的模板，洒水充分湿润后，用比结构高一强度等级的半干硬性细石混凝土仔细分层浇筑，强力捣实，并养护。突出结构面的混凝土，须待达到 50% 强度后再凿去，表面用 1：2 水泥砂浆抹光；对于面积大而深的孔洞，将孔洞周围的松散混凝土和软弱浆模凿除，用压力水冲洗后，在内部埋压浆管、排气管，填清洁的碎石（粒径 10~20mm），表面抹砂浆或浇筑薄层混凝土，然后用水泥压力灌浆方法进行处理，使之密实。

（4）夹渣　施工缝处混凝土结合不好，有缝隙或夹有杂物，造成结构整体性不良。

处理方法：缝隙夹层不深时，可将松散的混凝土凿去，洗刷干净后，用 1：2 或 1：2.5 水泥砂浆填嵌密实；较深时，应清除松散部分和内部夹杂物，用压力水冲洗干净后支模，强力灌细石混凝土捣实，或将表面封闭后进行压浆处理。

（5）疏松　混凝土结构由于漏振、离析，或漏浆造成混凝土局部无水泥浆，且深度超过蜂窝的缺陷

处理方法：凿除疏松的混凝土，按孔洞处理方法进行处理。

（6）裂缝　混凝土结构由于收缩、温度、沉降、表面干缩、超载或承载能力不足等原因造成混凝土表面出现 0.05mm 以上的宏观裂缝。

处理方法：见本章第五节内容。

第四节 >> 钢筋混凝土施工常见质量问题

由于气候、原料、操作等各方面的原因，混凝土施工过程中稍不注意就会出现一些质量事故。由于钢筋混凝土工程属于不可逆的施工，一旦出现质量问题，处理起来非常费时费力，甚至必须拆除重新浇筑。因此，在自建小别墅的钢筋混凝土施工过程中，一定要加以小心。

1. 露筋

（1）原因

① 混凝土浇筑振捣时，钢筋保护层垫块移位或垫块太少甚至漏放，钢筋紧贴模板，致使拆模后露筋。

② 钢筋混凝土结构断面小，钢筋过密，如遇大石子卡在钢筋上，混凝土水泥浆不能充满钢筋周围，使钢筋密集处产生露筋。

③ 因配合比不当混凝土产生离析，浇捣部位缺浆或模板严重漏浆，造成露筋。

④ 混凝土振捣时，振捣棒撞击钢筋，使钢筋移位，造成露筋。

⑤ 混凝土保护层振捣不密实，或木模板湿润不够，混凝土表面失水过多，或拆模过早等，拆模时混凝土缺棱掉角，造成露筋。

（2）预防措施

① 浇筑混凝土前，应检查钢筋位置和保护层厚度是否准确，发现问题及时修整。受力钢筋的混凝土保护层厚度应按规定要求执行。

② 为保证混凝土保护层的厚度，要注意固定好保护层垫块。水平结构构件钢筋的下方每隔 1m 左右，垫一块水泥砂浆垫块或塑料垫块；竖向构件和水平构件钢筋的侧面每隔 1m 左右绑扎一块水泥砂浆垫块，最好使用塑料钢筋保护层卡环；水平结构构件上部的钢筋，在浇筑混凝土时应采取可靠措施，防止人踩和重压，造成保护层过厚或钢筋局部翘起。

③ 钢筋较密集时，应选合适的石子，石子的最大粒径不得超过结构截面最小尺寸的 1/4，同时不得大于钢筋净距的 3/4，结构截面较小部位或钢筋较密集处可用细石混凝土浇筑。

④ 为防止钢筋移位，严禁振捣棒撞击钢筋。在钢筋密集处，可采用直径较小或带刀片的振捣棒进行振捣。保护层混凝土要振捣密实，振捣棒至模板的距离不应大于振捣器有效作用半径的 1/2。

⑤ 如采用木模板时，在浇筑混凝土前应将模板充分湿润。模板接缝处用海绵条堵好，防止漏浆。

⑥ 混凝土的自由倾落高度超过 2m（或在竖向结构中超过 3m）时，应采用串筒或溜槽下料，防止混凝土离析。

⑦ 拆模时间要根据试块试验结果正确掌握，防止过早拆模。

2. 蜂窝

（1）原因

① 混凝土砂、石、水泥材料计量不准确，或加水未计量，造成砂浆少石子多。

② 混凝土搅拌时间短，没有拌和均匀；混凝土和易性差，振捣不密实。

③ 浇筑混凝土下料不当，使石子集中，振不出水泥浆，造成混凝土离析。

④ 混凝土一次下料过多，没有分层浇筑，振捣不实或下料和振捣配合不好，下一层未振捣又下料，因漏振而造成蜂窝。

⑤ 模板缝隙未堵好，或模板支设不牢固，振捣混凝土时模板移位，造成严重漏浆或烂根，形成蜂窝。

（2）预防措施

① 现场搅拌混凝土时，严格按配合比进行计量，雨期施工应勤测砂石含水量，及时调整砂石用量或用水量。

② 混凝土应拌和均匀颜色一致，其最短搅拌时间应符合表 6-11 的要求。

③ 混凝土下料时的自由倾落高度不得超过 2m，超过时应采用串筒或溜槽

下料。

④ 在竖向结构中浇筑混凝土时，应采取以下措施。

a. 支模前在模板下口抹80mm宽找平层，找平层嵌入柱、墙体不超过10mm，保证模板下口严密。开始浇筑混凝土时，底部先填50～100mm与混凝土成分相同的水泥砂浆。砂浆应用铁锹入模，不得用料斗直接灌入模内，防止局部堆积、厚薄不匀。

b. 竖向结构混凝土应分段、分层浇筑。分段高度不应大于3.0m，如超过时应采用串筒或溜槽下料，或在模板侧面开设不小于300mm高的浇筑口，装上斜溜槽下料和振捣。混凝土浇筑时的分层厚度，应按表6-13的规定执行。

⑤ 振捣混凝土拌和物时，插入式振捣器移动间距不应大于其作用半径的1.5倍，对轻骨料混凝土则不应大于1倍；振捣器至模板的距离不应大于振捣器有效作用半径的1/2；为保证上下层混凝土结合良好，振捣棒应插入下层混凝土50mm；平板振动器搭接不小于平板部分的1/4。

3. 孔洞

（1）原因

① 在钢筋密集处或预留孔洞和埋件处，混凝土浇筑不畅通，不能充满模板而形成孔洞。

② 未按顺序振捣混凝土，产生漏振。

③ 混凝土离析，砂浆分离，石子成堆，或严重跑浆，形成特大蜂窝。

④ 按施工顺序和施工工艺认真操作而造成孔洞。

⑤ 一次下料过多，下部因振捣器振动作用达不到，形成松散状态，以致出现蜂窝和孔洞。

（2）预防措施

① 在钢筋密集处，如柱梁及主次梁交叉处浇筑混凝土时，可采用细石混凝土浇筑，使混凝土充满模板，并认真振捣密实。机械振捣有困难时，可采用人工配合振捣。

② 预留孔洞和埋件处两侧应同时下料，孔洞和埋件较大时，在下部模板的上口开设振捣口或出气孔，振捣时应待振捣口或出气孔处全部充满或充分冒浆为止；较大的预埋管下侧混凝土浇筑时，从管两侧同时下料，先浇管中心以下部分，然后两侧同时振捣，充分冒浆后再浇筑其上部混凝土。

③ 混凝土振捣应采用正确的振捣方法，严防漏振。

插入式振捣器应采用垂直振捣方法，即振捣棒与混凝土表面垂直或斜向振捣，振捣棒与混凝土表面成一定角度，约40°～45°。

振捣器插点应均匀排列，可采用行列式或交错式（图6-25）顺序移动，不应混用，以免漏振。每次移动距离不应大于振捣棒作用半径的1.5倍。一般振捣棒的作用半径为300～400mm。振捣器操作时应快插慢拔。

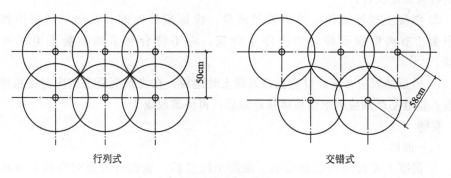

图 6-25 插点排列

4. 夹渣

（1）原因

① 在浇筑混凝土前没有认真处理施工缝表面；浇筑时，捣实不够。

② 浇筑钢筋混凝土时，分层分段施工，在施工停歇期间常有木屑、锯末等杂物（在冬期可能有积雪、冰块）积存在混凝土表面，未认真检查清理，再次浇筑混凝土时混入混凝土内，在施工缝处造成杂物夹层。

③ 浇筑混凝土柱头时，因柱子施工缝停留时间较长，易掉进杂物，浇筑上层柱时，又未认真检查清理，以致施工缝处夹有杂物。

（2）预防措施

① 在浇筑柱、梁、楼板、墙及类似结构混凝土时，如间歇时间超过规定要求，应按施工缝处理。

② 对混凝土进行二次振捣，可以提高接缝的强度和密实度。在大体积混凝土施工中，可以在先浇筑的混凝土终凝前（初凝前后），进行二次振捣，然后浇筑上层混凝土。

③ 在已硬化的混凝土表面上继续浇筑混凝土前，应清除掉进的杂物和表面水泥薄膜和松动的石子或软弱混凝土层，并充分湿润和冲洗干净，残留在混凝土表面的水应予清除。

④ 在浇筑混凝土前，施工缝宜先铺或抹与混凝土相同成分的水泥砂浆。

5. 疏松

（1）原因

① 由于一次浇筑层太厚，振捣不密实或漏振，造成混凝土疏松。

② 混凝土搅拌不均匀，造成局部混凝土水泥或水泥浆少，混凝土强度不足。

③ 模板加固不牢或拼缝不严，混凝土严重漏浆，造成混凝土疏松。

（2）预防措施

① 混凝土浇筑应严格按规定分层分段施工，混凝土振捣按"孔洞"预防措施

中的有关规定执行。

② 混凝土现场搅拌应严格控制质量，保证搅拌时间，在浇筑过程中如发现混凝土有离析和不均匀的应停止浇筑，将不符合要求的混凝土退回重新搅拌。

③ 模板加固应合格，以防浇筑混凝土时跑模；在浇筑混凝土前应对模板进行检查，接缝不严的应采取措施堵塞缝隙后，再浇筑混凝土。

6．裂缝

(1) 原因

① 混凝土表面塑性收缩裂缝。混凝土浇筑后，表面没有及时覆盖而导致开裂；使用收缩率较大的水泥，水泥用量过多，或使用过量的粉细砂，或混凝土水灰比过大；模板、垫层过于干燥，吸水大等。

混凝土浇筑振捣后，粗骨料下沉，挤出水分和空气，表面呈现泌水，而形成竖向体积缩小沉落，这种沉落受到钢筋、预埋件、大的粗骨料局部阻碍或约束，造成沿钢筋上表面通长方向或箍筋上断续裂缝；混凝土上表面砂浆层过厚，它比下层混凝土收缩性大，水分蒸发后，产生凝缩裂缝。

② 温度裂缝。

a. 表面温度裂缝。混凝土结构特别是大体积混凝土浇筑后，在硬化期间水泥放出大量水化热，内部温度不断上升，使混凝土表面和内部温差较大。当表面产生非均匀的降温时（如施工中过早拆除模板，冬期施工过早撤除保温，或寒流袭击温度突然骤降等），将导致混凝土表面急剧的温度变化而产生较大的降温收缩，表面混凝土受到内部混凝土和钢筋的约束，将产生很大的拉应力，而混凝土早期抗拉强度很低，因而出现裂缝。

b. 贯穿性温度裂缝。当墙体浇筑在坚硬的地基下或厚大的老混凝土垫层上，没有采取隔离等放松约束的措施，如混凝土浇筑时温度很高，加上水泥水化热的温升很大，使混凝土的温度很高，当混凝土降温收缩，全部或部分地受到地基、混凝土垫层或其他外部结构的约束，将会在混凝土内部出现很大的拉应力，产生降温收缩裂缝。这类裂缝较深，有时是贯穿性的；较薄的板类构件或细长结构件，由于温度变化，也会产生贯穿性的温度和收缩裂缝。

(2) 预防措施

① 配制混凝土时，应严格控制水灰比和水泥用量，选择级配良好的石子，减小空隙率和砂率；在浇筑混凝土时，要捣固密实，以减少混凝土的收缩量，提高混凝土的抗裂性能。

② 浇筑混凝土前，将基层和模板浇水湿透，避免吸收混凝土中的水分。

③ 混凝土浇筑后，对表面应及时覆盖和保湿养护。

④ 混凝土表面如砂浆层过厚，应予刮除，如表面出现泌水应排除后再压面。

⑤ 炎热天气施工大体积混凝土应采取措施降低原材料的温度，或用加冰的水

进行拌制，以降低混凝土拌和物的入模温度；浇筑时，采用分层浇筑和二次振捣，以加快热量的散发和提高混凝土的密实度。

⑥ 加强早期养护，提高混凝土的抗拉强度。混凝土浇筑后，应尽快用塑料薄膜和草袋覆盖养护；冬期施工应采取保湿保温养护，即先在混凝土表面铺一层塑料薄膜，然后用草袋（层数根据气温确定，一般不少于两层）覆盖养护。

第七章

Chapter 07

砌筑工程施工

砂浆的作用：能把各个块体胶结在一起，形成一个整体；当砂浆结硬后，可以同砖一样均匀地传递应力，保证砌体的承载作用。

砌筑砂浆宜采用水泥砂浆和水泥混合砂浆。水泥砂浆是由水泥、细骨料和水配制而成的砂浆；水泥混合砂浆是由水泥、细骨料、掺加料和水配制而成的砂浆。

一、砂浆材料

1. 水泥

砌筑用水泥对品种、强度等级没有限制，但是在使用水泥时，应主要注意水泥的品种性能和适用范围。一般来讲，宜选用普通硅酸盐水泥和矿渣硅酸盐水泥。当为水泥砂浆时，选用水泥的强度等级不宜大于 32.5；如为混合砂浆时，选用的水泥强度等级不宜大于 42.5。不同品种、不同的强度级别和不同生产厂家的水泥不得混合使用。并且，严禁将已结硬的水泥重新破碎过筛后进行使用。

2. 砂

砂主要有天然砂和人工砂两大类。由自然风化、水流冲积和分选、堆积形成岩石颗粒均称为天然砂；由机械破碎、筛分而成的岩石颗粒则称为人工砂。砂的粒径一般小于 4.75mm。通常情况下，河砂颗粒圆滑，比较洁净，质量优于海砂和山砂；而人工砂是经过机械破碎后经筛分所得，质量较高。

在砂的级配中，常根据筛分法将砂分为 3 类，砌筑砂浆中最适宜采用 3 类级配区的砂。

根据施工经验和砂的特性，在配制砂浆时，砂的颗粒越细，水泥的用量就越多，并且在应用时砂浆的流动性差，还不容易摊铺。因此在配制砂浆时，就要采用颗粒比较粗的砂，这样，不论是砌筑砂浆还是粉刷砂浆，砂浆的性能容易达到保证，不但容易操作而且还能保证施工质量。

在配制砂浆时，若采用的是天然砂，砂中不得含有过多的泥土和泥块，否则必须进行冲洗和过筛筛除。

3. 石灰

石灰是由石灰岩经煅烧分解，放出二氧化碳气体，得到的产品即为生石灰。生石灰加水后体积膨胀分散成为细粉状，则称它为消石灰。在将生石灰熟化成消石灰时，则应一次性把水注透，不得在其体积膨胀后再向生石灰堆内注水，这时不但起不到应有的作用还会影响生石灰的消化。

目前市面上有把生石灰块直接通过球磨机加工成细粉，即磨细生石灰粉。这种生石灰粉在强度上比消石灰粉的强度高，它可直接用于拌制砌筑砂浆，但是不能直接作为粉刷砂浆的胶合料。如要把磨细生石灰粉作为粉刷砂浆的胶合料，必须用水浸泡，熟化时间不得少于 1 天。

沉淀池中贮存的石灰膏应加强保护，应防止其干燥、污染和冻结。严禁使用脱水硬化的石灰膏。

4. 外加剂

外加剂已经成为配制建筑砂浆不可缺少的一种材料。在砌筑砂浆中起改善砂浆性能作用的，一般有塑化剂、抗冻剂、防水剂等。此外，为了提高砂浆的稠度，还常常掺加微沫剂。

5. 粉煤灰

现在粉煤灰的应用越来越广泛，因为粉煤灰是一种球状的结晶体，并具有一定的活性，因此能起到节省水泥的作用。一般情况下，取代水泥率不得大于 40%，砂浆中取代石灰膏率不得大于 50%。

二、砂浆的配制

配制砂浆时，一方面根据所需砂浆的强度等级；另一方面还应结合砌体的种类，也就是所用的砌体材料。

在建筑施工中，由于砂浆层较薄，对砂的粒径应有限制。用于砖砌体的砂浆，宜采用中砂拌制，其最大粒径不大于 2.5mm；用于毛石砌体时，砂最大粒径应小于砂浆层厚度的 1/5～1/4；光滑表面的抹灰及勾缝所用的砂浆，宜选用细砂，最大粒径不大于 1.2mm。

对于砂浆的稠度：也就是砂浆的流动性，或者是操作性。当采用的是烧结普通砖时，为 70～90mm；采用烧结多孔砖、空心砖砌体时，为 60～80mm；采用烧结普通砖砌筑空斗墙、平拱式过梁，或采用混凝土小型空心砌块时，砂浆的稠度为 50～70mm；如果为石砌体时，为 30～50mm。

三、砂浆拌制

在自建小别墅施工中，很多地方拌制砂浆都是人工拌制，拌制出来的砂浆不均匀性和其流动性较差，并且劳动强度大，污染严重。为了保障砂浆质量，应该采用机械拌制。

1. 搅拌时间

搅拌时间是砂浆均匀性和流动性的保证条件。如果搅拌时间短，拌和物混合不均匀，砂浆强度难以保证；搅拌时间过长，材料则会产生离析，对流动性则会产生影响。一般情况下，自投料结束的时间算起，搅拌时间应符合下列规定：

① 水泥砂浆和水泥混合砂浆，搅拌时间不得少于 2min；

② 水泥粉煤灰砂浆和掺有外加剂的砂浆不得少于 3min；

③ 掺和有机塑化剂的砂浆，搅拌时是为 4min 左右。

2. 拌制方法

① 拌制水泥砂浆时，应先将砂与水泥干拌均匀，再加水拌和均匀。当采用人工拌制时，水泥应投放在砂堆上，然后用铁锹翻拌四遍，达到颜色一致时（基本上见不到砂颜色）再加水湿拌均匀。

② 拌制混合砂浆时，应先将水泥和砂干拌均匀后，再加入石灰膏和水拌和均匀。当使用的掺和料是生石灰粉或者是粉煤灰时，则同水泥、砂一起干拌均匀，然后加水拌匀。

③ 掺用外加剂时，必须将外加剂按规定的比例或浓度溶解于水中，在拌和水加入时投入外加剂溶液。外加剂不得直接投入拌制的混合物中。

④ 当采用螺旋式砂浆搅拌机时，必须先将各种材料混拌均匀后加水渗透，然后将湿料投入搅拌机中。不得将未混合的材料分别投入螺旋搅拌机。

第二节 ≫ 砖墙砌筑形式

一、砌筑形式

砖墙在砌筑时，要求砌块上下错缝，内外搭接，以保证砌体的整体性。在砖墙的砌筑时，通常采用全顺砖、一顺砖一丁砖、梅花丁砖、三顺砖一丁砖、三七缝等砌筑形式。

1. 全顺砌法

全顺砖砌法又称条砌法，即每皮砖全部用顺砖砌筑而成，且上下皮间的竖缝相互错开 1/2 砖的长度，仅适合于半砖墙（120mm）的砌筑。

2. 一顺一丁砌法

一顺一丁砌法又称为满条砌法，即一皮砖全部为顺砖与一皮全部丁砖相间隔砌筑方法，上下皮间的竖缝均应相互错开 1/4 砖的长度，是常见的一种砌砖方法，如图 7-1 所示。

一顺一丁砌法按砖缝形式的不同分为"十字缝"和"骑马缝"。十字缝的构造特点是上下层的顺向砖对齐，见图 7-2。骑马缝的构造特点是上下层的顺向砖相互错开半砖，见图 7-3。

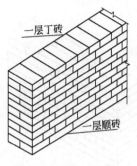

图 7-1　一顺一丁砌法

图 7-2　十字缝砌筑常见形式

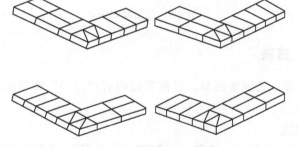

图 7-3　骑马缝砌筑常见形式

3. 梅花丁砌法

梅花丁砌法是一面墙的每一皮中均采用丁砖与顺砖左右间隔的砌成。上下相邻层间上皮丁砖坐中于下皮顺砖，上下皮间竖缝相互错开 1/4 砖长，如图 7-4 所示。

梅花丁砌法是常用的一种砌筑方法，并且最适于砌筑一砖墙或一砖半墙。当砖的规格偏差较大时，采用梅花丁砌法可保证墙面的整齐性。

4. 三顺一丁砌法

三顺一丁砌法是一面墙的连续三皮中全部采用顺砖与另一皮全为丁砖上下相间隔的砌筑方法，上下相邻两皮顺砖竖缝错开 1/2 砖长，顺砖与丁砖间竖缝错开 1/4 砖长，如图7-5所示。

5. 三七缝砌法

三七缝的砖墙砌筑，是每皮砖内排 3 块顺砖后再排 1 块丁砖。在每皮砖内部就有 1 块丁砖拉结，且丁砖只占 1/7，如图 7-6 所示。

图 7-4　梅花丁砌法

图 7-5　三顺一丁砌法

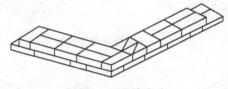

图 7-6　三七缝砌法

二、砌砖施工方法

筑砖墙的操作工艺因地而异。目前常用的有"三一"砌筑法、挤浆法、满刀灰法和刮浆法等。

1. "三一"砌筑法

"三一"砌筑法就是"一块砖、一铲灰、一挤揉",并随手用瓦刀或大铲尖将挤出墙面的灰浆收起。这种砌法的优点是灰浆饱满,黏结力强,墙面整洁,是当前应用最广的砌砖方法之一。

2. 挤浆法

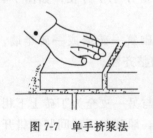

图 7-7　单手挤浆法

挤浆法也称挤砌法,是先将砂浆倾倒在墙顶面上,随即用大铲或刮尺将砂浆推刮铺平,但每次铺刮长度不应大于 700mm;当气温高于 30℃时,厚度不应超过500mm。当砂浆推平后,将砖挤入砂浆层内一定深度和所在位置,放平砖并达到上限线、下齐边,横平竖直,如图 7-7 所示,是常见的单手挤浆法。

3. 满刀灰法

满刀灰法多用于空斗墙、砖拱、窗台等部位的砌筑。这时,应用瓦刀先抄适量的砂浆,将其抹在左手拿着的普通砖需要黏结的砖面上,随后将砖黏结在应砌的位置上。

4. 刮浆法

刮浆法多用于多孔砖和空心砖。由于砖的规格或厚度较大，竖缝较高，这时，竖缝砂浆不容易被填满，因此，必须在竖缝的墙面上刮一层砂浆后，再砌砖。

在砌筑过程中，必须注意做到"上跟线、下跟棱、左右相邻要对平"。"上跟线"是指砖的上棱必须紧跟准线。一般情况下，上棱与准线相距约 1mm。因为准线略高于砖棱，能保证准线水平颤动，出现拱线时容易发现，从而保证砌筑质量。"下跟棱"是指砖的下棱必须与下皮砖的上棱平齐，保证砖墙的立面垂直平整。"左右相邻要对平"是指砖的前后、左右的位置要准确，砖面要平整。

砖墙砌筑到一步架高时，要用靠尺全面检查一下垂直度、平整度。因为它是保证墙面垂直平整的关键。在砌筑过程中，一般应是"三层一吊，五层一靠"，即砌三皮砖时用线坠吊一吊墙角的垂直情况，砌五皮砖时用靠尺靠一靠墙面的平整情况。同时，要注意隔层的砖缝要对直，相邻的上下层砖缝要错开，防止出现"游丁走缝"的现象。

第三节 》 墙体细部施工

在自建小别墅建筑中，墙体的构造多种多样，各不相同。除了主要的墙体砌筑外，在很多细节之处，例如防潮、留槎、转角、留设墙洞等都有具体的规定。

1. 砖墙厚度

一般情况下，常见的砖墙厚度主要就是 240 mm，基础中常用 370mm 的墙，及常说的二四墙和三七墙。此外，房屋隔墙的厚度还有 120mm，主体结构中的墙体厚度也有 620mm、500mm 等不太常用的规格。

2. 砖墙防潮

在实际中，能够看到不少房屋墙体有明显的潮湿痕迹，抹灰层泛碱严重，粉化脱落等现象，这都是墙体的防潮措施不到位所导致的。墙体中设置防潮层的目的就是防止土壤中的水分或潮气沿基础墙中的微小毛细管上升而渗入墙内，也是用来防止滴落地面的雨水溅到墙面后渗入墙内，导致墙身受潮。因此，在砌筑过程中，必须在内、外墙脚部位连续设置防潮层。

（1）防潮层的位置　防潮层在构造形式上主要有水平防潮层和垂直防潮层。设置防潮层的位置应根据当地的地理位置和自然条件来确定。

① 水平防潮层一般位于室内地面不透水垫层范围以内，如混凝土垫层，可隔绝地面潮气对墙身的侵蚀，通常在 -0.06m 标高处设置，而且至少要高于室外地坪以防雨水溅湿墙身，见图 7-8。

② 当地面垫层为碎石、炉渣等透水材料时，水平防潮层的位置应设在垫层范围内，在与室内地面平齐或高于室内地面一皮砖的地方，即在 0.06m 处，见图7-9。

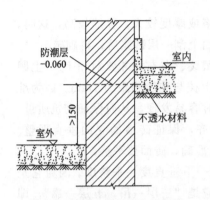

图 7-8 不透水材料防潮层设置

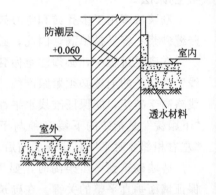

图 7-9 透水材料防潮层设置

③ 当两相邻房间之间室内地面有高差时，应在墙身内设置高低两道水平防潮层，并在靠土壤一侧设置垂直防潮层，将两道水平防潮层连接起来，以避免回填土方中的潮气侵入墙身，如图 7-10 所示。

④ 如果是采用混凝土或石砌勒脚时，可以不设水平防潮层，或者是将地圈梁提高至室内地坪以上来代替水平防潮层，如图 7-11 所示。

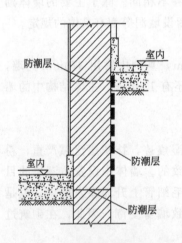

图 7-10 室内落差防潮层设置

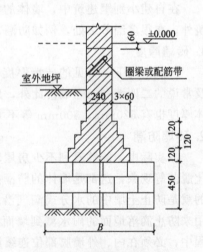

图 7-11 用圈梁代替防潮层

(2) 防潮层的施工 水平防潮层施工主要有防水砂浆和细石混凝土。

① 防水砂浆防潮层，整体性较好、抗震能力强，适用于地震多发地区、独立砖柱和振动较大的砖砌体中。在设置防潮层时，在防水位置抹一层厚 20~25mm、掺 3％~5％防水剂的 1：2 水泥砂浆，或直接用防水砂浆砌筑 4~6 皮砖。

② 细石混凝土防潮层适用于整体刚度要求较高的建筑中。在需设防潮层的位置铺设 60mm 厚 C20 细石混凝土，并内配 3 根 $\phi6$ 或 $\phi8$ 的纵向钢筋和 $\phi6@250$ 的

横向钢筋,以提高其抗裂能力。

当相邻室内地面存在高差或室内地面低于室外地坪时,除设置水平防潮层外,而且还要对高差部位的垂直墙面作防潮处理。方法是在迎水和潮气的垂直墙面上先用防水砂浆进行抹面,然后再涂两道高聚物改性沥青防水涂料,也可以直接采用掺有 3%～5%防水剂的砂浆抹 15～20mm 厚,如图 7-12 所示。

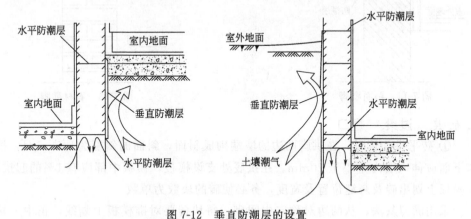

图 7-12　垂直防潮层的设置

3. 砖墙的墙脚、 勒脚与踢脚

(1) 墙脚　墙脚一般是指基础以上、室内地面以下的墙段。由于墙脚所处的位置常受雨、地表水和土壤中水的侵蚀,可使墙身受潮,饰面层粉化脱落,因此,在构造上,砖墙脚应采用必要的措施着重处理好墙身防潮。

(2) 勒脚　勒脚是外墙身接近室外地面处的表面保护和饰面处理部分。其高度一般指位于室内地坪与室外地面的高差部分,有时为了立面的装饰效果也有将建筑物底层窗台以下的部分视为勒脚。勒脚可用不同的饰面材料处理,必须坚固耐久、防水防潮和饰面美观。勒脚通常有以下几种构造做法。

① 一般建筑可采用 20mm 厚 1:3 水泥砂浆抹面或 1:2 水泥白石子水刷石或斩假石抹面或贴墙面砖,见图 7-13 和图 7-14。

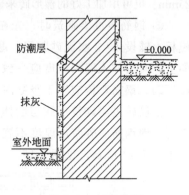

图 7-13　抹灰勒脚

② 如果预算较为富裕,勒脚可以用天然石材或人工石材贴面,见图 7-15。

(3) 踢脚　踢脚是指外墙内侧或内墙两侧的下部和室内地面与墙交接处的构造。其目的是加固并保护内墙脚,遮盖墙面与楼地面的接缝,防止此处渗漏水、掉灰或灰尘污染墙面。踢脚的高度一般在 100～150mm。有时为凸出墙面效果或防潮,也可将其延伸到 900～1800mm,此时踢脚即变为墙裙。常用的面层材料是水泥砂浆、水磨石、木材、瓷砖、油漆等。

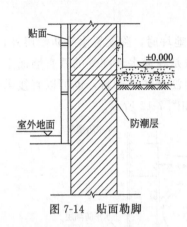

图 7-14　贴面勒脚

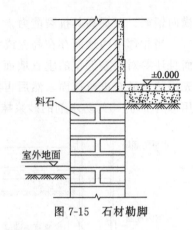

图 7-15　石材勒脚

4. 砖拱、过梁、檐口

① 砖平拱砌筑时，在拱脚两边的墙端砌成斜面，斜面的斜度为1/5～1/4，拱脚下面应伸入墙内不小于 20mm。在拱底处支设模板，模板中部应有 1%的起拱。在模板上划出砖及灰缝位置及宽度，务必使砖的块数为单数。

采用满刀灰法，从两边对称向中间砌，每块砖要对准模板上划线，正中一块应挤紧。竖向灰缝是上宽下窄成楔形，在拱底灰缝宽度应不小于 5mm；在拱顶灰缝宽度应不大于 15mm。

② 砖弧拱砌筑时，模板应按设计要求做成圆弧形。砌筑时应从两边对称向中间砌。灰缝成放射状，上宽下窄，拱底灰缝宽度不宜小于 5mm，拱顶灰缝宽度不宜大于 25mm。也可用加工好的楔形砖来砌，此时灰缝宽度应上下一样，控制在 8～10mm。

③ 钢筋砖过梁砌筑时，先在洞口顶支设模板，模板中部应有 1%的起拱。在模板上铺设 1：3 水泥砂浆层，厚 30mm。将钢筋逐根埋入砂浆层中，钢筋弯钩要向上，两头伸入墙内长度应一致，然后与墙体一起平砌砖层。钢筋上的第一皮砖应丁砌。钢筋弯钩应置于竖缝内。

钢筋砖过梁砌筑形式与墙体一样，宜用一顺一丁或梅花丁。钢筋配置按设计而定，埋钢筋的砂浆层厚度不宜小于 30mm，钢筋两端弯成直角钩，伸入墙内长度不小于 240mm，见图 7-16。

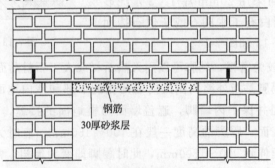

钢筋
30厚砂浆层

图 7-16　钢筋砖过梁砌筑

④ 砖挑檐可用普通砖、灰砂砖、粉煤灰砖及免烧砖等砌筑，多孔砖及空心砖不得砌挑檐。砖的规格宜采用 240mm×115mm×53mm。

砖挑檐砌筑时，应选用边角整齐、规格一致的整砖。先砌挑檐两头，然后在挑檐外侧每一层底角处拉准线，依线逐层砌中间部分。每皮砖要先砌里侧后砌外侧，上皮砖要压住下皮挑出砖，才能砌上皮挑出砖。水平灰缝宜使挑檐外侧稍厚，里侧稍薄。灰缝宽度控制在 8~10mm 范围内。竖向灰缝砂浆应饱满，灰缝宽度控制在 10mm 左右。

无论哪种形式，挑层的下面一皮砖应为丁砌，挑出宽度每次应不大于 60mm，总的挑出宽度应小于墙厚。

第四节 砖墙砌筑施工

在自建小别墅的施工中，无论是砖混还是框架，砖墙的应用都是非常广泛的，从基础、填充墙到隔墙等，都有用到。砖墙砌筑质量的好坏，会直接影响到后期装饰装修的效果，因此在施工过程中，还是要严把质量关。

1. 砖墙砌筑要求

① 砌筑前，应将砌筑部位清理干净，放出墙身中心线及边线，浇水湿润。砖应提前 1~2 天浇水湿润。

② 砌筑时，在砖墙的转角处及交接处立起皮数杆（皮数杆间距不超过 15m，过长应在中间加立），在皮数杆之间拉准线，依准线逐皮砌筑，其中第一皮砖按墙身边线砌筑。

③ 砌砖工程当采用铺浆法砌筑时，铺浆长度不得超过 750mm；施工期间气温超过 30℃时，铺浆长度不得超过 500mm。

④ 240mm 厚承重墙的每层墙的最上一皮砖，砖砌体的阶台水平面上及挑出层，应整砖丁砌。

⑤ 施工时，施砌的蒸压（养）砖的产品龄期不应小于 28 天。

⑥ 竖向灰缝不得出现透明缝、瞎缝和假缝。

⑦ 砖砌体施工临时间断处补砌时，必须将接槎处表面清理干净，浇水湿润，并填实砂浆，保持灰缝平直。

⑧ 砖墙每天砌筑高度以不超过 1.8m 为宜。

2. 砌筑砖墙施工流程

砌筑砖墙主要施工步骤：放线、立皮数杆→基层表面清理、湿润→排砖与摆底→盘角、挂线→砌筑→质量验收。

（1）立皮数杆 在垫层转角处、交接处及高低处立好基础皮数杆。皮数杆要进行抄平，使杆上所示标高与设计标高一致。

（2）砖浇水湿润，基层表面清理、湿润 砖基础砌筑前，提前 1~2 天浇水湿润，不得随浇随砌。对烧结普通砖、多孔砖含水率宜为 10％～15％；对灰砂砖、粉煤灰砖含水率宜为 8％～12％。现场检验砖含水率的简易方法采用断砖法，当砖截面四周融水深度为 15～20mm 时，视为符合要求的适宜含水率。

（3）组砌方法 砌体一般采用一顺一丁、梅花丁或三顺一丁砌法。

（4）排砖摆底 一般外墙第一层砖摆底时，两山墙排丁砖，前后檐纵墙排条砖。根据弹好的门窗洞口位置线，认真核对窗间墙、垛尺寸及位置是否符合排砖模数，如不符合模数时，可在征得设计同意的条件下将门窗的位置左右移动，使之符合排砖的要求。若有破活，七分头或丁砖应排在窗口中间、附墙垛或其他不明显的部位。移动门窗口位置时，应注意暖卫立管安装及门窗开启时不受影响。另外，排砖还要考虑在门窗口上边的砖墙合拢时也不串线破活。

（5）盘角 砌砖前应先盘角，每次盘角不要超过五层。新盘的大角，及时进行吊、靠。如有偏差要及时修整。盘角时要仔细对照皮数杆的砖层和标高，控制好灰缝大小，使水平灰缝均匀一致。大角盘好后再复查一次，平整度和垂直度完全符合要求后，再挂线砌墙。

（6）挂线 砌筑一砖半墙必须双面挂线，如果长墙几个人均使用一根通线，中间应设几个小支点，小线要拉紧，每层砖都要穿线看平，使水平缝均匀一致，平直通顺；砌一砖厚混水墙时宜采用外手挂线。

（7）砌筑

① 砖墙的转角处，每皮砖的外角应加砌七分头砖。当采用一顺一丁砌筑形式时，七分头砖的顺面方向依次砌顺砖，丁面方向依次砌丁砖，见图 7-17。

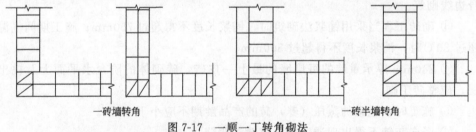

一砖墙转角   一砖半墙转角

图 7-17 一顺一丁转角砌法

② 砖墙的丁字交接处，横墙的端头皮加砌七分头砖，纵横隔皮砌通。当采用一顺一丁砌筑形式时，七分头砖丁面方向依次砌丁砖，见图 7-18。

③ 砖墙的十字交接处，应隔皮纵横墙砌通，交接处内角的竖缝应上下相互错开 1/4 砖长，见图 7-19。

④ 宽度小于 1m 的窗间墙，应选用整砖砌筑，半砖和破损的砖应分散使用在受力较小的砖墙，小于 1/4 砖块体积的碎砖不能使用。

⑤ 当采用铺浆法砌筑时，铺浆长度不得超过 750mm；施工期间气温超过 30℃时，铺浆长度不得超过 500mm。

（8）留槎 外墙转角处应同时砌筑，隔墙与承重墙不能同时砌筑又留成斜槎

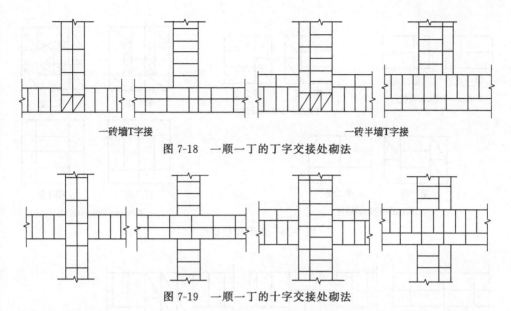

一砖墙T字接　　　　　　　　　　　　　　　一砖半墙T字接

图 7-18　一顺一丁的丁字交接处砌法

图 7-19　一顺一丁的十字交接处砌法

时，可于承重墙中引出凸槎，并在承重墙的水平灰缝中预埋拉接筋，其构造应符合要求。

（9）门窗洞口侧面木砖的预埋　门窗洞口侧面木砖预埋时应小头在外，大头在内，木砖要提前做好防腐处理。木砖数量按洞口高度决定。洞口高在 1.2m 以内时，每边放 2 块；洞口高 1.2~2m，每边放 3 块；洞口高 2~3m，每边放 4 块；预埋木砖的部位上下一般距洞口上边或下边各四皮砖，中间均匀分布。

3. 砖柱和砖垛施工

砖柱和砖垛在农村的房屋建筑中广泛应用。如果砖柱承受的荷载较大时，可在水平灰缝中配置钢筋网片，或采用配筋结合柱体，在柱顶端做混凝土垫块，使集中荷载均匀地传递到砖柱断面上。

① 砌筑前应在柱的位置近旁立皮数杆。成排同断面的砖柱，可仅在两端的砖柱近旁立皮数杆。

② 砖柱的各皮高低按皮数杆上皮数线砌筑。成排砖柱，可先砌两端的砖柱，然后逐皮拉通线，依通线砌筑中间部分的砖柱。

③ 柱面上下皮竖缝应相互错开 1/4 砖长以上，柱心无通缝。严禁采用包心砌法，即先砌四周后填心的砌法，见图 7-20。

④ 砖垛砌筑时，墙与垛应同时砌筑，不能先砌墙后砌垛或先砌垛后砌墙，其他砌筑要点与砖墙、砖柱相同。图 7-21 所示为一砖墙附有不同尺寸砖垛的分皮砌法。

⑤ 砖垛应隔皮与砖墙搭砌，搭砌长度应不小于 1/4 砖长，砖垛外表上下皮垂直灰缝应相互错开 1/2 砖长。

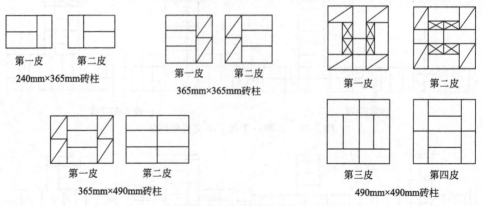

图 7-20　矩形砖柱砌法

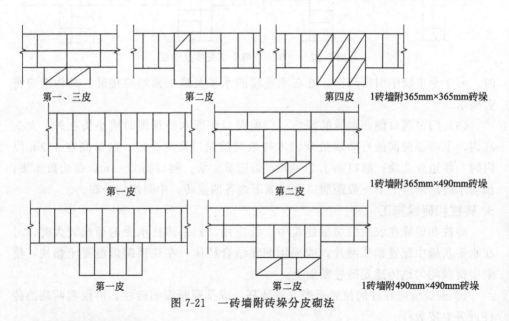

图 7-21　一砖墙附砖垛分皮砌法

4. 多孔砖墙施工要点

① 砌筑时应试摆。多孔砖的孔洞应垂直于受压面。

② 砌多孔砖宜采用"三一"砌筑法，竖缝宜采用刮浆法。

③ 多孔砖墙的转角处和交接处应同时砌筑，不能同时砌筑又必须留置的临时间断处应砌成斜槎。对于代号为"M"的多孔砖，斜槎长度应不小于斜槎高度；对于代号为"P"的多孔砖，斜槎长度应不小于斜槎高度的 2/3，见图 7-22。

④ 门窗洞口的预埋木砖、铁件等应采用与多孔砖截面一致的规格。

⑤ 多孔砖墙中不够整块多孔砖的部位，应用烧结普通砖来补砌，不得将砍过的多孔砖填补。

⑥ 方形多孔砖墙的转角处，应加砌配砖（半砖），配砖位于砖墙外角。

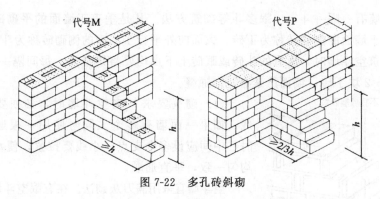

图 7-22 多孔砖斜砌

5. 空心墙施工

空心墙是指由多孔砖、空心砖或普通黏土砖砌筑而成的具有空腔的墙体。此种墙体在不少地区的住宅建筑中应用很广泛,如图 7-23 所示。

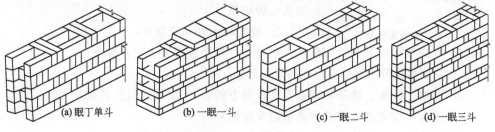

(a) 眠丁单斗   (b) 一眠一斗   (c) 一眠二斗   (d) 一眠三斗

图 7-23 空心砖墙

这种墙体与相同厚度的实体墙相比,可以节省砖 30％左右。需要注意的是,在这种构造中,墙角、洞口和楼层板的位置应该采用实体墙砌筑,构造如图 7-24 所示。

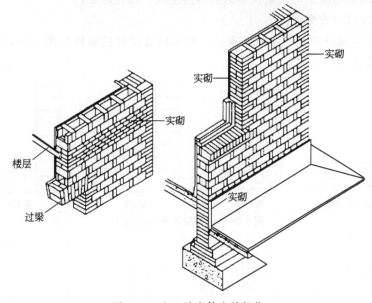

图 7-24 空心墙实体砌筑部位

空斗墙有一眠一斗、一眠多斗等砌筑方法。凡是垂直于墙面的平砌砖称为眠砖，垂直于墙面的侧砌砖称为丁砖，大面向外平行于墙面的侧砌砖称为斗砖。

在砌筑空斗墙时，所有的斗砖或眠砖上下皮均要将缝错开，每间隔一斗砖时，必须砌 1～2 块丁砖，墙面严禁有竖向通缝。

图 7-25　一眠二斗空斗墙不宜填砂浆的部位

(1) 砌筑要求　砌空斗墙时，必须要双面挂线。如果一面墙有多个人同时使用一根通线施工时，中间应设多个支点，小线要拉紧，使水平灰缝均匀一致，平直通顺。

空斗墙宜采用满刀灰砌法。在有眠空斗墙中，眠砖层与丁砖接触处，除两端外，其余部分不应填塞砂浆，如图 7-25 所示。

在砌筑空斗砖墙时，下列部位应砌成实砌体和用实心砖砌筑：

① 墙的转角处和交接处；

② 室内地坪以下的所有砌体，室内地坪和楼板面上 3 皮砖部分；

③ 三层房屋外墙底层窗台标高以下部分；

④ 圈梁、楼板、檩条和搁栅等支承面下的 2～4 皮砖的通长部分；

⑤ 梁和屋架支承处按设计要求的实砌部分；

⑥ 壁柱和洞口两侧 240mm 的范围内；

⑦ 屋檐和山墙压顶下的 2 皮砖部分；

⑧ 楼梯间的墙、防火墙、挑檐以及烟道和管道较多的墙；

⑨ 作填充墙时，与框架拉结钢筋的连接处、预埋件处；

⑩ 门窗过梁支撑处。

(2) 空斗墙转角及丁字处的砌法　空斗墙转角处的砌法见图 7-26，空斗墙丁字交接处砌法如图 7-27 所示。

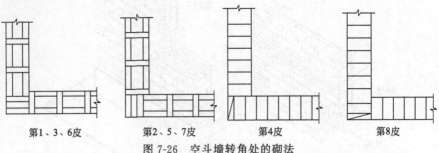

第1、3、6皮　　　第2、5、7皮　　　第4皮　　　第8皮

图 7-26　空斗墙转角处的砌法

第1、5皮　　　　　第2、4、7皮　　　　　第3、6、8皮

图 7-27　空斗墙丁字交接处砌法

（3）空斗墙附有砖垛的砌法　砌筑空斗墙附砖垛时，必须使砖垛与墙体每皮砖相互搭接，并在砖垛处将空斗墙砌成实心砌体，如图 7-28 所示。

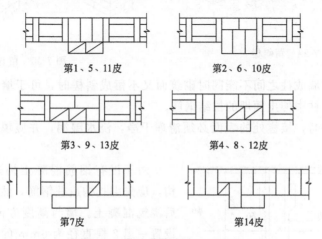

第1、5、11皮　　　　　　　　第2、6、10皮

第3、9、13皮　　　　　　　　第4、8、12皮

第7皮　　　　　　　　　　第14皮

图 7-28　空斗墙附有砖垛的砌法

（4）在下列情况时，不得采用空心墙结构

① 地震烈度为 6 度或 6 度以上的地区；

② 地质松软、可能引起住宅不均匀沉降的地区；

③ 门窗洞口面积超过墙体面积 50% 以上时。

6. 砖墙留槎

在自建小别墅墙体的施工中，在很多情况下，房屋中的所有墙体不可能同时同步砌筑。这样，就会产生如何接着施工的问题，即留槎的问题。根据技术规定和防震要求，留槎必须符合下述要求：

① 砖墙的交接处不能同时砌筑时，应砌成斜槎，俗称"踏步槎"，斜槎的长度不应小于高度的 2/3，如图 7-29 所示；

② 必须留置的临时间断处不能留斜槎时，除转角处外，可留直槎，但直槎必须做成凸槎，并应加设拉结钢筋。拉结钢筋的数量为每 120mm 墙厚放置 1 根直径为 6mm 的钢筋，间距沿墙高不得超过 500mm。钢筋埋入的长度从墙的留槎处算起，每边均不应小于 1000mm，末端应有 90° 弯钩，如图7-30所示。

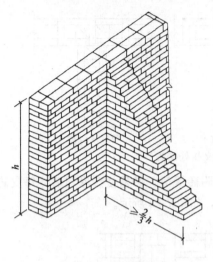

图 7-29   留斜槎

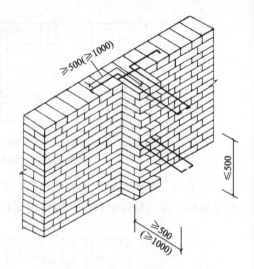

图 7-30   留直槎

当隔墙与墙或柱之间不能同时砌筑而又不留成斜槎时，可于墙或柱中引出凸槎，或从墙或柱中伸出预埋的拉结钢筋。

砌体接槎时，接槎处的表面必须清理干净，浇水湿润，并应填实砂浆，保持灰缝平直。

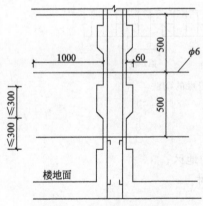

图 7-31   马牙槎留置示意图

对于设有钢筋混凝土构造柱的砖混结构，应先绑扎构造柱钢筋，然后砌砖墙，最后浇筑混凝土。墙与高度方向每隔500mm设置一道2根直径为6mm的拉结筋，每边伸入墙内的长度不小于1000mm。构造柱应与圈梁、地梁连接。与柱连接处的砖墙应砌成马牙槎。每个马牙槎沿高度方向的尺寸不应超过300mm，并且马牙槎上口的砖应砍成斜面。马牙槎从每层柱脚开始应先进后退，进退相差1/4砖，如图7-31所示。

7. 洞口砌筑

（1）门窗口砌筑   在开始排砖放底时，应考虑窗间墙及窗上墙的竖缝分配，合理安排七分头砖的位置，还要考虑门窗的设置方法。如采用立口砌砖时，砖要离开门窗口3mm左右，不能把框挤得太紧，造成门窗框变形，开启困难。如采用塞口，弹墨线时，墨线宽度应比实际尺寸大10～20mm，以便后塞门窗框。

砌筑门窗口时，应把木门窗框的木砖或钢门窗框的预埋铁砌入墙内，以保证门窗框与墙体的连接。预埋木砖的数量由洞口的高度决定。洞口在1.2m以内时，每边埋 2 块；洞口高 1.2～2m 时，每边埋 3 块。木砖要做防腐处理，预埋位置一般在洞口"上三下四，中档均分"，即上木砖放在口下第三皮砖处，下木砖放在洞底上第四皮砖处，中间木砖要均匀分布，且将小头在外，大头在内，以防拉出。

（2）墙洞留设　墙洞的留设关系到砌体的结构安全和稳定性，在自建小别墅中，预留的墙洞主要就是脚手架洞。

脚手架洞是为设置单排立杆脚手架预留的墙洞，墙体砌完后需堵上。当墙体砌筑到离地面或脚手板 1m 左右时，应每隔 1m 左右留一个脚手眼。单排立杆脚手架若使用木质小横木，其脚手眼高三皮砖，形成十字洞口，洞口上砌三皮砖起保护作用。单排立杆脚手架若使用钢管小横木，其脚手眼为一个丁砖大小的洞口。当脚手眼较大时，留设的部位应不影响墙的整体承载能力。下列墙体或部位不得设置脚手眼：

① 120mm 厚砖墙；

② 宽度小于 1m 的窗间墙；

③ 过梁上与过梁成 60°角的三角形范围及过梁净跨度 1/2 的高度范围内；

④ 梁和梁垫下及其左右各 500mm 范围内；

⑤ 门窗洞口两侧 200mm 和转角处 450mm 范围内。

第五节 ▶▶ 小型空心砌块砌筑施工

随着人们对于环境保护意识的不断加强，原有实心黏土砖的使用所受到的限制也越来越多，在不少地区都是用小型空心砌块来代替实心黏土砖。

1. 空心砌块砌筑时注意事项

① 所用的小砌块的产品龄期不应小于 28 天。

② 砌筑小砌块时，应清除表面污物，剔除外观质量不合格的小砌块。

③ 施工时所用的砂浆，宜选用专用的砌筑砂浆。

④ 底层室内地面以下或防潮层以下的砌体，应采用强度等级不低于 C20 的混凝土灌实小砌块的孔洞。

⑤ 小砌块砌筑时，在天气干燥炎热的情况下，可提前洒水湿润小砌块；对轻骨料混凝土小砌块，可提前浇水湿润。小砌块表面有浮水时，不得施工。

⑥ 承重墙体严禁使用断裂小砌块或壁肋中有竖向凹形裂缝的小砌块。

⑦ 小砌块墙体应对孔错缝搭砌，搭接长度不应小于 90mm。墙体的个别部位不能满足上述要求时，应在灰缝中设置拉结钢筋或钢筋网片，但竖向通缝仍不能超过两皮小砌块。

⑧ 小砌块应底面朝上反砌于墙上。

⑨ 需要移动砌体中的小砌块或小砌块被撞动时，应重新铺砌。

⑩ 承重墙体不得采用小砌块与黏土砖等其他块体材料混合砌筑。

⑪ 常温条件下，小砌块墙体的日砌筑高度，宜控制在 1.5m 或一步脚手架高度内。

2. 砌筑施工

砌筑主要施工步骤：放线（验线）→立皮数杆→基层表面清理、湿润→排列砌块→拉线（砂浆搅拌）→砌筑→预留洞→质量验收。

（1）定位放线　砌筑前应在基础面或楼面上定出各层的轴线位置和标高，并用 1∶2 水泥砂浆或 C15 细石混凝土找平。

（2）立皮数杆、拉线　在房屋四角或楼梯间转角处设立皮数杆，皮数杆间距不得超过 15m。根据砌块高度和灰缝厚度计算皮数杆和排数，皮数杆上应画出各皮小砌块的高度及灰缝厚度。在皮数杆上相对小砌块上边线之间拉准线，小砌块依准线砌筑。

（3）拌制砂浆　砂浆拌制宜采用机械搅拌，搅拌加料顺序和时间：先加砂、掺合料和水泥干拌 1min，再加水湿拌，总的搅拌时间不得少于 4min。若加外加剂，则在湿拌 1min 后加入。

（4）砌筑

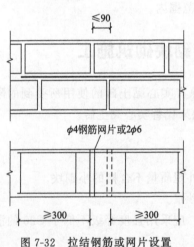

图 7-32　拉结钢筋或网片设置

① 砌筑一般采用"披灰挤浆"，先用瓦刀在砌块底面的周肋上满披灰浆，铺灰长度不得超过 800mm，再在待砌的砌块端头满披头灰，然后双手搬运砌块，进行挤浆砌筑。

② 上下皮砌块应对孔错缝搭砌，不能满足要求时，灰缝中设置 2 根直径为 6mm 的钢筋；采用钢筋网片时，可采用直径为 4mm 的钢筋焊接而成。拉结钢筋和钢筋网片每端均应超过该垂直灰缝，其长度不得小于 300mm，如图 7-32 所示。

③ 砌筑应尽量采用主规格砌块（T 字交接处和十字交接处等部位除外），用反砌法砌筑，从转角或定位处开始向一侧进行，内外墙同时砌筑，纵横墙交错搭接。外墙转角处应使小砌块隔皮露端面，见图 7-33。

④ 空心砌块墙的 T 字交接处，应隔皮使横墙砌块端面露头。当该处无芯柱时，应在纵墙上交接处砌两块一孔半和辅助规格砌块，隔皮砌在横墙露头砌块下，其半孔应位于中间 [图 7-34（a）]。当该处有芯柱时，应在纵墙上交接处砌一块三孔大规格砌块，砌块的中间孔正对横墙露头砌块靠外的孔洞 [图 7-34（b）]。

⑤ 所有露端面用水泥砂浆抹平。

⑥ 空心砌块墙的十字交接处，当该处无芯柱时，在交接处应砌一孔半砌块，隔皮相互垂直相交，其半孔应在中间。当该处有芯柱时，在交接处应砌三孔砌块，

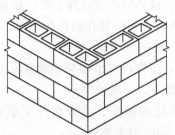

图 7-33　空心砌块墙转角砌法

注：为表示小砌块孔洞情况，图 7-33 中将孔洞朝上绘制，砌筑时孔洞应朝下，与图 7-34 同

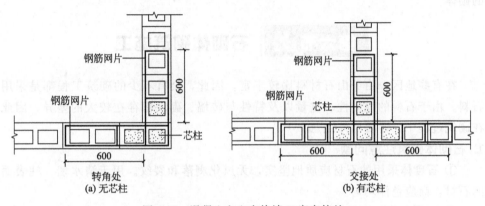

图 7-34　混凝土空心砌块墙 T 字交接处

隔皮相互垂直相交，中间孔相互对正。

⑦ 墙体转角处和纵横墙交接处应同时砌筑。临时间断处应砌成斜槎，斜槎水平投影长度不应小于高度的 2/3。如留斜槎有困难，除外墙转角处及抗震设防地区，墙体临时间断处不应留直槎外，临时间断可从墙面伸出 200mm 砌成直槎，并沿墙每隔三皮砖（600mm）在水平灰缝设 2 根直径为 6mm 的拉接筋或钢筋网片；拉结筋埋入长度，从留槎处算起，每边均不应小于 600mm，钢筋外露部分不得任意弯折，如图 7-35 所示。

⑧ 空心砌块墙临时洞口的处理：作为施工通道的临时洞口，其侧边离交接处

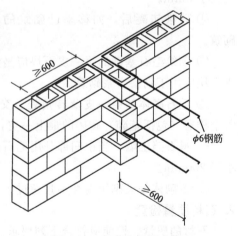

图 7-35　空心砌块墙直槎

的墙面不应小于 600mm，并在顶部设过梁。填砌临时洞口的砌筑砂浆强度等级宜提高一级。

⑨ 脚手眼设置及处理：砌体内不宜设脚手眼，如必须设置时，可用190mm×190mm×190mm小砌块侧砌，利用其孔洞作脚手眼，砌体完工后用C15混凝土填实。

⑩ 在墙体的下列部位，应先用C20混凝土灌实砌块的孔洞，再行砌筑：

a. 无圈梁的楼板支承面下的一皮砌块；

b. 没有设置混凝土垫块的屋架、梁等构件支承面下，灌实高度不应小于600mm，长度不应小于600mm的砌体；

c. 挑梁支撑面下，距墙中心线每边不应小于300mm，高度不应小于600mm的砌体。

第六节 >> 石砌体砌筑施工

在有些地区，由于山石材料比较丰富，因此，会有不少的砌筑工程都是采用石料。由于石料的规则性、重量以及特性与砖墙、砌块都存在较大的差异，因此在砌筑过程中，需要格外注意。

1. 石砌体砌筑注意问题

① 石砌体采用的石材应质地坚实，无风化剥落和裂纹。用于清水墙、柱表面的石材，尚应色泽均匀。

② 石材表面的泥垢、水锈等杂质，砌筑前应清除干净。

③ 石砌体的灰缝厚度：毛料石和粗料石砌体不宜大于20mm；细料石砌体不宜大于5mm。

④ 砂浆初凝后，如移动已砌筑的石块，应将原砂浆清理干净，重新铺浆砌筑。

⑤ 砌筑毛石基础的第一皮石块应坐浆，并将大面向下；砌筑料石基础的第一皮石块应用丁砌层坐浆砌筑。

⑥ 毛石砌体的第一皮及转角处、交接处和洞口处，应用较大的平毛石砌筑。每个楼层（包括基础）砌体的最上一皮，宜选用较大的毛石砌筑。

⑦ 料石挡土墙，当中间部分用毛石砌时，丁砌料石伸入毛石部分的长度不应小于200mm。

⑧ 石砌体每天砌筑高度不宜超过1.2m。

2. 石料质量检查

石材的质量、性能应符合下列要求。

① 毛石应呈块状，中部厚度不宜大于150mm，其尺寸高宽一般在200～300mm，长在300～400mm之间为宜。石材表面洁净，无水锈、泥垢等杂质。

② 料石可按其加工平整度分为细料石、半细料石、粗料石和毛料石四种。料石各面的加工要求，应符合表7-1的规定。

表 7-1　料石各面的加工要求

料石种类	外露面及相接周边的表面凹入深度/mm	叠砌面和接砌面的表面凹入深度/mm
细料石	≤2	≤10
半细料石	≤10	≤15
粗料石	≤20	≤20
毛料石	稍加修整	≤25

注：1. 相接周边的表面系指叠砌面、接砌面与外露面相接处 20～30mm 范围内的部分。
　　2. 如设计对外露面有特殊要求，应按设计要求加工。

③ 各种砌筑用料石的宽度、厚度均不宜小于 200mm，长度不宜大于厚度的 4 倍。料石加工的允许偏差应符合表 7-2 的规定。

表 7-2　料石加工的允许偏差

料石种类	允许偏差/mm	
	宽度、厚度	长度
细料石、半细料石	±3	±5
粗料石	±5	±7
毛料石	±10	±15

3. 石砌体砌筑施工

石砌体砌筑主要施工步骤：立皮数杆、放线→基层清理→石料试排、摆底→砌筑（砂浆拌制）→检查、验收。

（1）毛石墙　毛石墙的砌筑与前面所述毛石基础存在很多相似之处，这里主要说一下在施工中还需要控制的其他要点。

① 砌毛石墙应双面拉准线。第一皮按墙边线砌筑，以上各皮按准线砌筑。

② 毛石墙应分皮卧砌，各皮石块间应利用自然形状，经敲打修整使能与先砌石块基本吻合、搭砌紧密、上下错缝、内外搭砌，不得采用外面侧立石块，中间填心的砌筑方法，中间不得有铲口石（尖石倾斜向外的石块）、斧刃石（下尖上宽的三角形石块）和过桥石（仅在两端搭砌的石块）。

③ 毛石墙必须设置拉结石，拉结石应均匀分布，相互错开，一般每 0.7m² 墙面至少设置一块，且同皮内的中距不大于 2m。拉结石长度：墙厚等于或小于 400mm，应与墙厚度相等；墙厚大于 400mm，可用两块拉结石内外搭接，搭接长度不应小于 150mm，且其中一块长度不应小于墙厚的 2/3。

④ 在毛石墙和普通砖的组合墙中，毛石与砖应同时砌筑，并每隔 5～6 皮砖用 2～3 皮丁砖与毛石拉结砌合，砌合长度应不小于 120mm，两种材料间的空隙

应用砂浆填满，如图 7-36 所示。

⑤ 毛石墙与砖墙相接的转角处应同时砌筑。砖墙与毛石墙在转角处相接，可从砖墙每隔 4～6 皮砖高度砌出不小于 120mm 长的阳槎与毛石墙相接，如图 7-37 所示。亦可从毛石墙每隔 4～6 皮砖高度砌出不小于 120mm 长的阳槎与砖墙相接，如图 7-38 所示。阳槎均应深入相接墙体的长度方向。

⑥ 毛石墙与砖墙交接处应同时砌筑。砖纵墙与毛石墙交接处，应自砖墙每隔 4～6 皮砖高度引出不小于 120mm 长的阳槎与毛石墙相接（图 7-39）。毛石纵墙与砖横墙交接处，应自毛石墙每隔 4～6 皮砖高度引出不小于

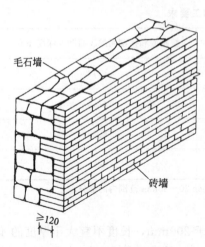

图 7-36　毛石与普通砖组合

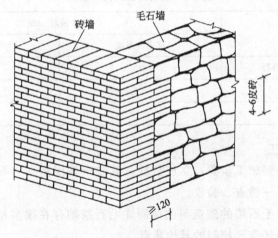

图 7-37　砖墙砌出阳槎与毛石墙相接

120mm 长的阳槎与砖墙相接（图 7-40）。

（2）料石墙　料石墙的砌筑与毛石墙在不少地方都是相同的，这里主要说一下在施工中还需要控制的其他要点。

① 料石墙砌筑形式有二顺一丁、丁顺组砌和全顺叠砌。二顺一丁是两皮顺石与一皮丁石相间，宜用于墙厚等于两块料石宽度时；丁顺组砌是同皮内每 1～3 块顺石与一块丁石相隔砌筑，丁石中距不大于 2m，上皮丁石坐中于下皮顺石，上下皮竖缝相互错开至少 1/2 石宽，宜用于墙厚等于或大于两块料石宽度时；全顺是每皮均匀为顺砌石，上下皮错缝相互错开 1/2 石长，宜用于墙厚等于石宽时，如图 7-41 所示。

② 砌料石墙面应双面挂线（除全顺砌筑形式外），第一皮可按所放墙边线砌

筑，以上各皮均按准线砌筑，可先砌转角处和交接处，后砌中间部分。

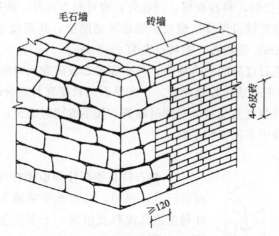

图 7-38 毛石墙砌出阳槎与砖墙相接

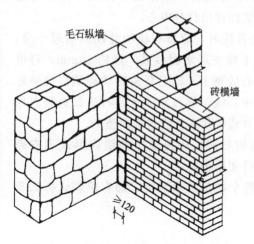

图 7-39 交接处砖纵墙与毛石横墙相接

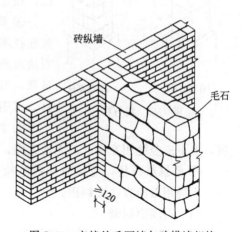

图 7-40 交接处毛石墙与砖横墙相接

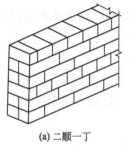

(a) 二顺一丁

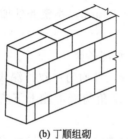

(b) 丁顺组砌

(c) 全顺叠砌

图 7-41 料石墙砌筑形式

③ 料石可与毛石或砖砌成组合墙。料石与毛石的组合墙，料石在外，毛石在里；料石与砖的组合墙，料石在里，砖在外，也可料石在外，砖在里。

④ 砌筑时，砂浆铺设厚度应略高于规定灰缝厚度，其高出厚度：细料石、半细料石宜为 3～5mm；粗料石、毛料石宜为 6～8mm。

⑤ 在料石和毛石或砖的组合墙中，料石和毛石或砖应同时砌起，并每隔 2～3 皮料石用丁砌石与毛石或砖拉结砌合，丁砌料石的长度宜与组合墙厚度相同。

⑥ 料石墙的转角处及交接处应同时砌筑，如不能同时砌筑，应留置斜槎。

⑦ 料石清水墙中不得留脚手眼。

（3）料石柱

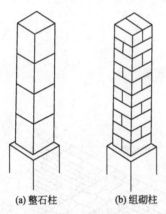

(a) 整石柱　　(b) 组砌柱

图 7-42　料石柱

① 料石柱有整石柱和组砌柱两种。整石柱每一皮料石是整块的，只有水平灰缝无竖向灰缝；组砌柱每皮由几块料石组砌，上下皮竖缝相互错开，如图 7-42 所示。

② 料石柱砌筑前，应在柱座面上弹出柱身边线，在柱座侧面弹出柱身中心。

③ 砌整石柱时，应将石块的叠砌面清理干净。先在柱座面上抹一层水泥砂浆，厚约 10mm，再将石块对准中心线砌上，以后各皮石块砌筑应先铺好砂浆，对准中心线，将石块砌上。石块如有竖向偏移，可用铜片或铝片在灰缝边缘内垫平。

④ 砌组砌柱时，应按规定的组砌形式逐皮砌筑，上下皮竖缝相互错开，无通天缝，不得使用垫片。

⑤ 砌筑料石柱，应随时用线坠检查整个柱身的垂直度，如有偏斜应拆除重砌，不得用敲击方法去纠正。

（4）石墙面勾缝

① 石墙面勾缝前，拆除墙面或柱面上临时装设的缆风绳、挂钩等物。清除墙面或柱面上黏结的砂浆、泥浆、杂物和污渍等。

② 剔缝：将灰缝刮深 10～20mm，不整齐处加以修整。用水喷洒墙面或柱面，使其湿润，随后进行勾缝。

③ 勾缝砂浆宜用 1：1.5 水泥砂浆。

④ 勾缝线条应顺石缝进行，且均匀一致，深浅及厚度相同，压实抹光，搭接平整。阳角勾缝要两面方正，阴角勾缝不能上下直通。勾缝不得有丢缝、开裂或黏结不牢的现象。

⑤ 勾缝完毕，应清扫墙面或柱面，早期应洒水养护。

（5）砌筑毛石挡土墙　砌筑毛石挡土墙时，除符合石砌体一般砌筑要点外，还应注意以下几点：

① 毛石的中部厚度不小于 200mm；

② 每砌 3～4 皮毛石为一个分层高度，每个分层高度应找平一次；

③ 外露的灰缝宽度不得大于 40mm，上下皮毛石的竖向灰缝应相互错开 80mm 以上（图 7-43）；

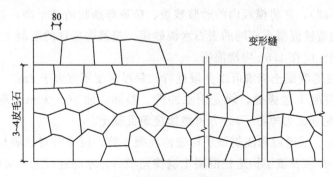

图 7-43　毛石挡土墙立面

④ 挡土墙的泄水孔一般应均匀设置，在每米高度上间隔 2m 左右设置一个泄水孔；泄水孔与土体间铺设长宽各为 300mm、厚 200mm 的卵石或碎石作疏水层；

⑤ 挡土墙内侧回填土必须分层夯填，分层松土厚度应为 300mm 墙顶上面应有适当坡度使流水流向挡土墙外侧面。

第七节　构造柱与圈梁施工

1. 构造柱

构造柱主要施工步骤：放线、立皮数杆→基层表面清理、湿润→砂浆拌制→砌砖墙→构造柱钢筋绑扎→构造柱支模板→浇筑构造柱混凝土→拆模并养护。

在构造柱的施工中，有关前期放线、立皮数杆、基层表面清理、湿润、砂浆拌制等环节，与其他砌筑工程大同小异。这里主要叙述一下与其他砌筑施工相比，需要注意的地方。

① 竖向钢筋绑扎前必须做除锈、调直处理。钢筋末端应做弯钩。底层构造柱的竖向受力钢筋与基础圈梁（或混凝土底脚）的锚固长度不应小于 35 倍竖向钢筋直径，并保证钢筋位置正确。

② 构造柱的竖向受力钢筋需接长时，可采用绑扎接头，其搭接长度一般为 35 倍钢筋直径，在绑扎接头区段内的箍筋间距不应大于 200mm。

③ 构造柱应沿整个建筑物高度对正贯通，严禁层与层之间构造柱相互错位。

④ 砖墙与构造柱的连接处应砌成马牙槎。

⑤ 在每层砖墙及其马牙槎砌好后，应立即支设模板。在安装模板之前，必须根据构造柱轴线校正竖向钢筋位置和垂直度。构造柱钢筋的混凝土保护层厚度一

般为 20mm，并不得小于 15mm。

支模时还应注意在构造柱的底部（圈梁面上）应留出 2 皮砖高的孔洞，以便清理模板内的杂物，清除后封闭。

⑥ 在构造柱浇筑混凝土前，必须将马牙槎部位和模板浇水湿润（钢模板面不浇水，刷隔离剂），并将模板内的砂浆残块、砖渣等杂物清理干净，并在接合面处注入适量与构造柱混凝土相同的去石水泥砂浆。浇筑构造柱的混凝土应随拌随用，拌和好的混凝土应在 1.5h 内浇灌完。

⑦ 构造柱的混凝土浇筑可以分段进行，每段高度不宜大于 2m。

⑧ 新老混凝土接槎处，须先用水冲洗、湿润，铺 10～20mm 厚的水泥砂浆（用原混凝土配合比去掉石子），方可继续浇筑混凝土。

⑨ 在砌完一层墙后和浇筑该层构造柱混凝土前，应及时对已砌好的独立墙体加稳定支撑，必须在该层构造柱混凝土浇捣完毕后，才能进行上一层的施工。

2. 圈梁

圈梁是砖混结构中的一种钢筋混凝土结构，有的地方称墙体腰箍，可提高房屋的空间刚度和整体性，增加墙体的稳定性，避免和减少由于地基的不均匀沉降而引起的墙体开裂。

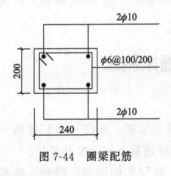

图 7-44　圈梁配筋

在自建小别墅的施工中，其主要有钢筋混凝土圈梁和钢筋砖圈梁两种。钢筋砖圈梁是在砖圈梁的水平灰缝中配置通长的钢筋，并采用与砖强度相同的水泥砂浆砌筑，最低的砂浆强度等级为 M15。圈梁的高度为 5 皮砖左右，纵向钢筋分两层设置，每层不应少于 3 根直径为 6mm 的钢筋，水平间距不应大于 120mm。如果是钢筋混凝土圈梁时，受力主筋为 4 根 10～12mm 的螺纹钢筋，箍筋直径一般为 6mm 的钢筋，箍筋间距 100～120mm，圈梁的配筋可以参考图 7-44。

一般应在安装楼板的下边沿承重外墙的周围、内纵墙和内横墙上，设置水平闭合的层间圈梁和屋盖圈梁。如果圈梁设在门窗洞口的上部、兼作门窗过梁时，则应按图 7-45 所示进行施工。

如果圈梁被门窗或其他洞口切断不能封闭时，则应在洞口上部设置附加圈梁。附加圈梁与墙的搭接长度应大于圈梁之间的 2 倍垂直间距，并不得少于 1m，如图 7-46 所示。

圈梁设在 ±0.00 以下的 −60mm 处的称为地圈梁，凡是承重墙的下边均应设置地圈梁，如图 7-47 所示。

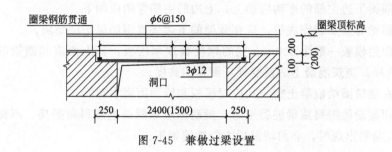

图 7-45 兼做过梁设置

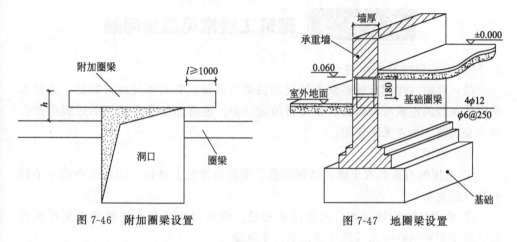

图 7-46 附加圈梁设置

图 7-47 地圈梁设置

圈梁应按下面的要求进行安装和施工。

① 圈梁施工前，必须对所砌墙体的标高进行复测，当有误差时，应用细石混凝土进行找平。

② 圈梁钢筋一般在模板安装完毕后进行安装。圈梁一般在墙体上进行绑扎，也有的为了加快施工进度，常在场外预先进行绑扎。有构造柱时，则应在构造柱处进行绑扎。

③ 当在模内绑扎圈梁骨架时，应按箍筋间距的要求在模板侧划上间距线，然后将主筋穿入箍筋内。箍筋开口处应沿上面主筋的受力方向左右错开，不得将箍筋的开口放在同一侧。

④ 圈梁钢筋应交叉绑扎，形成封闭状，在内墙交接处，大角转角处的锚固长度应符合图纸或图集要求。

⑤ 圈梁与构造柱的交接处。圈梁的主筋应放在构造柱的内侧，锚入柱内的长度应符合图纸或图集的要求。

⑥ 圈梁钢筋的搭接长度。HPB300 级钢筋的搭接长度不少于 30 倍直径，HRB335 级钢筋不少于 35 倍直径，搭接位置应相互错开。

⑦ 当墙体中无构造柱、圈梁骨架又为预制时，应在墙体的转角处加设构造附筋，把相互垂直的纵横向骨架连成整体。

⑧ 圈梁下边主筋的弯钩应朝上，上边的主筋弯钩应朝下。

⑨ 圈梁骨架安装完成后，应在骨架的下边垫放钢筋保护层垫块。

⑩ 圈梁模板一般用 300mm 宽的钢模板或木模板，其上面应和圈梁的高度相持平。这样，浇筑混凝土后就能保证圈梁的高度。

⑪ 在浇筑圈梁混凝土前，均应对模板和墙顶面浇水湿润。

⑫ 用振动棒振捣圈梁混凝土时，振动棒应顺圈梁主筋斜向振捣，不得振动模板。当有漏浆出现时，必须堵漏后方能继续施工。

第八节 ▶▶ 砌筑工程常见质量问题

1. 砂浆的和易性及保水性差

（1）现象　拌制后的砂浆在铺设和挤浆时困难，有的不与底砖黏结，直接影响砌体灰缝的饱满度和与砖、石砌材的黏结力。还有的砂浆在使用的过程中产生泌水及沉淀，最终无法使用。

（2）原因

① 采用的石灰膏有干燥、结硬现象，使石灰膏失去黏性，同砂混合后达不到和易性的要求。

② 采用的砂粒径过细，水泥用量较低，使水泥砂呈现出松散状而无有黏合性。过细颗粒的砂吸水后比重增加而产生沉淀。

③ 采用人工拌制砂浆时，拌和不均匀；砂浆搅拌机拌制时，搅拌时间短。

④ 采用之前剩余的砂浆，由于脱水结硬失去和易性。

2. 砂浆强度不够

（1）现象　砌筑砂浆强度不高，用手可将砌筑的砂浆块搓碎；粉刷砂浆墙面钉钉子时粉刷层上的砂纷纷下落。

（2）原因

① 选用的砂浆配合比不符合要求，或者是配制砂浆的各种材料计量不准，影响砂浆的强度。

② 砂浆拌和不均匀，形成砂团或者石灰团，水泥分布不均匀。

③ 水泥、石灰粉或其他胶结材料用料较少，达不到设计要求的配合比。

3. 墙体砌筑接槎不对

（1）砌筑接槎不正确　这是最为普遍的一种质量问题。主要表现是：砌筑墙体时随意留槎，特别是在丁字槎口处多为阴槎，并且槎口还较宽大，接槎处不设拉结筋。接槎时顶头灰缝无法填满，接缝不严密，导致墙体结构薄弱，影响砌体的受力。

（2）原因

① 施工人员素质较低，对留槎要求不了解，或者是为了图省事，留置阴槎。

② 施工时由于操作不便，留槎时困难。如砌墙时多采用外脚手架，墙内的接槎不好砌筑。

③ 流水施工段多，砌槎时又较砌整体墙费工费事，都不愿意砌筑槎口。

4. 砖墙灰缝不顺直

（1）现象　砖墙水平灰缝平直度差，竖缝不规范、宽窄不均。

（2）原因

① 墙时没有采用皮数杆，而是随层压线进行砌筑。

② 所用的普通砖几何尺寸误差过大、厚薄不一，砌一顺一丁时，竖缝宽度不易掌握，容易产生游丁走缝。

③ 砌筑技术较差，水平灰缝和竖向灰缝的宽度控制不好。

④ 开始排砖摆底时，没有考虑窗口位置对竖缝的影响，使窗间墙的竖缝上下错位。

⑤ 砌里手墙时，由于是反手作业，砌里手墙砖时带有较大的随意性，形成表面平整度差。

⑥ 多人以一条准线砌筑时，每人参照准线的标准有误差，产生灰缝有厚有薄。

5. 墙体轴线位移、 砌层不交接

（1）现象　在砌筑墙体时，基础与墙体交接处、一层与二层交接处轴线偏移，使墙体错位，交接处产生小的台阶；或者是房屋各层的四个大角标高不准，产生了"螺丝墙"、"蜗牛墙"，砌层不能交接。

（2）原因

① 在放线时由于视线或其他障碍物影响的情况下产生放线误差，导致轴线位移。或者是龙门板在施工过程中有移位现象而没有被发现，依此放线时产生错位。

② 在砌基础墙体时，由于从大放脚处开始向内退层时准线未压在中轴线上产生偏差。

③ 一层砌完后，在放二层砌体轴线或标高时没有引准轴线或标高，导致二层轴线、标高与一层轴线不符，产生轴线位移或标高不准。

④ 砌筑墙体时未设置皮数杆，或者设有皮数杆但由于灰缝的厚薄不均，以及一面墙上多人砌筑产生标高偏差。

6. 砖墙砂浆饱满度差

（1）现象　对所砌的墙体用手将砖掀起，砂浆与砖的接触面面积小于85％；有的砌体可以通过砖缝透过亮点；或者是有的水平灰缝或竖向灰缝的砂浆未被挤压到砖边。

（2）原因

① 摊铺砂浆的方法不符合要求，在自建小别墅的砖墙砌筑中，大多数匠人是用瓦刀取灰和摊灰，在砖面上，砂浆层形成了中间薄两边厚的形状，导致砂浆饱

满度不足的现象。

②　砖缝的砂浆厚度较薄，加上砖的大面平整度差，所以形成砂浆饱满度差。

③　砌墙用的砖没有提前浇水湿润，而是临时浇水，砂浆中的水分被砖吸去，砌筑时砂浆不产生流动性。

7. 墙面不平整

(1)　现象　四个大角不垂直；墙体表面有凹有凸，平整度差。反手墙表面更是凸凹不平，顺砖有进有退。

(2)　原因

①　盘角时垂直度就没有控制好。或者是准线在砌墙时发生移位没有发觉。

②　砌体超过一定高度后，人的视力产生误差。

③　砌正手墙时，摊铺砂浆一边薄一边厚。砌里手墙时，砌筑困难。

8. 砖过梁弧拱不圆、平拱下挠

(1)　现象　为了保证门窗过梁与墙体的相对统一，常采用砖过梁来承受洞口上部墙体的荷载。门窗洞口砖过梁的结构形式只有平拱和弧拱两种。但由于施工或其他因素的影响，弧拱不为圆弧状；平拱时中间下挠，影响砖砌过梁的应用和其特有的装饰作用。

(2)　原因

①　起拱时胎模未支好，弧度不符合要求。

②　砌拱的砂浆不饱满，中间一块砖没有塞紧。

③　拱的跨度太大，拆模时间过早。

9. 毛石砌体垂直通缝

(1)　现象　所砌的毛石、卵石墙体上下皮石缝贯通，影响砌体的强度及承载力。

(2)　原因　通缝的形成主要是砌筑错误引起的。因为毛石砌体多采用交错组砌方法，但由于毛石不像砖块那样规则，所以砌筑中砌缝未错开，前后未交接，到了墙角处时，更是无从下手，形成通缝。

10. 石块未黏结或黏结不牢

(1)　现象　砌筑的石块与砂浆黏结不良，石块之间有狭缝存在，敲击墙体时可以听到空洞声，严重的在外边可将石块取下。

(2)　原因

①　石材在砌筑前上边有泥土，或者没有浇水湿润，同砂浆接触后砂浆失水，影响水泥水化而形不成强度。

②　配制的砂浆强度较低，水泥用量少，或者是拌制不均匀，黏聚性小、保水性差。

③　在砌筑时不是先铺砂浆再砌石，而是先垒石后再灌浆，只有石块的缝隙中有砂浆，而石块间没有砂浆黏结。或者是砌体的灰缝过大，导致砂浆的收缩值也

大，砂浆体积收缩后与石块分离。

④ 未按规定的砌筑高度执行，一次砌得过高，造成砂浆受压变形，近使石缝产生裂变。

11. 砌块孔洞灌注不到位

（1）现象　在灌注砌块孔洞时，灌注的部位不正确，灌注的高度不符合要求，灌注的混凝土强度等级不足。

（2）原因

① 认为混凝土砌块同黏土砖一样，只要砌起来就可以，根本不知道还有灌孔这一要求。

② 虽然知道要灌孔，但不知道详细部位，或者是施工时失误也不再去灌注。

第八章

地面施工

Chapter 08

第一节 >> 水泥砂浆面层施工

水泥砂浆面层通常是用水泥砂浆抹压而成，简称水泥面层。它使用的原料供应充足、方便、坚固耐磨、造价低且耐水，是目前应用最广泛的一种低档面层。

1. 施工步骤

主要施工步骤：清理基层→弹面层线→贴灰饼→配制砂浆→铺砂浆→找平、压光（三遍）→养护。

水泥砂浆地面的具体施工过程以及注意事项可以参考下面进行。

（1）面层厚度 水泥砂浆面层的厚度应符合设计要求，且不应小于 20mm。

（2）砂浆配比 水泥砂浆面层配合比（强度等级）必须符合设计要求；且体积比应为 1∶2，强度等级不应低于 M15。

（3）清理基层 将基层表面的积灰、浮浆、油污及杂物清扫干净，明显凹陷处应用水泥砂浆或细石混凝土填平，表面光滑处应凿毛并清刷干净。抹砂浆前一天浇水湿润，表面积水应予排除。当表面不平，且低于铺设标高 30mm 的部位，应在铺设前用细石混凝土找平。

（4）弹标高和面层水平线 根据墙面已有的 +500mm 水平标高线，测量出地面面层的水平线，弹在四周的墙面上，并要与房间以外的楼道、楼梯平台、踏步的标高相互一致。

（5）贴灰饼 根据墙面弹线标高，用 1∶2 干硬性水泥砂浆在基层上做灰饼，大小约 50mm 见方，纵横间距约 1.5m。有坡度的地面，应坡向地漏。如局部厚度小于 10mm 时，应调整其厚度或将局部高出的部分凿除。对面积较大的地面，应用水准仪测出基层的实际标高并算出面层的平均厚度，确定面层标高，然后做灰饼。

（6）配制砂浆　面层水泥砂浆的配合比宜为 1：2（水泥：砂，体积比），稠度不大于 35mm，强度等级不应低于 M15。使用机械搅拌，投料完毕后的搅拌时间不应少于 2min，要求拌和均匀，颜色一致。

（7）铺砂浆　铺砂浆前，先在基层上均匀扫素水泥浆（水灰比 0.4～0.5）一遍，随扫随铺砂浆。注意水泥砂浆的虚铺厚度宜高于灰饼 3～4mm。

（8）找平、第一遍压光　铺砂浆后，随即用刮杠按灰饼高度，将砂浆刮平，同时把灰饼剔掉，并用砂浆填平。然后用木抹子搓揉压实，用刮杠检查平整度。待砂浆收水后，随即用铁抹子进行头遍抹平压实，抹时应用力均匀，并后退操作。如局部砂浆过干，可用毛刷稍洒水；如局部砂浆过稀，可均匀撒一层 1：2 干水泥砂吸水，随手用木抹子用力搓平，使其互相混合并与砂浆层结合紧密。

（9）第二遍压光　在砂浆初凝后进行第二遍压光，用铁抹子边抹边压，把死坑、砂眼填实压平，使表面平整。要求不漏压。

（10）第三遍压光　在砂浆终凝前进行，即人踩上去稍有脚印，用抹子压光无痕时，用铁抹子把前遍留的抹纹全部压平、压实、压光。

（11）养护　视气温高低，在面层压光 24h 后，洒水保持湿润，养护时间不少于 7 天。

（12）分格缝　当面层需分格时，即做成假缝，应在水泥初凝后弹线分格。宜先用木抹子沿线搓一条一抹子宽的面层，用铁抹子压光，然后采用分格器压缝。分格缝要求平直、深浅一致。大面积水泥砂浆面层，其他格缝的一部分位置应与水泥混凝土垫层的缩缝相应对齐。

（13）抹踢脚线　水泥砂浆地面面层一般用水泥砂浆做踢脚线，并在地面面层完成后施工。底层和面层砂浆宜分两次抹成。抹底层砂浆前先清理基层，洒水湿润，然后按标高线量出踢脚线标高，拉通线确定底灰厚度，贴灰饼，抹 1：3 水泥砂浆，刮板刮平，搓毛，洒水养护。抹面层砂浆须在底层砂浆硬化后，拉线粘贴尺杆，抹 1：2 水泥砂浆，用刮板紧贴尺杆垂直地面刮平，用铁抹子压光。阴阳角、踢脚线上口，用角抹子溜直压光，踢脚线的出墙厚度宜为 5～8mm。

（14）楼梯水泥砂浆地面施工

① 弹控制线。根据楼层和休息平台（或下一楼层）面层标高，在楼梯侧面墙上弹出一条斜线，然后在休息平台（或下一层楼层）的楼梯起跑处的侧面墙上弹出一条垂直线，再根据两面层的标高差除以本楼梯段的踏步数（精确到毫米），平均分配标到这条垂线上，每个标点与斜线的水平相交点即为每个踏步水平标高和竖直位置的交点。根据这个交点向下、向内分别弹出垂直和水平线，形成的锯齿线即为每个踏步的面层位置控制线。

② 基层清理。参照本节（3）的要求进行。

③ 预埋踏步阳角钢筋：根据弹好的控制线，将调直的 $\phi 10$ 钢筋沿踏步长度方

向每 300mm 焊两根 $\phi 6$ 固定锚筋（$l = 100 \sim 150$mm，相互角度小于 90°），用 1:2 水泥砂浆牢固固定，$\phi 10$ 钢筋上表面同踏步阳角面层相平。固定牢靠后洒水养护 24h。

④ 抹找平层：根据控制线，留出面层厚度（6~8mm），粘贴靠尺，抹找平砂浆前，基层要提前湿润，并随刷水泥砂浆随抹找平打底砂浆一遍，找平打底砂浆配合比宜为 1:2.5（水泥:砂，体积比）。找平打底灰的顺序为：先做踏步立面，再做踏步平面，后做侧面，依次顺序做完整个楼梯段的打底找平工序，最后粘贴尺杆将梯板下滴水沿找平、打底灰抹完，并把表面压实搓毛，洒水养护，待找平打底砂浆硬化后，进行面层施工。

⑤ 抹面层水泥砂浆、压第一遍：抹面层水泥砂浆前，按设计要求，镶嵌防滑木条。抹面层砂浆时，要随刷水泥浆随抹水泥砂浆，水泥砂浆的配合比宜为 1:2（水泥:砂，体积比）。抹砂浆后，用刮尺杆将砂浆找平，用木抹子搓揉压实，待砂浆收水后，随即用铁抹子进行第一遍抹平压实至起浆为止，抹压的顺序为：先踏步立面，再踏步平面，后踏步侧面。

⑥ 第二、三遍压光。参考第（9）、（10）条要求进行。

⑦ 抹梯板下滴水沿及截水槽：楼梯面层抹完后，随即进行梯板下滴水沿抹面，粘贴尺杆，抹 1:2 水泥砂浆面层，抹时随刷素水泥浆随抹水泥砂浆，并用刮尺杆将砂浆找平，用木抹子搓揉压实，待砂浆收水后，用铁抹子进行第一遍压光，并将截水槽处分格条取出，用溜缝抹子溜压，使缝边顺直，线条清晰。在砂浆初凝后进行第二遍压光，将砂眼抹平压光。在砂浆终凝前即进行第三遍压光，直至无抹纹，平整光滑为止。

⑧ 养护：楼梯面层灰抹完后应封闭，24h 后覆盖并浇水养护不少于 7 天。

⑨ 抹防滑条金刚砂砂浆：待楼梯面层砂浆初凝后即取出防滑条预埋木条，养护 7 天后，清理干净槽内杂物，浇水湿润，在槽内抹 1:1.5 水泥金刚砂砂浆，高出踏步面 4~5mm，用圆阳角抹子捋实捋光。待完活 24h 后，洒水养护，保持湿润养护不少于 7 天。

2. 质量要求

① 水泥采用硅酸盐水泥、普通硅酸盐水泥，其强度等级不应低于 32.5 级，不同品种、不同强度等级的水泥严禁混用。

② 砂应为中粗砂，当采用石屑时，其粒径应为 1~5mm，且含泥量不应大于 3%。

③ 面层与下一层应结合牢固，无空鼓、裂纹。如果空鼓面积不大于 400cm²，且每自然间（标准间）不多于 2 处可不计。

④ 面层表面的坡度应符合设计要求，不得有倒泛水和积水现象。

⑤ 踢脚线与墙面应紧密结合，高度一致，出墙厚度均匀。

⑥ 楼梯踏步的宽度、高度应符合设计要求。楼层梯段相邻踏步高度差不应大

于 10mm，每踏步两端宽度差不应大于 10mm；旋转楼梯梯段的每踏步两端宽度的允许偏差为 5mm。楼梯踏步的齿角应整齐，防滑条应顺直。

第二节 >> 水磨石面层施工

1. 材料质量要求

（1）水泥　本色或深色的水磨石面层宜采用强度等级不低于 32.5 级的硅酸盐水泥、普通硅酸盐水泥或矿渣硅酸盐水泥，不得使用粉煤灰硅酸盐水泥；白色或浅色的水磨石面层应采用白水泥。

（2）石粒

① 采用坚硬可磨的白云石、大理石等岩石加工而成。

② 石粒应有棱角、洁净无杂物，其粒径除特殊要求外应为 6～15mm。

③ 石粒应分批按不同品种、规格、色彩堆放在席子上保管，使用前应用水冲洗干净、晾干待用。

（3）颜料　采用耐光、耐碱的矿物颜料，不得使用酸性颜料，要求无结块。同一彩色面层应使用同厂、同批的颜料，以避免造成颜色深浅不一；其掺入量宜为水泥重量的 3%～6%。

（4）分格条

① 铜条厚 1～1.2mm，铝合金条厚 1～2mm，玻璃条厚 3mm，彩色塑料条厚 2～3mm。

② 宽度根据石子粒径确定，当采用小八厘（粒径 10～12mm）时，为 8～10mm；中八厘（粒径 12～15mm）、大八厘（粒径 12～18mm）时，均为 12mm。

③ 长度以分块尺寸而定，一般 1000～1200mm。铜条、铝条应经调直使用，下部 1/3 处每米钻 4 个 $\phi2$ 的孔，穿钢丝备用。

2. 施工步骤

主要施工步骤：清理、湿润基层→弹控制线、做饼→抹找平层→镶嵌分格条→铺抹石粒浆→滚压密实→铁抹子压平、养护→试磨→粗磨→刮浆→中磨→刮浆→细磨→草酸清洗→打蜡抛光。

水磨石地面的具体施工过程以及注意事项可以参考下面进行。

（1）面层厚度　水磨石面层的厚度除有特殊要求外，一般为 12～18mm。

（2）基层处理　基层处理的施工操作要点可参考水泥砂浆基层处理要求进行。

（3）找平层施工　抹水泥砂浆找平层。基层处理后，以统一标高线为准，确定面层标高。施工时提前 24h 将基层面洒水润湿后，满刷一遍水泥浆黏结层，其水泥浆稠度应根据基层湿润程度而定，水灰比一般以 0.4～0.5 为宜，涂刷厚度控制在 1mm 以内。应做到边刷水泥浆边铺设水泥砂浆找平层。找平层应采用体积比为 1∶3 水泥砂浆或 1∶3.5 干硬性水泥砂浆。水泥砂浆找平层的施工要点可按水泥砂浆面层中的施工要求进行。但最后一道工序为木抹子搓毛面，铺好后养护24h。水磨石面层应在找平层的抗压强度达到 1.2N/mm² 后方可进行。

（4）镶嵌分格条

① 按设计分格和图案要求，用色线包在基层上弹出清晰的线条。弹线时，先根据墙面位置及镶边尺寸弹出镶边线，然后复核内部分格与设计是否相符，如有余量或不足，则按实际进行调整。分格间距以 1m 为宜，面层分格的一部分分格位置必须与基层（包括垫层和结合层）的缩缝对齐，以使上下各层能同步收缩。

② 按线用稠水泥浆把嵌条黏结固定，嵌分格条方法见图 8-1。嵌条应先粘一侧，再粘另一侧，嵌条为铜、铝料时，应用长 60mm 的 22 号钢丝从嵌条孔中穿过，并埋固在水泥浆中。水泥浆粘贴高度应比嵌条顶面低 4～6mm，并做成 45°。镶条时，应先把需镶条部位基层湿润，刷结合层，然后再镶条。待素水泥浆初凝后，用毛刷沾水将其表面刷毛，并将分隔条交叉接头部位的素灰浆掏空。

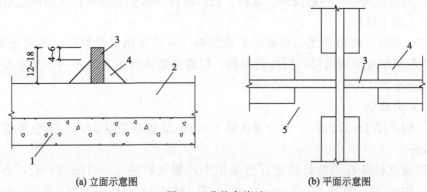

(a) 立面示意图　　　　　　　　(b) 平面示意图

图 8-1　分格条嵌法

1—混凝土垫层；2—水泥砂浆底灰；3—分格条；4—素水泥浆；5—40～50mm 内不抹水泥浆区

③ 分格条应粘贴牢固、平直，接头严密，应用靠尺板比齐，使上平一致，作为铺设面层的标志，并应拉 5m 通线检查直度，其偏差不得超过 1mm。

④ 镶条后 12h 开始洒水养护，不少于 2 天。

（5）铺石粒浆

① 水磨石面层应采用水泥与石粒的拌和料铺设。如几种颜色的石粒浆应注意不可同时铺抹，要先抹深色的，后抹浅色的；先做大面，后做镶边；待前一种凝固后，再铺后一种，以免串色，界限不清，影响质量。

② 地面石粒浆配合比为 1:1.5～1:2.5（水泥∶石粒，体积比）；要求计量准确，拌和均匀，宜采用机械搅拌，稠度不得大于 60mm。彩色水磨石应加色料，颜料均以水泥重量的百分比计，事先调配好，过筛装袋备用。

③ 地面铺浆前应先将积水扫净，然后刷水灰比为 0.4～0.5 的水泥浆黏结层，并随刷随铺石子浆。铺浆时，用铁抹子把石粒由中间向四面摊铺，用刮尺刮平，虚铺厚度比分格条顶面高 5mm，再在其上面均匀撒一层石粒，拍平压实、提浆

（分格条两边及交角处要特别注意拍平压实）。石粒浆铺抹后高出分格条的高度一致，厚度以拍实压平后高出分格条 1～2mm 为宜。整平后如发现石粒过稀处，可在表面再适当撒一层石粒，过密处可适当剔除一些石粒，使表面石子显露均匀，无缺石子现象，接着用磙子进行滚压。

（6）滚压密实

① 面层滚压应从横竖两个方向轮换进行。磙子两边应大于分格至少 100mm，滚压前应将嵌条顶面的石粒清掉。

② 滚压时用力应均匀，防止压倒或压坏分格条，注意嵌条附近浆多石粒少时，要随手补上。滚压到表面平整、泛浆且石粒均匀排列、磙子表面不沾浆为止。

（7）抹平

① 待石粒浆收水（约 2h）后，用铁抹子将滚压波纹抹平压实。如发现石粒过稀处，仍要补撒石子抹平。

② 石粒面层完成后，于次日进行浇水养护，常温时为 5～7 天。

（8）试磨

① 水磨石面层开磨前应进行试磨，以石粒不松动、不掉粒为准，经检查确认可磨后，方可正式开磨。一般开磨时间可参考表 8-1。

表 8-1 开磨时间参考表

平均气温/℃	开磨时间/天	
	机磨	人工磨
20～30	2～3	1～2
10～20	3～4	1.5～2.5
5～10	5～6	2～3

② 一般普通水磨石面层磨光遍数不应少于 3 遍。

（9）粗磨

① 粗磨用 60～90 号金刚石，磨石机在地面上呈横"8"字形移动，边磨边加水，随时清扫磨出的水泥浆，并用靠尺不断检查磨石表面的平整度，至表面磨平，全部显露出嵌条与石粒后，再清理干净。

② 待稍干再满涂同色水泥浆一道，以填补砂眼和细小的凹痕，脱落石粒应补齐。

（10）中磨

① 中磨应在粗磨结束并待第一遍水泥浆养护 2～3 天后进行。

② 使用 90～120 号金刚石，机磨方法同头遍，磨至表面光滑后，同样清洗干净，再满涂第二遍同色水泥浆一遍，然后养护 2～3 天。

（11）细磨（磨第三遍）

① 第三遍磨光应在中磨结束养护后进行。

② 使用180~240号金刚石，机磨方法同头遍，磨至表面平整光滑，石子显露均匀，无细孔磨痕为止。

③ 边角等磨石机磨不到之处，用人工手磨。

④ 当为高级水磨石时，在第三遍磨光后，经满浆、养护后，用240~300号油石继续进行第四、第五遍磨光。

（12）草酸清洗

① 在水磨石面层磨光后，涂草酸和上蜡前，其表面不得污染。

② 用热水溶化草酸（1：0.35，质量比），冷却后在擦净的面层上用布均匀涂抹。每涂一段用240~300号油石磨出水泥及石粒本色，再冲洗干净，用棉纱或软布擦干。

③ 也可采取磨光后，在表面撒草酸粉洒水，进行擦洗，露出面层本色，再用清水洗净，用拖布拖干。

（13）打蜡抛光

① 酸洗后的水磨石面，应经擦净晾干。打蜡工作应在不影响水磨石面层质量的其他工序全部完成后进行。

② 地板蜡有成品供应，当采用自制时其方法是将蜡、煤油按1：4的质量比放入桶内加热、熔化（约120~130℃），再掺入适量松香水后调成稀糊状，凉后即可使用。

③ 用布或干净麻丝沾蜡薄薄均匀地涂在水磨石面上，待蜡干后，用包有麻布或细帆布的木块代替油石，装在磨石机的磨盘上进行磨光，或用打蜡机打磨，直到水磨石表面光滑洁亮为止。高级水磨石应打两遍蜡，抛光两遍。打蜡后，铺锯末进行养护。

（14）踢脚线施工

① 踢脚线在地面水磨石磨后进行，施工时先做基层清理和抹找平层。

② 踢脚线抹石粒浆面层，踢脚线配合比为1：1~1：1.5（水泥：石粒）。出墙厚度宜为8mm，石粒宜为小八厘。铺抹时，先将底子灰用水湿润，在阴阳角及上口，用靠尺按水平线找好规矩，贴好尺杆，刷素水泥浆一遍后，随即抹石粒浆，抹平、压实；待石粒浆初凝时，用毛刷沾水刷去表面灰浆，次日喷水养护。

③ 踢脚线面层可采用立面磨石机磨光，亦可采用角向磨光机进行粗磨、手工细磨或全部采用手工磨光。采用手工磨光时，开磨时间可适当提前。

④ 踢脚线施工的磨光、刮浆、养护、酸洗、打蜡等工序和要求同水磨石面层。但须注意踢脚线上口必须仔细磨光。

（15）楼梯踏步施工

① 楼梯踏步在施工前先做基层处理及找平。

② 楼梯踏步面层应先做立面，再做平面，后做侧面及滴水线。每一梯段应自上而下施工，踏步施工要有专用模具，楼梯踏步面层模板见图8-2，踏步平面应按

设计要求留出防滑条的预留槽，应采用红松或白松制作嵌条提前 2 天镶好。

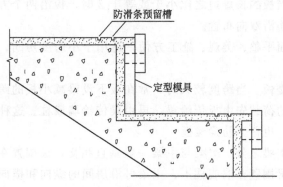

图 8-2　楼梯踏步面层模板图

③ 楼梯踏步立面、楼梯踢脚线的施工方法同踢脚线，平面施工方法同地面水磨石面层。但大部分需手工操作，每遍必须仔细磨光、磨平、磨出石粒大面，并应特别注意阴阳角部位的顺直、清晰和光洁。

④ 现制水磨石楼梯踏步的防滑条可采用水泥金刚砂防滑条，做法同水泥砂浆楼梯面层；亦可采用镶成品铜条或 L 形铜防滑护板等做法，应根据成品规格在面层上留槽或固定埋件。

3. 质量要求

① 面层与下一层结合应牢固，无空鼓、裂纹。

② 面层表面应光滑；无明显裂纹、砂眼和磨纹；石粒密实，显露均匀；颜色图案一致，不混色；分格条牢固、顺直和清晰。

③ 踢脚线与墙面应紧密结合，高度一致，出墙厚度均匀。

④ 楼梯踏步的宽度、高度应符合设计要求。楼层梯段相邻踏步高度差不应大于 10mm，每踏步两端宽度差不应大于 10mm，旋转楼梯梯段的每踏步两端宽度的允许偏差为 5mm。楼梯踏步的齿角应整齐，防滑条应顺直。

 现浇楼板与装配式楼板的施工

1. 现浇钢筋混凝土楼板

现浇混凝土楼板是在施工现场通过支模、绑扎钢筋、浇筑混凝土、养护等工序而成型的楼板，整体性好、抗震能力高，具有可模性，可适用于不规则形状和预留孔洞等特殊要求的建筑。现浇钢筋混凝土楼板可分为板式楼板、梁板式楼板、无梁楼板。

（1）板式楼板　当房间跨度不大时，楼板内不设梁，将板的四周直接搁置在墙上，荷载由板直接传给墙体，这种楼板称为板式楼板。板有单、双向板之分。

当板的长短边之比大于 2 时，基本上沿短向受力，称为单向板，板中受力钢筋沿短边方向布置；当板的长短边之比小于或等于 2 时，板沿两个方向受力，称为双向板，板中受力筋沿双向布置。

板式楼板底面平整、美观、施工方便，适用于小跨度房间，如走廊、厨房和卫生间等。

（2）梁板式楼板　当跨度较大时，常在板下设梁减小板的跨度，使结构更经济合理。楼板上的荷载先由板传给梁，再由梁传给墙或柱。这种楼板称为梁板式楼板或梁式楼板，也称为肋梁楼板。

梁有主梁、次梁之分。次梁与主梁一般垂直相交，板搁置在次梁上，次梁搁置在主梁上，主梁搁置在墙或柱上，主梁可沿房间的纵向和横向布置。梁应避免搁置在门窗洞口上；当上层设置重质隔墙或承重墙时，其下层楼板中也应设置一道梁。梁板式楼板也有单向板、双向板之分。

当梁支承在墙上时，为避免墙体局部压坏，支承处应有一定的支承面积。一般情况下，次梁在墙上的支承长度宜采用 240mm，主梁宜采用 370mm。

（3）无梁楼板　顾名思义，无梁楼板就是不设梁，直接将板支承于柱上，多用于楼面荷载较大的展览馆、商店、仓库等建筑。无梁楼板可以获得较大的内部空间，但是由于结构不利于抗震，所以不适用于有抗震要求的建筑。

2. 现浇楼板施工

随着施工技术的提高和防震等级的提高，在自建小别墅的施工中，一般都要将梁和板一起进行浇筑。主要施工步骤：安装模板→绑扎钢筋→浇筑混凝土→养护。

现浇楼板的各步骤详细施工可以参考本书第六章钢筋混凝土施工的相关内容。

3. 预制装配式钢筋混凝土楼板

预制装配式钢筋混凝土楼板是把楼板在预制构件厂或现场预制，然后在施工现场装配而成，是农村房屋建筑中普遍采用的一种楼板。

（1）装配式钢筋混凝土楼板的类型　预制钢筋混凝土楼板一般有实心平板和空心板两种类型。

① 实心平板。实心平板上下板面平整，制作简单，适用于荷载不大、跨度小的走廊楼板、阳台板、楼梯平台板及管沟盖板等处。板的两端支承在墙或梁上，板厚一般在 50～80mm，板宽为 600～900mm，跨度一般在 2.4m 以内。

② 空心板。空心板孔洞有圆形、长圆形和矩形等，圆孔板制作简单，应用最广泛。短向空心板长度为 2.1～4.2m，长向空心板长度为 4.5～6m，板宽有 500mm、600mm、900mm、1200mm，板厚根据跨度大小有 120mm、140mm、180mm 等。在自建小别墅施工中，最常用的是 500mm 宽、120mm 厚的预应力圆孔板。

空心板板面不能随意开洞。安装时，空心板孔的两端用砖或混凝土填塞，以免灌浆时漏浆，并保证板端的局部抗压能力。

（2）楼板的布置与细部构造

① 楼板的布置。进行楼板布置时，先根据房间的开间和进深确定板的支承方式。若横墙较密，板可直接搁置在横墙上，走廊板可直接搁置在纵墙上。板也可先搁置在梁上。

板在梁上的搁置方式一般有两种：一种是板直接搁置在矩形或 T 形梁上；另一种是板搁置在花篮梁或十字梁的梁肩上，如图 8-3 所示。

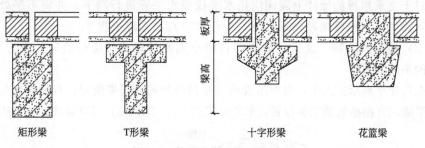

图 8-3　装配式板在梁上的布置

楼板布置时要避免板的规格类型繁多，或将板的纵边搁置在墙上。当板的横向尺寸与房间平面尺寸出现空隙时，需要进行板缝的处理。处理时，一般采用图 8-4 中所示的几种方法进行。

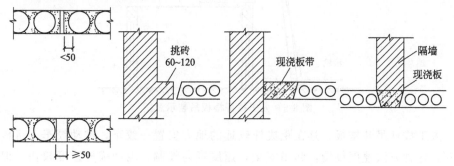

图 8-4　无板空隙的处理方法

② 板缝构造。安装预制板时，为使板缝灌浆密实，要求板块之间留有一定距离，以便填灌混凝土，这一点要在施工时一定要加以注意。也可在板缝上配置钢筋或用短钢筋与预制板吊钩焊接（对整体性要求较高时）。

在一般情况下，板的侧缝下口缝宽一般不小于 20mm。缝宽在 20～50mm 之间时，要用 C20 细石混凝土灌缝；缝宽在 50～200mm 之间时，在板缝内配置纵向钢筋，并用 C20 细石混凝土做现浇带。

③ 板与墙、梁的连接构造。预制板直接搁置在墙或梁上时，要有足够的支承长度，在梁上的搁置长度应不小于 80mm。在墙上搁置长度不小于 110mm 时，要在墙或梁上用 20mm 厚 M5 水泥砂浆坐浆，同时，为提高整体刚度，板与墙、梁之间以及板与板之间要用钢筋拉结（锚固钢筋）。

4. 装配式楼板的安装

主要施工步骤：吊装前准备→吊装楼板→楼板安装→填缝。

（1）吊装前准备 要对安装的楼板尺寸进行复核，并对支承楼板的墙体或梁之间的中心距进行测量，看其是否符合设计要求的跨度。

在吊装楼板前，应用混凝土堵头将楼板的圆孔进行嵌填，嵌填长度不得小于楼板在支座上的支承长度，一般不得小于120mm。

对于支承楼板的墙体上表面应用水准仪或水平管进行测平，并将不平处用水泥砂浆抹平。当厚度超过20mm时，应用C20细石混凝土找平。

（2）楼板的吊装 这里主要介绍自建小别墅装配式楼板吊装时，最为简单、实用的吊装方式。

在自建小别墅施工中，楼板吊装均是根据当地的情况来决定，有的采用外搭斜面脚手架，直接抬放到安装位置，另外是采用人工（图8-5）或电动式的独脚拔杆。

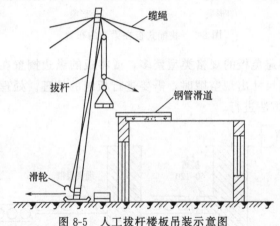

图 8-5 人工拔杆楼板吊装示意图

人工拔杆吊装楼板，是在距拔杆较远的地方安置一绞车，推动绞车，将楼板升起。这种方法速度较慢，起吊安全，速度容易控制；电动拔杆速度较快，但安全性差，必须是操作熟练的人员方能操作。

（3）楼板安装 如果楼板是安装于钢筋混凝土梁上时，混凝土的抗压强度必须达到设计强度的75％。

安装楼板时一般是从房屋的一端开始向另一端逐间安装。在安装屋面上，空心板的水平方向移动采用两种方法：一种是自制的小型滑车；另一种是人力推运。采用小滑车移动时，是将吊装到位的空心板下落到小滑车上，然后将板运到安装位置。人力推运是利用下挂式的推板胶轮车，直接将板推运到安装位置，如图8-6所示。人力推运可以顺着板的长度方向安装，也可以横着板向安装。顺板安装时，必须用一根10号槽钢当作一个车轮的走道。

安装的每块板，应在支座上铺垫砂浆，然后将板安放到支座上，在砖墙上时，板的最小支承长度不得少于110mm，在梁上不得少于80mm，安装就位的板不得

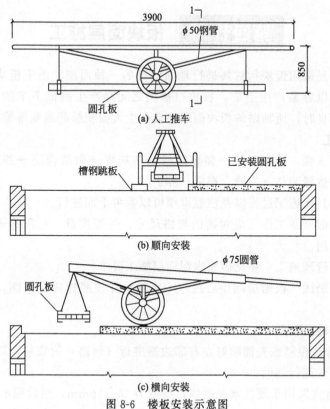

图 8-6　楼板安装示意图

产生翘曲不平现象。

安装圆孔板时，不得将板的一长边支放于墙体之上，板与板之间的下边缝应留出 20mm 的缝隙。当每间安装的圆孔板不符合开间尺寸要求时，严禁采用填砖的办法来弥补，应必须使用细石混凝土来嵌填密实，当缝隙较宽时，还必须按要求加配板缝钢筋，配筋的构造如图 8-7 所示。

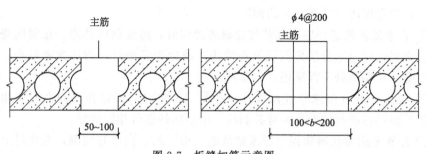

图 8-7　板缝加筋示意图

第四节 >> 板块面层施工

板块面层是采用板块状材料进行地面铺设的一种面层。由于板块状材料的表面积较小，所以容易产生空鼓，板块与板块之间会产生高低不平的现象，并且，当屋内保温不良时，所粘贴的板块面层还会产生大面积鼓起或脱落等质量问题。

1. 砖面层施工

主要施工步骤：清理基层→弹控制线→贴灰饼→做结合层→找规矩、排砖、弹线→铺砖→拨缝调整→勾缝、擦缝→养护。

砖面层的具体施工过程以及注意事项可以参考下面进行。

（1）铺贴前准备工作 应对砖的规格尺寸、外观质量、色泽等进行预选，浸水湿润晾干待用。

（2）基层清理施工 参见砂浆水泥面层施工要求。

（3）弹控制线 根据房间中心线（十字线）并按照排砖方案图，弹出排砖控制线。

（4）陶瓷地砖铺贴

① 根据排砖控制线先铺贴好左右靠边基准行（封路）的块料，以后根据基准行由内向外挂线逐行铺贴。

② 铺贴时宜采用干硬性水泥砂浆，厚度为 10~15mm，然后用水泥膏（约2~3mm 厚）满涂块料背面，对准挂线及缝子，将块料铺贴上，用小木锤着力敲击至平正。挤出的水泥膏要及时清理干净，随铺砂浆随铺贴。

③ 面砖的缝隙宽度：当紧密铺贴时不宜大于 1mm；当虚缝铺贴时宜为5~10mm。

④ 面层铺贴 24h 内，分别进行擦缝、勾缝或压缝工作。勾缝深度比砖面凹2~3mm 为宜，擦缝和勾缝应采用同品种、同标号、同颜色的水泥。

（5）陶瓷锦砖（马赛克）的铺贴

① 在水泥砂浆结合层上铺贴陶瓷锦砖面层时，砖底面应洁净，每联陶瓷锦砖之间、陶瓷锦砖与结合层之间以及在墙边、镶边和靠墙处，均应紧密贴合，并不得有空隙。在靠墙处不得采用砂浆填补。

② 根据 +500mm 水平控制线及中心线（十字线）铺贴各开间左右两侧标准行，以后根据标准行结合分格缝控制线，由里向外逐行挂线铺贴。

③ 用软毛刷将块料表面（沿未贴纸的一面）灰尘扫净并润湿，在块材上均匀抹一层水泥膏 2~2.5mm 厚，按线铺贴，并用平整木板压在块料上用木锤着力敲击校平正。

④ 将挤出的水泥膏及时清干净。

⑤ 块料铺贴后待 15~30min，在纸面刷水湿润，将纸揭去，并及时将纸屑清

干净；拨正歪斜缝子，铺上平正木板，用木锤拍平拍实。

（6）楼梯板块面层施工

① 根据标高控制线，把楼梯每一梯段的所有踏步的误差均分，并在墙面上放样予以标识，作为检查和控制板块标高、位置的标准。

② 楼梯面层板块材料应先挑选（踏步应选用满足防滑要求的块材），并按颜色和花纹分类堆放备用，铺贴前应视材质情况浸水湿润，但使用时表面应晾干。

③ 基层的泥土、浮灰、灰渣清理干净，如局部凹凸不平，应在铺贴前将凸处凿平，凹处用 1∶3 水泥砂浆补平。

④ 铺贴前对每级踏步立面、平面板块，按图案、颜色、拼花纹理进行试拼、试排，试排好后编号放好备用。

⑤ 铺抹结合层半干硬性水泥砂浆，一般采用 1∶3 水泥砂浆。铺前洒水湿润基层，随刷素水泥浆随铺抹砂浆，铺抹好后用刮尺杆刮平、拍实，用抹子压拍平整密实，铺抹顺序一般按先踏步立面，后踏步平面，再铺抹楼梯栏杆和靠墙部位色带处。

⑥ 楼梯板块料面层铺贴顺序一般是从下向上逐级铺贴，先粘贴立面，后铺贴平面，铺贴时应按试拼、试排的板块编号对号铺贴。

⑦ 铺贴前将板块预先浸湿阴干备用，铺贴时将板块四角同时放置在铺抹好的半干硬性砂浆层上，先试铺合适后，翻开板块在背面满刮一层水灰比为 0.5 的素水泥浆，然后将板块轻轻对准原位铺贴好，用小木锤或橡皮锤敲击板块使其四角平整、对缝、对花符合设计要求，要求接缝均匀、色泽一致，面层与基层结合牢固。及时擦干净面层余浆，缝内清理干净。常温铺贴完 12h 开始养护，3 天后即可勾缝或擦缝。

⑧ 当设计要求用白水泥和其他有颜色的胶结料勾缝时，用白水泥和颜料调制成与板块色调相近的带色水泥浆，用专用工具勾缝压实至平整光滑。

⑨ 擦（勾）缝 24h 后，用干净湿润的锯末覆盖或喷水养护不少于 7 天。

（7）卫生间等有防水要求的房间面层施工

① 根据标高控制线，从房间四角向地漏处按设计要求的坡度进行找坡，并确定四角及地漏顶部标高，用 1∶3 水泥砂浆找平，找平打底灰厚度一般为 10～15mm，铺抹时用铁抹子将灰浆摊平拍实，用刮杠刮平，木抹子搓平，做成毛面，再用 2m 靠尺检查找平层表面平整度和地漏坡度。找平打底灰抹完后，于次日浇水养护 2 天。

② 对铺贴的房间检查净空尺寸，找好方正，定出四角及地漏处标高，根据控制线先铺贴好靠边基准行的块料，由内向外挂线逐行铺贴，并注意房间四边第一行板块铺贴必须平整，找坡应从第二行块料开始依次向地漏处找坡。

③ 根据地面板块的规格，排好模数，非整砖块料对称铺贴于靠墙边，且不小于 1/4 整砖，与墙边距离应保持一致，严禁出现"大小头"现象，保证铺贴好的

块料地面标高低于走廊和其他房间不少于 20mm，地面坡度符合设计要求，无倒泛水和积水现象。

④ 地漏（清扫口）位置在符合设计要求的前提下，宜结合地面面层排板设计进行适当调整。并用整块（块材规格较小时用四块）块材进行套割，地漏（清扫口）双向中心线应与整块块材的双向中心线重合；用四块块材套割时，地漏（清扫口）中心应与四块块材的交点重合。套割尺寸宜比地漏面板外围每侧大 2～3mm，周边均匀一致。镶贴时，套割的块材内侧与地漏面板平，且比外侧低（找坡）5mm（清扫口不找坡）。待镶贴凝固后，清理地漏（清扫口）周围缝隙，用密封胶封闭，防止地漏（清扫口）周围渗漏。

⑤ 铺贴前，在找平层上刷素水泥浆一遍，随刷浆随抹黏结层水泥砂浆，配合比为 1：2～1：2.5，厚度 10～15mm。铺贴时，对准控制线及缝子，将块料铺贴好，用小木锤或橡皮锤敲击至表面平整，缝隙均匀一致，将挤出的水泥浆擦干净。

⑥ 擦缝、勾缝应在 24h 内进行，用 1：1 水泥砂浆（细砂），要求缝隙密实平整光洁。勾缝的深度宜为 2～3mm。擦缝、勾缝应采用同品种、同一强度等级、同一颜色的水泥。

⑦ 面层铺贴完毕 24h 后，洒水养护 2 天，用防水材料临时封闭地漏，放水深 20～30mm 进行 24h 蓄水试验，经检查确认无渗漏后，地面铺贴工作方可完工。

（8）质量要求

① 面层与下一层的结合（黏结）应牢固，无空鼓。

② 砖面层的表面质量应洁净、图案清晰、色泽一致、接缝平整、深浅一致、周边顺直。板块无裂纹、掉角和缺楞等缺陷。

③ 面层邻接处的镶边用料及尺寸应符合设计要求，边角整齐、光滑。

④ 楼梯踏步和台阶板块的缝隙宽度应一致、齿角整齐；楼层梯段相邻踏步高度差不应大于 10mm；防滑条顺直。

⑤ 面层表面的坡度应符合设计要求，不倒泛水、无积水；与地漏、管道结合处应严密牢固、无渗漏。

2. 石材面层施工

主要施工步骤：基层处理→找标高、弹线→试拼、试排→贴饼、铺设找平层→铺贴→灌缝、擦缝→养护→打蜡。

石材面层的具体施工过程以及注意事项可以参考下面进行。

① 大理石板材不得用于室外地面面层。

② 根据水平控制线，用干硬性砂浆贴灰饼，灰饼的标高应按地面标高减板厚再减 2mm，并在铺贴前弹出排板控制线。

③ 先将板材背面刷干净，铺贴时保持湿润，阴干或擦干后备用。

④ 根据控制线，按预排编号铺好每一开间及走廊左右两侧标准行后，再进行拉线铺贴，并由里向外铺贴。

⑤ 石材面层铺贴。

a. 铺设大理石、花岗石面层前，板材应浸湿、晾干；结合层与板材应分段同时铺设。

b. 铺贴前，先将基层浇水湿润，然后刷素水泥浆一遍，水灰比 0.5 左右，并随刷随铺底灰，底灰采用干硬性水泥砂浆，配比为 1∶2，以手握成团不出浆为准，铺灰厚度以拍实抹平与灰饼同高为准，用铁抹子拍实抹平。然后进行试铺，检查结合层砂浆的饱满度（如不饱满，应用砂浆填补），随即将大理石背面均匀地刮上 2mm 厚的素灰膏，然后用毛刷沾水湿润砂浆表面，再将石板对准铺贴位置，使板块四周同时落下，用小木锤或橡皮锤敲击平实，随即清理板缝内的水泥浆。

c. 同一房间，开间应按配花、品种挑选尺寸基本一致，色泽均匀，纹理通顺（指大理石和花岗石）进行预排编号，分类存放，待铺贴时按号取用。必要时可绘制铺贴大样图，再按图铺贴。分块排列布置要求对称，厅、房与走道连通处，缝子应贯通；走道、厅房如用不同颜色、花样时，分色线应设在门框裁口线内侧；靠墙柱一侧的板块，离开墙柱的宽度应一致。

⑥ 板材间的缝隙宽度如无规定时，对于花岗石、大理石不应大于 1mm。

⑦ 铺贴完成 24h 后，开始洒水养护。3 天后，用水泥浆（颜色与石板块调和）擦缝饱满，并随即用干布擦净至无残灰、污迹为止。铺好的板块禁止行人和堆放物品。

⑧ 质量要求。

a. 面层与下一层应结合牢固，无空鼓。

b. 大理石、花岗石面层的表面应洁净、平整、无磨痕，且应图案清晰，色泽一致，接缝均匀，周边顺直，嵌缝正确，板块无裂纹、掉角、缺楞等缺陷。

c. 楼梯踏步和台阶板块的缝隙宽度应一致，齿角整齐，楼层梯段相邻踏步高度差不应大于 10mm，防滑条应顺直、牢固。

d. 面层表面的坡度应符合设计要求，不倒泛水、无积水；与地漏、管道结合处应严密牢固，无渗漏。

3. 料石面层

主要施工步骤：基层清理→铺设结合层→拉线→铺料石→嵌缝→养护。

料石面层的具体施工过程以及注意事项可以参考下面进行。

① 料石面层采用天然条石和块石，应在结合层上铺设。采用块石做面层应铺在基土或砂垫层上；采用条石做面层应铺在砂、水泥砂浆结合层上。构造做法见图 8-8。

② 料石面层采用的石料应洁净。在水泥砂浆结合层上铺设时，石料在铺砌前应洒水湿润，基层应涂刷素水泥浆，铺贴后应养护。

③ 料石面层铺砌时，不宜出现十字缝。条石应按品种、规格尺寸进行分类挑选，铺时缝子必须随长线加以控制，并垂直于行走方向拉线铺砌成行。相邻两行

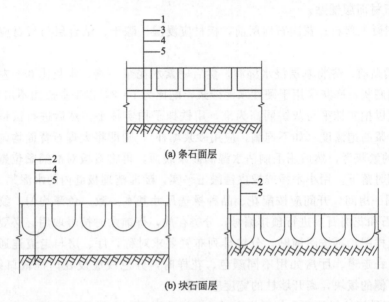

(a) 条石面层

(b) 块石面层

图 8-8　料石面层

1—条石；2—块石；3—结合层；4—垫层；5—基土

的错缝应为条石长度的 1/3～1/2。铺砌时，方向和坡度要正确。

④ 铺砌在砂垫层上的块石面层，基土应均匀密实或夯实，砂垫层厚度不应小于 60mm。石料的大面应朝上，缝隙互相错开，通缝不得超过两块石料。块石嵌入砂垫层的深度不应小于石料厚度的 1/3。

⑤ 块石面层铺设后应先夯平，并以 15～25mm 粒径的碎石嵌缝，然后用碾压机碾压，再填以 5～15mm 粒径的碎石，继续碾压至石粒不松动为止。

⑥ 在砂结合层上铺砌条石面层时，缝隙宽度不宜大于 5mm。当采用水泥砂浆或沥青胶结料嵌缝时，应预先用砂填缝至 1/2 高度，再用水泥砂浆或沥青胶结料填缝抹平。

⑦ 在水泥砂浆结合层上铺设条石时，混凝土垫层必须清理干净，然后均匀涂刷素水泥浆，随刷随铺结合层砂浆。结合层砂浆必须用干硬性砂浆，厚 15～20mm。石料间的缝隙应采用同类水泥砂浆嵌缝抹平，缝隙宽度不应大于 5mm。

⑧ 结合层和嵌缝的水泥砂浆应符合下列要求：水泥砂浆体积比 1∶2；相应的水泥砂浆强度等级≥M15；水泥砂浆稠度 25～35mm。

⑨ 质量要求。

a. 面层与下一层应结合牢固、无松动；

b. 条石面层应组砌合理，无十字缝，铺砌方向和坡度应符合设计要求；

c. 块石面层石料缝隙应相互错开，通缝不超过两块石料。

第五节 ▶▶ 阳台和雨篷施工

1. 阳台的形式

阳台按施工方法分为现浇阳台和预制阳台。农村房屋建筑的阳台还有凸阳台、凹阳台和转角阳台之分。按阳台的结构形式分有搁板式、挑板式和挑梁式三种。

凸阳台大体可分为挑梁式和挑板式两种类型。当出挑长度在 1.2m 以内时，可采用挑板式；大于 1.2m 时可采用挑梁式。凹阳台作为楼板层的一部分，常采用搁板式布置。

(1) 搁板式　在凹阳台中，将阳台板搁置于阳台两侧凸出来的墙上，即形成搁板式阳台。阳台板塑和尺寸与楼板一致，施工方便。

(2) 挑板式　其做法是利用楼板从室内向外延伸，形成挑板式阳台。这种阳台结构简单，施工方便，但预制板的类型增多，在寒冷地区对保温不利。这种阳台在纵墙承重的住宅中经常使用，阳台的长宽不受房屋开间的限制，可按需要调整。

另一种做法是将阳台板与墙梁整体浇在一起。这种形式的阳台底部平整长度可调整，但须注意阳台板的稳定，一般可通过增加墙梁的支承长度，借助梁的自重进行稳定，也可利用楼板的重力或其他措施来平衡。

(3) 挑梁式　挑梁式，即从横墙内向外伸挑梁，其上搁置预制楼板。阳台荷载通过挑梁传给纵横墙。挑梁压在墙中的长度应不小于 2 倍的挑出长度，以抵抗阳台的倾覆力矩。为避免看到梁头，可在挑梁端头设置边梁，既可以遮挡梁头，又可承受阳台栏杆重力，并加强阳台的整体性。

2. 阳台施工要点

(1) 阳台排水　阳台为室外构件，雨水有可能会进入阳台内。所以，阳台地面的设计标高应比室内地面低 30～50mm，以防止雨水流入室内，并以 1‰～2‰的坡度坡向排水口。阳台排水有外排水和内排水两种。在自建小别墅中一般采用的是外排水。外排水是在阳台外侧设置溢水管将水排出，溢水管为镀锌铁管或塑料管水舌，外挑长度不少于 80mm，以防雨水溅到下层阳台，如图 8-9 所示。

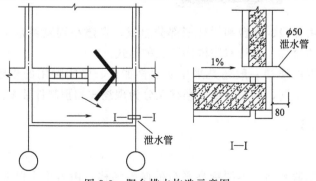

图 8-9　阳台排水构造示意图

（2）阳台保温　阳台保温是提高室内保温效能的一种有效措施。阳台保温的主要措施就是阳台的封闭。为便于热天通风排气，封闭阳台应设一定数量的可开启窗户。封闭阳台的栏板应砌筑成实体式，高度可按窗台处理。

封闭阳台的材料现在多为铝合金或塑料型材，有的也采用木材做封闭框。玻璃多为厚的浮法玻璃，有条件的地区还多采用中空玻璃。

3. 雨篷

自建小别墅雨篷多为小型的钢筋混凝土悬挑构件。较小的雨篷常为挑板式，由雨篷悬挑雨篷板，雨篷梁兼做过梁。雨篷板悬挑长度一般为 800～1500mm。挑出长度较大时，一般做成挑梁式。为使底板平整可将挑梁上翻，做成倒梁式，梁端留出泄水孔。泄水孔应留在雨篷的侧面，不要留在正面，如图 8-10 所示。

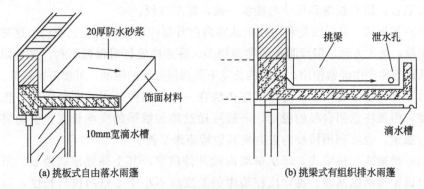

20厚防水砂浆　饰面材料　10mm宽滴水槽
挑梁　泄水孔　滴水槽

(a) 挑板式自由落水雨篷　　　(b) 挑梁式有组织排水雨篷

图 8-10　雨篷构造示意图

雨篷在施工中注意事项如下。

① 防倾覆，保证雨篷梁上有足够的压重。这是自建小别墅必须注意的主要内容。

② 板面上要做好排水和防水。雨篷顶面要用防水砂浆抹面，厚度一般为 20mm，并以 1‰的坡度坡向排水口，防水砂浆应顺墙上抹至少 300mm。

第六节 ≫ 楼梯构造与施工

楼梯通常由梯段、平台和栏杆三部分组成。自建小别墅经常采用的有直上式单跑楼梯、转角楼梯、平行双跑楼梯这三种形式。

自建小别墅的楼梯一般还是采用防火性能好、坚固耐用的钢筋混凝土楼梯。根据施工方法的不同，钢筋混凝土楼梯又分为现浇式和预制件装配式两种。

一、楼梯组成

1. 楼梯梯段

楼梯梯段是联系两个不同标高平台的倾斜结构，由若干个踏步构成。每个踏步一般由两个相互垂直的踏面和踢面组成。踏面和踢面之间的尺寸决定了楼梯的坡度。为使人们上下楼梯时不致过度疲劳及适应人行走的习惯，每个梯段的踏步数量最多不超过 18 步，最少不少于 3 步。两面楼梯之间的空隙称为楼梯井，其宽度一般在 100mm 左右。

楼梯的坡度决定了踏步高宽比。在实际应用中，踏步的宽度和高度可利用下面的经验公式算出：

$$2h + b = 600 \sim 620\text{mm}$$

式中　　h——踏步高度；

　　　　b——踏步宽度；

600～620mm——人的平均步距。

在自建小别墅中，楼梯均为自家使用，人数少，所以楼梯的宽度一般为 900mm，但不得低于 850mm。但为了搬运粮食等物品，也可加宽到 1000mm；踏步的高度通常为 150～175mm，宽度为 250～300mm；楼梯的允许坡度范围在 23°～45°之间。通常情况下，应当把楼梯坡度控制在 30°～35°以内比较理想。

2. 楼梯平台

楼梯平台是楼梯转角处或两段楼梯交接处连接两个楼段的水平构件，供使用时的稍作休息。平台通常分两种，与楼层标高一致的平台通常称为楼层平台，位于两个楼层之间的平台称为中间平台。

自建小别墅的楼梯平台必须大于或等于梯段宽度，一般情况下 取 1～1.1m。

楼梯平台下，为存放物品或作他用，当作为过道时，平台下的净高最小为 2m。

3. 栏杆和扶手

栏杆、栏板上部供人们手扶的连续斜向配件称为扶手。楼梯栏杆应使用坚固、耐久的材料制作，并具有一定的强度和抵抗侧向推力的能力。同时，应充分考虑到栏杆对室内空间的装饰效果，具有增加美观的作用。扶手应使用坚固、耐磨、光滑、美观的材料制作。在保证安全的情况下，扶手高度一般取 900～1000mm。

二、现浇钢筋混凝土楼梯

现浇钢筋混凝土楼梯的楼梯段和平台整体浇筑在一起，整体性好、刚度大、抗震性能好，但施工进度慢，施工程序较复杂、耗费模板多。

现浇钢筋混凝土楼梯的详细施工过程可参考本书第六章的相关内容。

三、预制装配式钢筋混凝土楼梯

装配式楼梯的构造形式较多，但在自建小别墅施工中，应用最多的是小型构件装配式。

小型构件装配式楼梯的构件尺寸小、重量轻、数量多，一般把踏步板作为基本构件。小型构件装配式楼梯主要是悬挑式和组砌式。

1. 预制踏步的形状

钢筋混凝土预制踏步的断面形状，一般有一字形、L形和三角形三种，如图8-11所示。

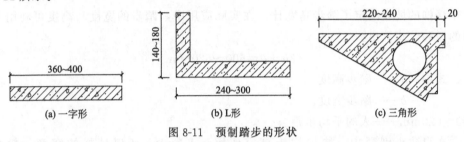

(a) 一字形   (b) L形   (c) 三角形

图 8-11   预制踏步的形状

一字形踏步制作简单方便，踏步的宽度较自由，简支和悬挑均能使用，但板厚稍大，配筋量也较多。装配时，踢面可做成露空式，也可以用块材砌成踢面。

在L形踏步中，有正L形和倒L形之分。当肋面向下，接缝在踢面下，踏步高度可在接缝处做小范围的调整。肋面向上时，接缝在踏面下，平板端部可伸出下面踏步的肋边，形成踏口，踏面和踢面看上去较完整。下面的肋可做上面板的支承，这种断面的梯板可以做成悬挑式楼梯。

在L形预制踏步中，为了加强踏步的悬挑能力，往往会在板的一端做成实体，其长度一般为240mm，如图8-12所示。

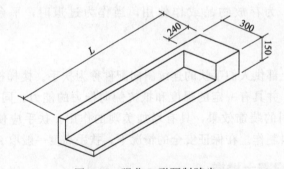

图 8-12   强化L形预制踏步

三角形踏步最大的特点是安装后底面平整，但踏步尺寸较难调整。采用这种踏步时，一定要把踏步尺寸计算准确。

2. 悬挑式楼梯

悬挑式楼梯又称悬臂踏板楼梯。它由单个踏步板组成楼梯段，踏步板一端嵌入墙内，另一端形成悬挑，由墙体承担楼梯的荷载，梯段与平台之间没有传力关系，因此可以取消平台梁。悬挑楼梯是把预制的踏步板，根据设计依次将一字形、正L形、倒L形或三角形预制踏步砌入楼梯间侧墙，组成楼梯段。

悬挑楼梯的悬臂长度一般不超过1.5m，完全可以满足小别墅对楼梯的要求，但在地震区不宜采用。楼梯的平台板可以采用钢筋混凝土实心板、空心板或槽形板，搁置在楼梯间两侧墙体上。

3. 组砌式楼梯

组砌式楼梯平台是用空心板安放在楼梯间两边的墙体内，再将一定长度尺寸的空心板斜靠于平台板边，然后根据踏步的踏面和踢面尺寸，用普通砖在斜放的板面上进行砌筑踏步。这种方法简单易行，但必须使斜放的空心板具有一定的稳定性。

四、踏步的防滑

踏步前缘也是磨损最厉害的部位，同时也容易受到其他硬物的破坏。并且为了有效地控制面层的防滑，通常是在踏步口做防滑条，这样，不但可以提高踏步前缘的耐磨程度，而且还能起到保护及点缀美化作用。防滑条的长度一般按踏步长度每边减去 150mm。防滑材料可采用金属铜条、橡胶条、金刚砂等。常见的几种做法如图 8-13 所示。

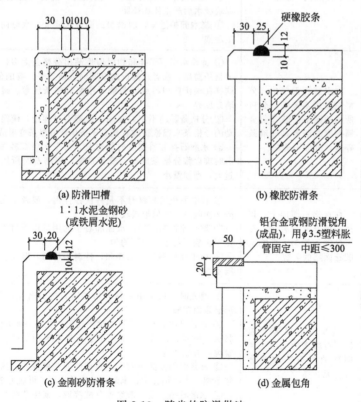

图 8-13 踏步的防滑做法

 地面施工常见质量问题

在自建小别墅的地面施工过程中，经常会出现一些质量问题，有的是由于施工错误，有的只是因为施工人员觉得费事而已。表 8-2 中列举了地面施工中常见的质量问题及原因，只要对照这些原因，不难发现问题所在，从而采取恰当的预防解决办法。

表 8-2　地面施工常见质量问题及原因分析

问题	现象	原因分析
地面空鼓和起泡	人走在面层上有空洞的感觉，用锤敲击时发出空鼓声。使用一段时间后面层大片脱落	① 施工时，基层或垫层表面未清理干净，影响了面层与垫层的黏结 ② 各结构层施工时没有浇水湿润，表面过于干燥，导致基层与垫层相互分离、面层与垫层未黏结牢固，或是做各结构层时，未用水泥浆做结合层，产生空鼓 ③ 抹压时有的地方漏压，使面层同垫层未能达到黏结 ④ 使用的砂中含有泥块，使用时未进行筛选或未用水冲洗，泥块吸水后产生体积膨胀 ⑤ 浇水养护过早，因面层的强度未建立，水分向外释放而产生起泡
水磨石面层分格条不清晰或变形	在水磨石面层中，分格条显示不清晰，分格所用的铜条、铝条等金属条弯曲或者是玻璃条碎裂，外形不美观	① 铺设水泥石子拌和物时厚度超出分格条太多，磨石时未将分格条磨出。或者是铺设的厚度同分格条平，有的低于分格条，这样在碾压拌和料或者是磨石中将分格条压弯、碰弯以及将玻璃条压碎 ② 分格条黏结不牢，在碾压或磨石过程中，碾筒或磨石将松动的分格条来回推挤或者是石子挤压使分格条变形或压碎 ③ 水磨石拌和料铺放时间过长，由于水磨石料强度过高，磨石时难以将分格条磨出。或者是第一遍磨石时所用的磨石号数过大，磨损量小
水磨石面层颜色及石子分布不均匀	在水磨石面层上，每格的色彩有深有浅，石子显露不均匀，影响水磨石面层的美观	① 拌制彩色磨石料时不是一次性拌出，或者是在购买颜料时分多次购进，所以形成较大色差 ② 配合比控制不严，水泥和石子的用量误差过大，造成配合比不正确，石子分布不均匀 ③ 由于拌制多为人工拌和，拌制不均匀，形成色差和石子显露不均
水磨石面层有明显磨痕、毛孔多	水磨石面层表面粗糙，有较多的毛细孔和明显的磨石凹痕和磨纹，无光亮	① 磨光时，只采用一种规格的磨石进行磨光，未用细磨石，形成表面粗糙 ② 磨石时水磨石机推进速度不均匀，在某一地方停留时间长，将这一地方磨成凹面。或是水磨石机未掌握平稳，磨石的前端着地，磨成凹坑 ③ 补浆时的方法不对，不是擦浆而是刷浆法。这样，所补的浆不能进入毛细孔中，未起到补浆的作用，形成毛细孔 ④ 水磨石结束后，未涂擦草酸溶液，或将草酸粉直接撒于面层之上进行干擦，所以表面无光

续表

问题	现象	原因分析
石材面层缝线不齐整	铺贴的石材面层，纵缝或横缝不齐	① 加工的石材几何尺寸不标准，误差过大。或者是板块的四边不相互垂直，影响板缝的整齐 ② 施工时弹线误差大或者是没有计算板缝间隙。铺贴板块时准线未挂准 ③ 所用的黏结砂浆流动性大，铺贴下一块时，将上一块或上一行的板块挤压变形
板块面层平整度差	表面平整度差，板块与板块间高低不平，有明显的凸出感	① 粘贴砂浆的厚度有厚有薄不均匀，铺贴时又没有试铺，造成接缝误差大。或者是砂浆的稠度不均衡，有硬有软，形成表面不平整 ② 铺贴时虽然依线和依标准块进行，但没有用水平尺进行校平 ③ 铺贴后过早有人在上面走动，形成表面不平
楼梯面宽度不一致	楼梯或台阶的踏面宽度和踢面的高度尺寸不一致，使人们在上下楼梯时产生较大的别扭感	① 现浇混凝土楼梯，在安装模板时未加严格控制，踏面和踢面的尺寸本身就没有控制好，混凝土浇筑后形成尺寸不一。或者是在浇筑混凝土时模板位移，产生尺寸变化 ② 砌筑楼梯的，没有弹线放样，或者在施工时未按放样进行砌筑 ③ 在对踏面或踢面进行抹底灰前，未按弹线进行，而是随高低任意抹面
楼梯踢面碰脚或踏面不水平	踢面板下部向外斜，脚尖容易踢到踢板上；踏面板安装不水平，人平衡感差	① 踏面宽度过小而踢面较高，人上楼梯时易踢到踢面板 ② 最后对踏面或踢面进行饰面时未控制好，导致踢板底部向外，踏面面板不水平，不是口边低就是里边低。口边低时，人踩在上面是脚尖处高，脚跟部低，有种后仰的感觉，如是里边低时，人踩到上面是脚尖低脚跟高，有种前倾的感觉
楼梯面上的水流向板底	用拖把清洗楼梯踏面时，踏面上的水流到楼梯板底	主要原因就是误做楼梯板的滴水线所引起的。当踏面上有水时，水就顺着梯井沿的梯梁侧面折流到板底
雨篷雨水返流	雨水不向溢水口的方向流，却向房间方向返流	① 阳台台面未向下沉，与房间地面同高 ② 泛水坡度和坡向不对，或者是溢水口高出阳台面层
装配式楼板边搁置于墙上	板的安装尺寸大于房间尺寸，板的一个侧边被上边墙体压住	① 施工人员对楼板受力的情况不了解，认为这样做楼板受力更好，不易断裂，断裂后也塌不下来 ② 预制空心板订购时间早，砌墙时尺寸有所变动，与订购楼板尺寸不符。或者是楼板底面飞边较大，在安装时尺寸超出
装配式楼板缝内夹砖	空心板数量不足，采用普通砖块来填充，有的板缝夹240mm，有的夹120mm，减弱了空心板的承载能力	对于板缝内夹砖，看是一个小事，实际上是一种最大的质量问题。因为空心板的配筋是根据板所承受的各种荷载作用确定配筋的截面面积。砖的最大强度等级只有预应力混凝土的强度等级的1/3，采用普通砖来代替楼板，相当于夹砖后板的承载力下降了1/3。主要原因： ① 经济条件不足，认为少用几块空心板可以节约些资金 ② 在购买空心板时没有对每个房间的需用量计算好，造成定购的数量不足，用砖来补充

问题	现象	原因分析
安装空心板时不堵孔	空心板两端的板孔不堵，直接安放于支座上，导致空心板安装后端部裂缝	主要就是对堵孔不重视，认为堵与不堵关系不大
支承长度不足或板底不坐浆	安装空心板时，支座上不垫放砂浆，直接搁置在墙体上	根据规定，预制板直接搁置在墙或梁上，要有足够的支承长度，在梁上的搁置长度不小于 80mm，在墙上搁置长度不小于 110mm。但是在实际施工中，安放的空心板在梁和墙上的支承长度经常小于最小长度的规定。主要原因： ① 购置空心板时未把板的尺寸搞清楚，或者生产的空心板尺寸严重不足 ② 砌筑墙体时墙体向外倾斜，垂直度不符合要求，导致安装的空心板在支座上长度短少 ③ 安装楼板时嫌麻烦，所以将板底的砂浆省略

第九章

Chapter 09

屋面施工

第一节 >> 屋面的形式

在自建小别墅建筑中，屋面主要分为坡屋顶和平屋顶两大类；按照所用的材料不同，又分为混凝土屋面、瓦屋面、石材屋面以及卷材屋面等。

自建小别墅的屋面形式要根据房屋的使用功能来选择，比如家里有粮食要晒的，最好做混凝土平屋面，可以将屋面作为晒场，但是这样的屋顶一般隔热性较差；如果家里有专门的晒场，则屋面可以做成形式更为丰富的坡屋顶，不仅好看，而且隔热。

1. 坡屋顶

坡屋面是我国传统的建筑形式。坡屋面坡度较大，一般大于10%。坡屋面主要有单坡面、双坡面和四坡面等形式。各种坡屋面的形式如图9-1所示。

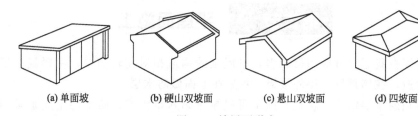

(a) 单面坡　　(b) 硬山双坡面　　(c) 悬山双坡面　　(d) 四坡面

图 9-1 坡屋面形式

当房屋宽度不大时，或为防风的位置可选用单坡屋面；当房屋宽度较大时，宜采用双坡面和四坡面。双坡屋面有悬山和硬山之分：悬山是屋面的两端悬挑在山墙外面；硬山指房屋两端山墙高于屋面。

坡屋面的结构应满足建筑形式的要求。坡屋面的屋面防水材料多为瓦材，少数地区也采用石材。

2. 平屋面

平屋面是指屋面坡度小于或等于10％的屋面，常用的坡度为2％～3％。平屋面可以节省材料，扩大建筑空间，并易于协调统一建筑与结构的关系，较为经济合理，并且还可作为夏天乘凉的场所和晒场。

但由于屋面防水处理要求较高，易发生渗漏，而且隔热性能较差，所以，现在平屋面用的越来越少了。

平屋面中一般做成挑檐式或女儿墙挑檐式、女儿墙式、坡面式，如图9-2所示。

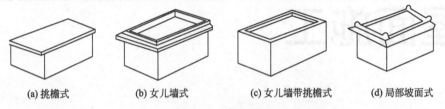

(a) 挑檐式　　　　(b) 女儿墙式　　　　(c) 女儿墙带挑檐式　　　(d) 局部坡面式

图 9-2　平屋面形式

3. 屋面排水

屋面排水一般分为有组织排水和无组织排水两种。

（1）有组织排水　有组织排水是通过檐沟、落水斗、水落管道组成的排水系统，将屋面积水有组织地排至地面。有组织排水又可分为内排水和外排水两种方式。内排水的水落管设于室内，构造复杂，极易渗漏，所以自建小别墅一般都是采用有组织的外排水方式。

（2）无组织排水　无组织排水又称自由落水，即不采取任何措施，任由屋面雨水直接从檐口滴落至地面的一种排水方式。

无组织排水构造简单、造价低廉，但雨水直接从檐口流泻至地面，外墙脚常被飞溅的雨水侵蚀，降低了外墙的坚固耐久性。这种方法适用于雨水较少的地区。

第二节 ≫　平屋面施工

平屋面在我国北方应用得较多，平屋顶的构造相对比较简单，主要就是根据房屋的构造，在屋顶做一层外楼板，然后在上面做防水层。

平屋顶的基层结构（楼板）施工可以参考第六章内容，防水层主要是采用卷材、涂膜、刚性防水这三种形式，详细内容可以参见第十章内容。

第三节 ≫　坡屋面施工

1. 坡屋顶的组成

坡屋顶主要由承重结构和屋面两部分组成，根据不同的使用要求还可以增加保温层、隔热层、顶棚等，如图 9-3 所示。

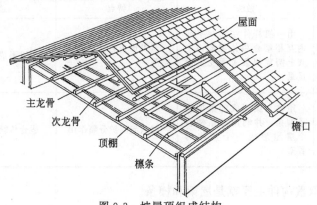

图 9-3 坡屋顶组成结构

① 承重结构是承受屋面荷载并把它传递到墙或柱上，一般由屋架、檩条、椽子等组成。

② 屋面是屋顶的上覆盖层，直接承受风雨、冰冻、太阳辐射等大自然气候的作用，包括屋面盖料和基层，如挂瓦条、屋面板等。

③ 顶棚是屋顶下部的遮盖部分，可使室内顶部平整，反射光线，并起到保温、隔热和装饰作用。

④ 保温或隔热层可设在屋面或顶棚层，根据地区气候及房屋使用需要而定。

2. 坡屋顶的承重结构

坡屋面常用的承重结构主要有横墙承重、屋架承重和梁架承重三种形式，如图 9-4 所示。

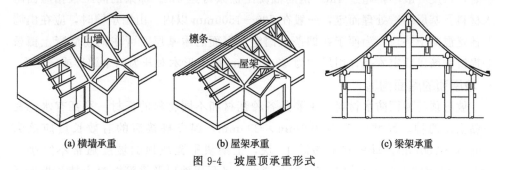

(a) 横墙承重　　　　(b) 屋架承重　　　　(c) 梁架承重

图 9-4 坡屋顶承重形式

不同承重结构形式的特点见表 9-1。

表 9-1 不同承重结构形式特点

承重形式	做法	特点	适用范围
横墙承重 （又称山墙承重）	屋顶所要求的坡度，将横墙上部砌成三角形，在墙上直接放置檩条来承受屋面重量	构造简单、施工方便、节约木材，有利于屋顶的防火和隔间	适用于开间为 4m 以内、进深尺寸较小的房间

续表

承重形式	做法	特点	适用范围
屋架承重	由一组杆件在同一平面内互相结合整体屋架，在其上搁置檩条来承受屋面重量	可以形成较大的内部空间	可以形成较大的内部空间
梁架承重	用柱与梁形成的梁架支承檩条，并利用檩条使整个房屋形成一个整体的骨架	墙只起围护分隔作用	适合传统建筑结构

坡屋顶的承重构件主要就是屋架和檩条。

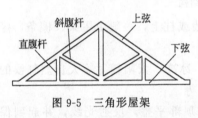

图 9-5　三角形屋架

（1）屋架　现在自建小别墅用得较多的就是三角形屋架（图 9-5），由上弦、下弦及腹杆组成，可用木材、钢材及钢筋混凝土等制作。三角形木屋架一般用于跨度不超过 12m 的住宅；钢木组合屋架一般用于跨度不超过 18m 的住宅。

（2）檩条　在农村房屋建筑中，檩条所用材料可为木材和钢筋混凝土。檩条材料的选用一般与屋架所用材料相同，使二者的耐久性接近。檩条的断面形式有矩形和圆形两种，钢筋混凝土檩条有矩形、L 形和 T 形等。檩条的断面一般为 $(75\sim100)mm\times(100\sim180)mm$；原木檩条的直径一般为 100mm 左右。采用木檩条时，长度一般不得超过 4m；钢筋混凝土檩条可达 6m。檩条的间距根据屋面防水材料及基层构造处理而定，一般在 $700\sim1500mm$ 以内。山墙承檩时，应在山墙上预置混凝土垫块。为便于在檩条上固定瓦屋面的木基层，可在钢筋混凝土檩条上预留钢筋以固定木条，用尺寸为 $40\sim50mm$ 的矩形木对开为两个梯形或三角形。

3. 坡屋顶的屋面构造

坡屋顶的屋面防水材料，主要是各种瓦材和不同材料的板材。平瓦有水泥瓦与黏土瓦两种，尺寸一般为 $400mm\times230mm$，铺设搭接后的有效长度应该为 $330mm\times200mm$，每平方米约需 15 块，土垫块平瓦屋顶的坡度通常不宜小于 1:2，常用的平瓦屋面构造有冷摊瓦屋面、平瓦屋面以及钢筋混凝土挂瓦板平瓦屋面三种。

（1）冷摊瓦屋面　冷摊瓦屋面是在屋架上弦或椽条上直接钉挂瓦条，在挂瓦条上挂瓦，其构造如图 9-6 所示。这种做法的缺点是瓦缝容易渗漏、保温效果差。

（2）平瓦屋面　平瓦屋面是在檩条或椽条上钉屋面板（即木望板），屋面板上覆盖油毡再钉顺水条和挂瓦条然后挂瓦的屋面，构造如图 9-7 所示。

（3）钢筋混凝土挂瓦板平瓦屋面　钢筋混凝土挂瓦板为预应力构件或非预应

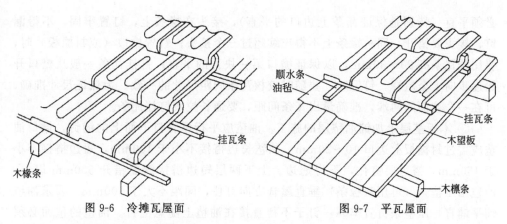

图 9-6 冷摊瓦屋面   图 9-7 平瓦屋面

力构件，板肋根部预留有泄水孔，可以排除从缝渗下的雨水。挂瓦板的断面形式有 T 形和 F 形等，如图 9-8 所示。瓦是挂在板肋上，板肋中距 330mm，板缝用 1∶3 水泥砂浆填塞。挂瓦板兼有檩条、望板、挂瓦条三者的作用，可节省材料。

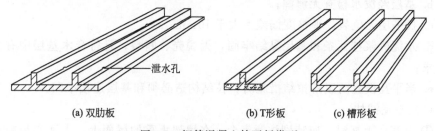

(a) 双肋板   (b) T形板   (c) 槽形板

图 9-8 钢筋混凝土挂瓦板类型

第四节 >> 平瓦屋面的施工

1. 施工步骤

主要施工步骤：屋面基层施工→平瓦铺挂→泛水处理。

平瓦屋面的具体施工过程以及注意事项可以参考下面进行。

（1）屋面基层施工

① 屋面檩条、椽条安装的间距、标高、坡度应符合设计要求，檩条应拉通线调直，并镶嵌牢固。

② 挂瓦条的施工要求。

a. 挂瓦条的间距要根据平瓦的尺寸和一个坡面的长度经计算后确定。黏土平瓦一般间距为 280～330mm。

b. 檐口第一根挂瓦条，要保证瓦头出檐（或出封檐板外）50～70mm；上下排平瓦的瓦头和瓦尾的搭扣长度 50～70mm；屋脊处两个坡面上最上两根挂瓦条，要保证挂瓦后，两个瓦尾的间距在搭盖脊瓦时，脊瓦搭接瓦尾的宽度每边不小于 40mm。

c. 挂瓦条断面一般为 30mm×30mm，长度一般不小于三根椽条间距，挂瓦条必须平直（特别是保证瓦条上边口的平直），接头在椽条上，钉置牢固，不得漏钉，接头要错开，同一椽条上不得连续超过三个接头；钉置檐口（或封檐板）时，要比挂瓦条高20～30mm，以保证檐口第一块瓦的平直；钉挂瓦条一般从檐口开始逐步向上至屋脊，钉置时，要随时校核瓦条间距尺寸的一致。为保证尺寸准确，可在一个坡面的两端，准确量出瓦条间距，要通长拉线钉挂瓦条。

③ 木板基层上加铺油毡层的施工。油毡应平行屋脊自下而上的铺钉，檐口油毡应盖过封檐板上边口10～20mm。油毡长边搭接不小于100mm，短边搭接不小于150mm，搭边要钉住，不得翘边。上下两层短边搭接缝要错开500mm以上，油毡用压毡条（可用灰板条）垂直屋脊方向钉住，间距不大于500mm。要求油毡铺平铺直，压毡条钉置牢靠，钉子不得直接在油毡上随意乱钉。油毡的毡面必须完整，不得有缺边破洞。

④ 混凝土基层的要求：

a. 檐口、屋脊、坡度应符合设计要求；

b. 基层经浇水检查无渗漏；

c. 找平层无龟裂，平整度偏差不大于10mm；

d. 水泥砂浆挂瓦条和基层黏结牢固，无脱壳、断裂，且符合木基层中有关施工要求；

e. 当平瓦设置防脱落拉结措施时，拉结构造必须和基层连接牢固。

(2) 平瓦铺挂

① 上瓦。上瓦时，应特别注意安全，在屋架承重的屋面上，上瓦必须前后两坡同时同一方向进行，以免屋架不均匀受力而变形。

② 摆瓦。一般有"条摆"和"堆摆"两种。"条摆"要求隔三根挂瓦条摆一条瓦，每米约22块；"堆摆"要求一堆9块瓦，间距为：左右隔两块瓦宽，上下隔两根挂瓦条，均匀错开，摆置稳妥。

在钢筋混凝土挂瓦板上，最好随运随铺，如需要先摆瓦时，要求均匀分散平摆在板上，不得在一块板上堆放过多，更不准在板的中间部位堆放过多，以免荷重集中而使板断裂。

③ 屋面、檐口瓦的挂瓦顺序应从檐口由下到上，自左到右的方向进行。檐口瓦要挑出檐口50～70mm，瓦后的瓦抓均应挂在瓦条上，与左边下面两块瓦落槽密合，随时注意瓦面、瓦楞平直，不符合质量要求的瓦不能铺挂。在草泥基层上铺平瓦时，要掌握泥层的干湿度。为了保证挂瓦质量，应从屋脊拉一斜线到檐口，即斜线对准屋脊下第一张瓦的右下角，顺次与第二排的第二瓦、第三排的第三张……直到檐口瓦的右下角，都在一条直线上。然后由下到上依次逐张铺挂，可以达到瓦沟顺直、整齐美观。

④ 斜脊、斜沟瓦。先将整瓦（或选择可用的缺边瓦）挂上，沟瓦要求搭盖泛水宽度不小于150mm，弹出墨线，编好号码，将多余的瓦面砍去，然后按号码次

序挂上；斜脊处的平瓦也按上述方法挂上，保证脊瓦搭盖平瓦每边不小于40mm，弹出墨线，编好号码，砍（或锯）去多余部分，再按次序挂好。斜脊、斜沟处的平瓦要保证使用部位的瓦面质量。

⑤ 脊瓦。挂平脊、斜脊脊瓦时，应拉通长麻线，铺平挂直。脊瓦搭口和脊瓦与平瓦间的缝隙处，要用掺有纤维的混合砂浆嵌严刮平，脊瓦与平瓦的搭接每边不少于40mm；平脊的接头口要顺主导风向；斜脊的接头口向下（即由下向上铺设），平脊与斜脊的交接处要用掺有纤维的混合砂浆填实抹平。沿山墙封檐的一行瓦，宜用1：2.5的水泥砂浆做出坡水线将瓦封固。

⑥ 在混凝土基层上铺设平瓦时，应在基层表面抹1：3水泥砂浆找平层，钉设挂瓦条挂钉。当设有卷材或涂膜防水层时，防水层应铺设在找平层上；当设有保温层时，保温层应铺设在防水层上。

（3）泛水处理

① 檐口泛水做法见图9-9和图9-10。

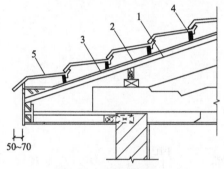

图9-9 平瓦屋面檐口
1—木基层；2—顺水条；3—干铺油毡；
4—挂瓦条；5—平瓦

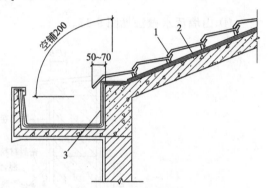

图9-10 平瓦屋面檐沟
1—平瓦；2—卷材垫毡；3—空铺附加层

② 烟囱根的泛水做法见图9-11。

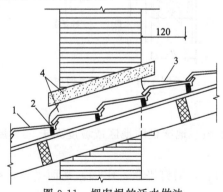

图9-11 烟囱根的泛水做法
1—平瓦；2—挂瓦条；3—分水线；4—聚合物水泥砂浆

③ 天沟、檐沟的防水层宜采用1.2mm厚的合成高分子防水卷材、3mm厚的

高聚物改性沥青防水卷材或三毡四油的沥青防水卷材铺设，亦可用镀锌薄钢板铺设，见图 9-12。

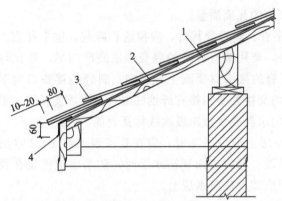

图 9-12　油毡瓦屋面檐口
1—木基层；2—卷材垫毡；3—油毡瓦；4—金属滴水板

④ 山墙泛水做法见图 9-13。

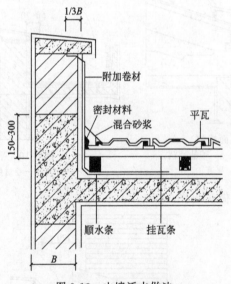

图 9-13　山墙泛水做法

2. 质量要求

① 平瓦必须铺置牢固。地震设防地区或坡度大于 50％屋面，应采取固定加强措施。

② 挂瓦条应分挡均匀，铺钉平整、牢固；瓦面平整，行列整齐，搭接紧密，檐口平直。

③ 脊瓦应搭盖正确，间距均匀，封固严密；屋脊和斜脊应顺直，无起伏现象。

④ 泛水做法应顺直整齐，结合严密，无渗漏。

3. 平瓦屋面的檐口构造

平瓦屋面的檐口一般可分为纵墙檐口和山墙檐口两种类型。

（1）纵墙檐口　纵墙檐口的分类见表 9-2 和图 9-14。

表 9-2　纵墙檐口的分类

形式	做法
砖挑檐	砖挑檐适用于出檐较小的檐口。用砖叠砌出挑长度，一般为墙厚的 1/2，并不大于 240mm，如图 9-14（a）所示
屋面板挑檐	屋面板出挑檐口，出挑长度不宜大于 300mm，如图 9-14（b）所示
挑檐木挑檐	在横墙承重时，从横墙内伸出挑檐木支承屋檐，挑檐木伸入墙内的长度不应少于挑出长度的 2 倍，如图 9-14（c）所示
椽木挑檐	有椽子的屋面可以用椽子出挑，檐口处可将椽子外露，并在椽子端部钉封檐板。这种做法的出檐长度一般为 300~500mm，如图 9-14（d）所示
挑檩檐口	在檐墙外面加一檩条，利用屋架下弦的托木或横墙砌入的挑檐木作为檐檩的支托，如图 9-14（e）所示
女儿墙檐沟	有的坡屋顶将檐墙砌出屋面而形成女儿墙，屋面与女儿墙之间要做檐沟。女儿墙檐沟的构造复杂，容易漏水，应尽量少用。女儿墙檐沟构造，如图 9-14（f）所示

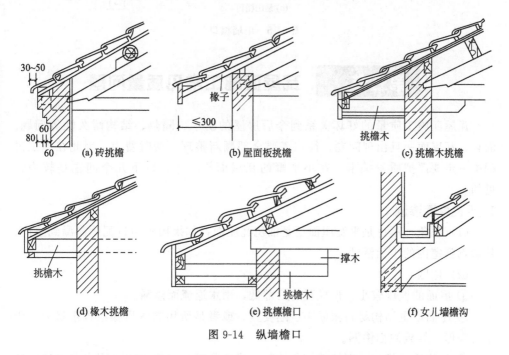

图 9-14　纵墙檐口

（2）山墙檐口　山墙檐口按屋顶形式分硬山与悬山两种做法，如图 9-15 所示。硬山檐口是将山墙升起高出屋面，包住檐口并在山墙和屋面交接处做好泛水处理的檐口构造；悬山檐口是利用檩条出挑使屋面宽出墙身，木板封檐的檐口构造。

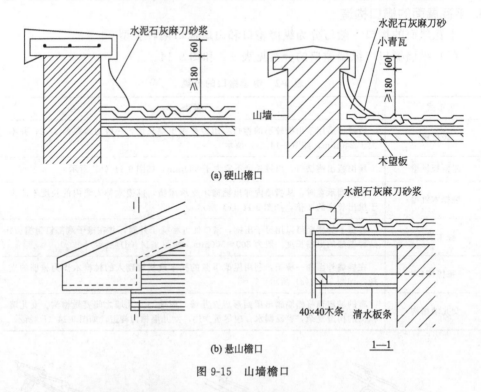

(a) 硬山檐口

(b) 悬山檐口

1—1

图 9-15　山墙檐口

第五节 >> 瓦屋面施工常见质量问题

瓦屋面施工质量的好坏关系到今后房屋的防水、隔热、结构耐久性等问题。而且，瓦屋面一旦出现问题，往往需要全部翻新整理，费时费力，因此在施工过程中一定要严把质量关卡。在小别墅的瓦屋面施工中，以下几个问题是较为常见的。

1. 平瓦屋面渗漏

（1）现象　不论是平瓦屋面还是油毡瓦屋面，如果雨水通过瓦缝渗漏到室内，将影响到室内的生活活动。

（2）原因

① 屋面的坡度较小，形成瓦的后部低，雨水返流而渗漏。

② 屋面承重结构材料截面小、刚度差，或者是所用的木质檩条含水量大，受压后变形，导致屋面渗漏。

③ 瓦片质量较差，有缺棱掉角缺陷，或者是瓦片上有砂眼，雨水通过这些缺陷部位而发生渗漏。

④ 铺设的平瓦瓦缝没有避开当地的主导风向，下雨时从瓦缝中漏入屋内。

⑤ 望板、挂瓦条、防水层、檐板安装的方向不对或者瓦与瓦之间的搭接有问题。

⑥ 在现浇混凝土屋面上铺设平瓦或油毡瓦时，混凝土不密实，有渗漏现象。

⑦ 檐沟处的防水没有做好，形成渗漏。

2. 尿檐

（1）现象　下雨时雨水顺着檐口返流到椽条头上，导致椽头腐朽。

（2）原因

① 平瓦檐头的挂瓦条钉设偏低，檐瓦和木基层上的防水卷材未盖过封檐板。

② 制作的滴水瓦尖不向外，而是向内勾，雨水顺着椽头流下。

③ 安装滴水时瓦的前部过低，滴水瓦尖与椽条头接触。

④ 采用封檐的，檐口前倾，檐口处形成裂缝。

3. 瓦片脱落

（1）现象　瓦屋面的檐口瓦或脊边瓦向下滑移、脱落，雨水直接侵蚀椽条、封檐板。

（2）原因

① 铺设平瓦屋面的平瓦时，瓦后的瓦爪在挂瓦条上未挂牢固，前爪与瓦槽未紧密吻合。脊瓦与两边坡瓦搭压尺寸太少，脊瓦间的接头和脊瓦下面未按规定坐浆。

② 屋面坡度过大，瓦易脱落。

③ 采用阴阳瓦时，檐口的阴瓦前端未抬起。如为灰梗瓦时，瓦底面坐浆不饱满。

4. 坡面不平，有凹陷、起伏

（1）现象　这种现象主要发生在木屋架的房屋上。它的表现形式是整坡表面不顺，某间中部下凹，或者是局部凸凹不平；檐口高低起伏，像龙的形状。

（2）原因

① 所用的屋架木料为刚伐下的湿木料，直径太小，不符合设计要求，受荷后向下弯曲，形成屋面不顺，部分间下凹。

② 在铺设草泥时未按准线，有厚有薄；铺瓦时瓦的规格不统一，有长有短；瓦与瓦搭压尺寸偏差太大，造成局部凸凹不平。

③ 檐口处的连檐板、大连檐材料过湿、木材的刚性大，这样收缩变形较大；椽条直径较细，所用的钢钉为圆钉，钉接不牢，连檐板变形时连同椽条同时变形，使檐口产生高低起伏状。

第十章

防水工程施工

Chapter 10

第一节 >> **地下水泥砂浆防水施工**

地下工程防水是隐蔽在地面以下的工程结构。由于墙体和底板长期处于土层之中，常接近或低于地下水位，会经常受到地下水、潮气以及土中有害物的浸泡和侵蚀，以及施工质量等因素，则会造成影响使用功能和结构安全的质量问题。

1. 施工步骤

地下水泥砂浆防水主要施工步骤：结构层→涂刷第一道防水净浆→铺抹底层防水砂浆→搓毛→涂刷第二道防水净浆→铺抹面层防水砂浆→二道收压→养护。

地下水泥砂浆防水施工的注意事项如下。

① 为保证防水层和基层结合牢固，对防水层直接接触的基层要求具有足够的强度。如为混凝土结构，其混凝土强度等级不低于 C10；如为砖石结构，砌筑用的砂浆强度等级不应低于 M5。

② 抹水泥砂浆时要注意揉浆。揉浆的作用主要是使水泥砂浆和素灰紧密结合。揉浆时首先薄抹一层水泥砂浆，然后用铁抹子用力揉压，使水泥砂浆渗入素灰层（但注意不能压透素灰层）。揉压不够，会影响两层的黏结，揉压时严禁加水，加水不一容易开裂。

③ 水泥砂浆初凝前，待收水 70%（用手指按上去，砂浆不粘手，有少许水印）时，要进行收压工作。收压是用铁抹子平光压实，一般做两遍。第一遍收压表面要粗毛，第二遍收压表面要细毛，使砂浆密实、强度高、不易起砂。收压一定要在砂浆初凝前完成，避免在砂浆凝固后再反复抹压，否则容易破坏表面水泥结晶和扰动底层而开裂脱皮。

④ 防水层分为内抹面防水和外抹面防水。地下结构物除考虑地下水渗透外，

还应考虑地表水的渗透，为此，防水层的设置高度应高出室外地坪 150mm 以上，如图 10-1 所示。

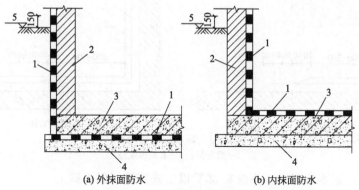

(a) 外抹面防水　　　　(b) 内抹面防水

图 10-1　防水层的设置

1—水泥砂浆刚性防水层；2—立墙；3—钢筋混凝土底板；
4—混凝土垫层；5—室外地坪面

⑤ 施工前应将预埋件、穿墙管预留凹槽内嵌填密封材料后，再施工防水砂浆层，如图 10-2 所示。

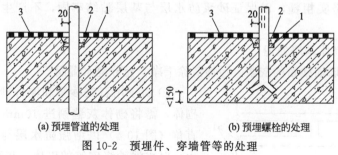

(a) 预埋管道的处理　　　　(b) 预埋螺栓的处理

图 10-2　预埋件、穿墙管等的处理

1—素灰嵌槽捻实；2—砂浆层；3—防水层

⑥ 水泥砂浆防水层施工应分层铺抹或喷射，铺抹时应压实、抹平，最后一层表面应提浆压光。

⑦ 水泥砂浆防水层各层应紧密结合，连续施工不留施工缝，如确因施工困难需留施工缝时，留槎应采用阶梯坡形槎，接槎要依层次顺序操作，层层搭接紧密。留槎位置一般应留在地面上，亦可留在墙面上，但需离开阴阳角处 200mm 以上，如图 10-3 所示。在接槎部位继续施工时，需在阶梯形槎面上涂刷水泥浆或抹素灰一道，使接头密实不漏水。

⑧ 结构阴阳角处的防水层均需抹成圆角，阴角直径 50mm，阳角直径 10mm。

⑨ 遇有预制装配式结构时，应考虑采用刚柔结合的做法，即预制构件表面采用水泥砂浆刚性防水层，构件连接处采用柔性材料密封处理。

⑩ 水泥砂浆防水层不宜在雨天及五级以上大风中施工。冬期施工时，气温不

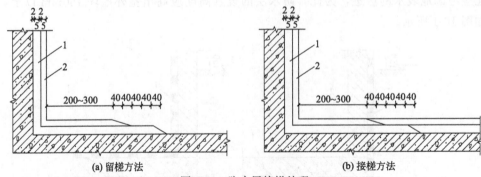

图 10-3　防水层接槎处理
1—素灰层；2—水泥砂浆层

应低于 5℃。夏季施工时，不应在 35℃ 以上或烈日照射下施工。

⑪ 水泥砂浆防水层终凝后，应及时进行养护，养护温度不宜低于 5℃，养护时间不得少于 14 天，养护期间应保持湿润。

2. 地下水泥砂浆防水施工基层处理

基层处理一般包括清理（将基层油污、残渣清除干净，光滑表面凿毛），浇水（基层浇水湿润）和补平（将基层凹处补平）等工序，使基层表面达到清洁、平整、潮湿和坚实粗糙，以保证砂浆防水层与基层黏结牢固，不产生空鼓和透水现象。

（1）砖砌体基层处理

① 将砖墙面残留的灰浆、污物清除干净，充分浇水湿润。

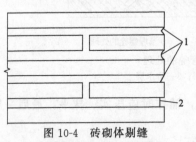

图 10-4　砖砌体剔缝
1—剔缝不合格；2—剔缝合格

② 对于用石灰砂浆和混合砂浆砌筑的新砌体，需将砌体灰缝剔进 10mm 深，缝内呈直角（图 10-4）以增强防水层与砌体的黏结力；对水泥砂浆砌筑的砌体，灰缝可不剔除，但已勾缝的需将勾缝砂浆剔除。

（2）料石或毛石砌体基层处理　这种砌体基层处理与混凝土和砖砌体基层处理基本相同。对于石灰砂浆或混合砂浆砌筑的石砌体，其灰缝应剔进 10mm，缝内呈直角；对于表面凹凸的石砌体，清理完毕后，在基层表面要做找平层。找平层做法是：先在砌体表面刷水灰比 0.5 左右的水泥浆一道，厚约 1mm，再抹 10～15mm 厚的 1∶2.5 水泥砂浆，并将表面扫成毛面，一次找不平时，隔 2 天再分次找平。

（3）混凝土基层处理

① 混凝土表面用钢丝刷打毛，表面光滑时，用剁斧凿毛，每 10mm 剁三道，有油污严重时要剥皮凿毛，然后充分浇水湿润。

② 混凝土表面有蜂窝、麻面、孔洞时，先用凿子将松散不牢的石子剔除，若深度小于 10mm 时，用凿子打平或剔成斜坡，表面凿毛；若深度大于 10mm 时，先剔成斜坡，用钢丝刷清扫干净，浇水湿润，再抹素灰 2mm，水泥砂浆 10mm，抹完后将砂浆表面横向扫毛；若深度较深时，等水泥砂浆凝固后，再抹素灰和水泥砂浆各一道，直至与基层表面平直，最后将水泥砂浆表面横向扫毛。

③ 当混凝土表面有凹凸不平时，应将凸出的混凝土块凿平，凹坑先剔成斜坡并将表面打毛后，浇水湿润，再用素灰与水泥砂浆交替抹压，直至与基层表面平直，最后将水泥砂浆横向扫毛。

④ 混凝土结构的施工缝，要沿缝剔成八字形凹槽，用水冲洗干净后，用素灰打底，水泥砂浆嵌实抹平。

3. 质量要求

① 水泥砂浆防水层各层之间必须结合牢固，无空鼓现象。

② 水泥砂浆防水层表面应密实、平整，不得有裂纹、起砂、麻面等缺陷；阴阳角处应做成圆弧形。

③ 水泥砂浆防水层施工缝留槎位置应正确，接槎应按层次顺序操作，层层搭接紧密。

第二节 地下卷材防水层施工

水泥砂浆防水属于刚性防水，在自建小别墅施工中，也有很多采用柔性防水，即卷材防水。卷材防水层应采用高聚物改性沥青防水卷材和合成高分子防水卷材。所选用的基层处理剂、胶黏剂、密封材料等配套材料，均应与铺贴的卷材特性相容。

一、施工步骤及要点

1. 施工步骤

（1）冷粘法铺贴主要施工步骤 基层清理→底胶涂布→复杂部位增强处理→卷材表面涂胶→基层表面涂胶→卷材铺贴→排气→压实→卷材接头粘贴→压实→卷材末端收头及封边处理→保护层施工。

（2）热熔法铺贴主要施工步骤 基层清理→底胶涂布→复杂部位增强处理→加热器加热卷材表面→卷材铺贴→排气→压实→刮封接口→保护层施工。

2. 施工要点

卷材防水层的具体施工要点可以参考以下内容进行。

① 铺贴卷材严禁在雨天、雪天施工；五级风及其以上不得施工；冷粘法施工气温不宜低于 5℃，热熔法施工气温不宜低于 −10℃。

② 铺贴高聚物改性沥青卷材应采用热熔法施工；铺贴合成高分子卷材采用冷

粘法施工。

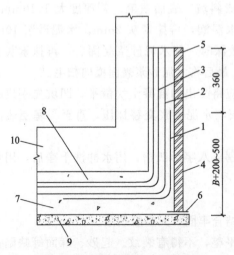

图 10-5　外防外贴防水层做法

1—附加防水层；2—卷材防水层；3—沥青卷材防水层；
4—永久性保护墙；5—临时性保护墙；6—干铺沥青卷材一层；
7—1：2.5 水泥砂浆找平层；8—细石混凝土 C20，50 厚；
9—混凝土垫层；10—需防水结构

（1）外防外贴冷粘法铺贴施工要点　外防外贴冷粘法构造如图 10-5 所示。

① 砌筑永久性保护墙。在防水结构的四周，同一垫层上用 M5 水泥砂浆砌筑半砖厚的永久性保护墙，墙体应比结构底板面高出 200～500mm 左右。

② 抹水泥砂浆找平层。在垫层和永久性保护墙表面抹 1：（2.5～3）的水泥砂浆找平层。找平层厚度、阴阳角的圆弧和平整度应符合要求。

③ 涂布基层处理剂。找平层干燥并清扫干净后，按照所用的不同卷材种类，涂布相应的基层处理剂，如采用空铺法，可不涂布基层处理剂。基层处理剂可用喷涂或刷涂法施工，喷涂应均匀一致，不露底。如基面较潮湿时，应涂刷湿固化型胶黏剂或潮湿界面隔离剂。

④ 复杂部位增强处理。阴阳角、转角等部位在铺贴防水层前，应用与墙体同种防水卷材作附加增强处理。

⑤ 铺贴卷材。卷材应先铺平面后铺立面。第一块卷材应铺贴在平面与立面相交的阴角处，平面和立面各占半幅卷材。待第一块卷材铺贴完后，根据卷材搭接宽度（长、短边均为 100mm）在第一块卷材上弹出基准线，以后卷材就按此基准线铺贴。

根据所用的高聚物改性沥青卷材或合成高分子卷材将相应的胶黏剂均匀地满涂在基层上（空铺法部分可不涂胶黏剂）和附加增强层和卷材上。其搭接边部分应预留出空白边，如直接采用卷材胶黏剂进行卷材与卷材、卷材与基层之间的黏结时，则不必留出空白搭接边。

待胶黏剂基本干燥后，即可铺贴卷材。在平面与立面交界部位，应先铺贴平面部位的半幅卷材，然后沿阴角根部由下向上铺贴立面部位的另一半卷材。立面部分卷材甩槎在永久性保护墙上。

卷材铺贴完后，用接缝胶黏剂将预留出的空白边搭接黏结。

热塑性合成高分子防水卷材的搭接边，可用热风焊法进行黏结。

⑥ 粘贴封口条。卷材铺贴完毕后，对卷材长边和短边的搭接缝应用建筑密封

材料进行嵌缝处理，然后再用封口条做进一步封口密封处理，封口条的宽度为 120mm，如图 10-6 所示。

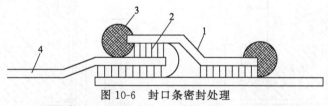

图 10-6 封口条密封处理
1—封口条；2—卷材胶黏剂；3—密封材料；4—卷材防水层

⑦ 铺设保护隔离层。平面和立面部位防水层施工完毕并经验收合格后，宜在防水层上虚铺一层沥青卷材作保护隔离层，铺设时宜用少许胶黏剂分散粘贴固定，以防在浇筑细石混凝土刚性保护层时发生位移。

⑧ 砌筑临时性保护墙。对立面部位在永久性保护墙上，用石灰砂浆砌筑 4 皮高半砖的临时性保护墙，压住立面甩槎的防水层和保护隔离卷材。

⑨ 浇筑平面保护层和抹立面保护层。卷材防水层铺设完，经检查验收合格后，底板部位即可浇筑不小于 50mm 厚的 C20 细石混凝土，浇筑时切勿损伤保护隔离层和防水层，如有损伤须及时修补，以免留下隐患。侧墙部位（永久性保护墙体）防水层表面抹 20 厚 1：3 水泥砂浆找平层加以保护。细石混凝土和砂浆保护层须压实、抹平、抹光。

细石混凝土和水泥砂浆保护层养护固化后，即可按设计要求绑扎钢筋、支设立面模板进行浇筑底板和墙体混凝土。

⑩ 结构外墙面抹水泥砂浆找平层。先拆除临时性保护墙体，然后在结构外墙面清理后抹 1：3 水泥砂浆找平层。

⑪ 铺贴外墙立面卷材防水层。将甩槎防水卷材上部的保护隔离卷材撕掉，露出卷材防水层，沿结构外墙进行接槎铺贴。铺贴时，上层卷材盖过下层卷材不应小于 150mm，短边搭接宽度不应小于 100mm。遇有预埋管（盒）等部位，必须先用附加卷材（或加筋防水涂膜）增强处理后再铺贴卷材防水层。铺贴完毕后，凡用胶黏剂粘贴的卷材防水层，应用密封材料对搭接缝进行嵌缝处理，并用封口条盖缝，用密封材料封边。卷材的甩槎、接槎做法见图 10-7 和图 10-8。

⑫ 外墙防水层保护层施工。外墙防水层经检查合格，确认无渗漏隐患后，可在立面卷材防水层外侧点粘 5～6mm 厚聚乙烯泡沫塑料片材或 40mm 厚聚苯乙烯泡沫塑料或砌筑半砖墙保护层。如用砖砌保护墙时，应每隔 5～6m 及转角处应留缝，缝宽不小于 20mm，缝内用油毡条或沥青麻丝填塞，保护墙与卷材防水层之间缝隙，随砌砖随用石灰砂浆填满，以防回填土侧压力将保护墙折断损坏。

⑬ 顶板防水层与保护层施工。顶板防水卷材铺贴同底板垫层上铺贴。铺贴完后应按设计要求做保护层，其厚度不应小于 70mm，防水层为单层时在保护层与防水层之间应设虚铺卷材作隔离层。

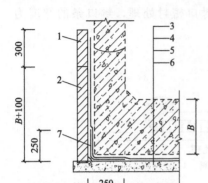

图 10-7　卷材防水层甩槎做法
1—临时保护墙；2—永久保护墙；
3—细石混凝土保护层；4—卷材防水层；
5—水泥砂浆找平层；6—混凝土垫层；
7—卷材加强层

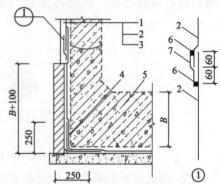

图 10-8　卷材防水层接槎做法
1—结构墙体；2—卷材防水层；3—卷材保护层；
4—卷材加强层；5—结构底板；6—密封材料；
7—盖缝条

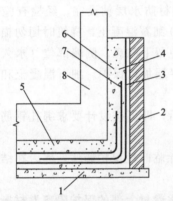

图 10-9　外防外贴热熔法铺贴法构造做法
1—混凝土垫层；2—永久性保护墙；3—找平层；
4—卷材防水层；5—细石混凝土保护层；
6—水泥砂浆或 5mm 厚聚乙烯泡沫塑料片材保护层；
7—卷材附加增强层；8—防水结构

回填土必须认真施工，要求分层夯实，土中不得含有石块、碎砖、灰渣等杂物，距墙面 500mm 范围内宜用黏土或 2∶8 灰土回填。

（2）外防外贴热熔法铺贴施工要点　防外外贴热熔法铺贴法构造如图 10-9 所示。

① 做混凝土垫层，如保护墙较高，可采用加大永久性保护墙下垫层厚度的做法，必要时可配置加强钢筋。

② 在垫层上砌永久性保护墙，厚度为 1 砖厚，其下干铺一层卷材，回填土随保护墙体砌筑进行。

③ 在垫层保护墙表面抹 1∶（2.5～3）水泥砂浆找平层，要求抹平、抹光，阴阳角处应抹成圆弧形。

④ 待找平层干燥后即可涂布基层处理剂。

⑤ 复杂部位增强处理同外防外贴法。

⑥ 卷材宜先铺立面后铺平面。立面部位的卷材防水层，应从阴阳角部位逐渐向上铺贴，阴阳角部位的第一块卷材，平面与立面各贴半幅，然后在已铺卷材的搭接边上弹出基准线，再按线铺贴卷材。卷材的铺贴方法、卷材的搭接粘接、嵌缝和封口密封处理方法与外防外贴相同。

⑦ 施工质量检查验收，确认无渗漏隐患后，先在平面防水层上点粘石油沥青

纸胎卷材保护隔离层，立面墙体防水层上粘贴 5～6mm 厚聚乙烯泡沫塑料片材保护层。施工方法与外防外贴法相同。然后在平面卷材保护隔离层上浇筑厚 50mm以上 C20 细石混凝土保护层。

⑧ 按设计要求绑扎钢筋和浇筑主体结构混凝土。利用永久性保护墙体替代模板。

二、质量要求

① 卷材防水层及其转角处、变形缝、穿墙管道等细部做法均须符合要求。

② 卷材防水层的基层应牢固，基面应洁净、平整，不得有空鼓、松动、起砂和脱皮现象；基层阴阳角处应做成圆弧形。

③ 卷材防水层的搭接缝应黏（焊）结牢固，密封严密，不得有皱褶、翘边和鼓泡等缺陷。

④ 侧墙卷材防水层的保护层与防水层应黏结牢固、结合紧密、厚度均匀一致。

第三节 卷材防水屋面施工

自建小别墅的平屋顶最为重要的一项施工就是防水，随着材料技术的不断进步，现在不少地方都是采用卷材防水，使用最多的卷材一般是沥青卷材、高聚物改性沥青卷材、合成高分子卷材这三种。

一、沥青卷材防水层施工

1. 主要施工步骤

沥青卷材防水层主要施工步骤：基层清理→涂刷冷底子油→弹线→铺贴附加层→铺贴卷材→铺设保护层。

2. 施工要点

（1）基层清理　基层验收合格，表面尘土、杂物清理干净并干燥。卷材在铺贴前应保持干燥，其表面的撒布物应预先清除干净，并避免损伤油毡。

（2）涂刷冷底子油　铺贴前先在基层上均匀涂刷两层冷底子油，大面积喷刷前，应将边角、管根、雨水口等处先喷刷一遍，然后大面积喷刷，第一遍干燥后，再进行第二遍，完全晾干后再进行下一道工序（一般晾干 12h 以上）。要求喷刷均匀无漏底。

（3）弹线　按卷材搭接规定，在屋面基层上放出每幅卷材的铺贴位置，弹上粉线标记，并进行试铺。

（4）铺贴附加层　根据细部处理的具体要求，铺贴附加层。

（5）铺贴卷材　在无保温层的装配式屋面上，应沿屋面板的端缝先单边点粘一层卷材,每边宽度不应小于100mm或采取其他增大防水层适应变形的措施,然后再铺贴屋面卷材。

冷贴法铺贴卷材宜采用刷油法。常温施工时,在找平层上涂刷沥青玛琋脂后,需经10~30min待溶剂挥发一部分而稍有黏性时,再平铺卷材,但不应迟于45min。刷油法一般以四人为一组,刷油、铺毡、滚压、收边各由一人操作。

① 刷油:操作人在铺毡前方用长柄刷蘸油涂刷,油浪应饱满均匀,不得在冷底子油上来回揉刷,以免降低油温或不起油,刷油宽度以300~500mm为宜,超出卷材不应大于50mm。

② 铺毡:铺贴时两手紧压卷材,大拇指朝上,其余四指向下卡住卷材,两脚站在卷材中间,两腿成前弓后蹲架式,头稍向下,全身用力,随着刷油,稳稳地推压油浪,并防止卷材松卷无力,一旦松卷要重新卷紧,铺到最后,卷材又细又松不易铺贴时,可用托板推压。

③ 滚压:紧跟铺贴后不超过2m,用铁滚筒从卷材中间向两边缓缓滚压,滚压时操作人员不得站在未冷却的卷材上,并负责质量自检工作,如发现气泡,须立即刺破排气,重新压实。

④ 收边:用胶皮刮压卷材两边挤出多余的沥青玛琋脂,赶出气泡,并将两边封严压平,及时处理边部的皱褶或翘边。

每铺贴一层卷材,相隔约5~8h,经抹压或滚压一遍,再继续施工上层卷材。

天窗壁、女儿墙、变形缝等立面部位和转角处(圆角)铺贴时,在卷材与基层上均应涂刷薄沥青玛琋脂一层,隔10~30min,待溶剂挥发一部分后,用刮板自上下两面往转角中部推压,使之服贴,黏结牢固。

(6) 铺设保护层

① 绿豆砂保护层施工。在卷材表面涂刷2~3mm厚的沥青玛琋脂,并随即将加热到100℃的绿豆砂,均匀地铺撒在屋面上,铺绿豆砂时,一人沿屋脊方向顺着卷材的接缝逐段涂刷玛琋脂,另一人跟着撒砂,第三人用扫帚扫平,迅速将多余砂扫至稀疏部位,保持均匀不露底,紧跟着用铁滚筒压平木拍板拍实,使绿豆砂1/2压入沥青玛琋脂中,冷却后扫除没有粘牢的砂粒,不均匀处应及时补撒。

② 板、块材保护层施工。卷材屋面采用板、块材作保护层时,板、块材底部不得与卷材防水层粘贴在一起,应铺垫干砂、低强度等级砂浆、纸筋灰等,将板、块垫实铺实。

板、块材料之间可用沥青玛琋脂或砂浆严密灌缝,铺设好的保护层应保证流水通顺,不得有积水现象。

③ 块体材料保护层每4~6m应留设分格缝,分格缝宽度不宜小于20mm。搬运板块时,不得在屋面防水层上和刚铺好的板块上推车,否则,应铺设运料通道,搬放板块时应轻放,以免砸坏或戳破防水层。

④ 整体材料保护层施工。卷材屋面采用现浇细石混凝土或水泥砂浆作保护层

时，在卷材与保护层之间必须做隔离层，隔离层可薄薄抹一层纸筋灰，或涂刷两道石灰水进行处理。

细石混凝土强度不低于 C20，水泥砂浆宜采用 1：2 的配合比。水泥砂浆保护层的表面应抹平压光，并设表面分格缝，分格面积宜为 1m²。

细石混凝土保护层的混凝土应密实，表面应抹平压光，并留设分格缝。分格缝木条应刨光（梯形），横截面高同保护层厚，上口宽度为 25～30mm，下口宽度为 20～25mm。

⑤ 水泥砂浆、块体材料或细石混凝土保护层与女儿墙之间应留宽度为 30mm 的缝隙，并用密封材料嵌填密实。

施工中途下雨时，应做好已铺卷材周边的防护工作。

二、高聚物改性沥青卷材防水层施工

1. 主要施工步骤

高聚物改性沥青卷材防水层主要施工步骤：基层处理→涂刷基层处理剂→弹线→铺贴附加层→铺贴卷材→铺设保护层。

2. 施工要点

（1）基层处理　应用水泥砂浆找平，并按设计要求找好坡度，做到平整、坚实、清洁，无凹凸形、尖锐颗粒，用 2m 直尺检查，最大空隙不应超过 5mm。

（2）涂刷基层处理剂　在干燥的基层上涂刷氯丁胶黏剂稀释液，其作用相当于传统的沥青冷底子油。涂刷时要均匀一致，无露底，操作要迅速，一次涂好，切勿反复涂刷，亦可用喷涂方法。

（3）弹线　基层处理剂干燥（4～12h）后，按现场情况弹出卷材铺贴位置线。

（4）铺贴附加层　参见沥青卷材施工。

（5）铺贴卷材　立面或大坡面铺贴高聚物改性沥青防水卷材时，应采用满粘法，并宜减少短边搭接。

铺贴多跨和高低屋面时，应先远后近，先高跨后低跨，在一个单跨铺贴时应先铺排水比较集中的部位（如檐口、水落口、天沟等处），再铺卷材附加层，由低到高，使卷材按流水方向搭接。

铺贴方法：根据卷材性能可选用冷粘贴、自粘贴或热熔贴等方法。

① 冷粘贴。按铺贴顺序在基层上涂刷（刮）一层氯丁胶黏剂，胶黏剂应均匀，不露底、不堆积，边刷边将卷材对准位置摆好，将卷材缓慢打开平整顺直铺贴在基层上，边用压辊均匀用力滚压或用干净的滚筒反复碾压，排出空气，使卷材与基层紧密粘贴，卷材搭接处用氯磺化聚乙烯嵌缝膏或胶黏剂满涂封口，辊压黏结牢固，溢出的嵌缝膏或胶黏剂，随即刮平封口，接缝口应用密封材料封严，宽度不应小于 10mm。粘贴形式有全粘贴、半粘贴（卷材边全粘，中间点粘或条粘）及浮动式粘贴（卷材粘成整体，使之与基层周边粘贴，中间空铺）。

冷粘法铺贴卷材应符合下列规定。

a. 胶黏剂涂刷应均匀、不露底、不堆积。卷材空铺、点粘、条粘时应按规定的位置及面积涂刷胶黏剂。

b. 根据胶黏剂的性能，应控制胶黏剂涂刷与卷材铺贴的间隔时间。

c. 铺贴的卷材下面的空气应排尽，并辊压黏结牢固。

d. 铺贴卷材应平整顺直，搭接尺寸准确，不得扭曲、皱褶。搭接部位的接缝应满涂胶黏剂，滚压粘贴牢固。

e. 接缝口应用材料相容的密封材料封严。

② 自粘贴。待基层处理剂干燥后，将卷材背面的隔离纸剥开撕掉直接粘贴于基层表面，排除卷材下面的空气，并辊压黏结牢固。搭接处用热风枪加热，加热后随即粘贴牢固，溢出的自粘膏随即刮平封口。接缝口亦用密封材料封严，宽度不应小于 10mm。

自粘法铺贴卷材应符合下列规定：

a. 铺贴卷材前基层表面应均匀涂刷基层处理剂，干燥后应及时铺贴卷材；

b. 铺贴卷材时，应将自粘胶底面的隔离纸全部撕净；

c. 卷材下面的空气应排尽，并辊压黏结牢固；

d. 铺贴的卷材应平整顺直，搭接尺寸准确，不得扭曲、皱褶。低温施工时，立面、大坡面及搭接部位宜采用热风加热，加热后随即粘贴牢固；

e. 接缝口应用材性相容的密封材料封严。

③ 热熔贴。火焰加热器的喷嘴距卷材面的距离应适中，幅宽内加热应均匀，以卷材表面熔融至光亮黑色为度，不得过分加热卷材。涂盖层熔化（温度控制在 100～180℃之间）后，立即将卷材滚动与基层粘贴，并用压辊滚压，排除卷材下面的空气，使之平展，不得皱褶，并应辊压黏结牢固。搭接缝处要精心操作，喷烤后趁油毡边沿未冷却，随即用抹子将边封好，最后再用喷灯在接缝处均匀细致地喷烤压实。采用条粘法时，每幅卷材的每边粘贴宽度不应小于150mm。

热熔法铺贴卷材应符合下列规定：

a. 火焰加热器加热卷材应均匀，不得过分加热或烧穿卷材；厚度小于 3mm 的高聚物改性沥青防水卷材严禁采用热熔法施工；

b. 卷材表面热熔后应立即滚铺卷材，卷材下面的空气应排尽，并辊压黏结牢固，不得空鼓；

c. 卷材接缝部位必须溢出热熔的改性沥青胶。溢出的改性沥青胶宽度以 2mm 左右并均匀顺直为宜，当接缝处的卷材有铝箔或矿物粒（片）料时，应清除干净后，再进行热熔和接缝处理；

d. 铺贴的卷材应平整顺直，搭接尺寸准确，不得扭曲、皱褶；

e. 采用条粘法时，每幅卷材与基层黏结面不应少于两条，每条宽度不应小于 150mm。

（6）保护层施工

① 宜优先采用自带保护层卷材。

② 采用浅色涂料作保护层时，应待卷材铺贴完成，经检验合格并清刷干净后涂刷。涂层应与卷材黏结牢固，厚薄均匀，不得漏涂。

③ 采用水泥砂浆、块体材料或细石混凝土做保护层时，参见"沥青防水层施工要点"中的相关内容。

三、合成高分子卷材防水层施工

1. 主要施工步骤

合成高分子卷材防水层主要施工步骤：基层处理→涂刷基层处理剂→弹线→铺贴附加层→涂刷胶黏剂→铺贴卷材→铺设保护层。

2. 施工要点

（1）基层处理 应用水泥砂浆找平，并按设计要求找好坡度，做到平整、坚实、清洁，无凹凸形、尖锐颗粒，用2m直尺检查，最大空隙不应超过5mm。

（2）涂刷基层处理剂 在基层上用喷枪（或长柄棕刷）喷涂（或涂刷）基层处理剂，要求厚薄均匀，不允许露底。

（3）弹线 基层处理剂干燥后，按现场情况弹出卷材铺贴位置线。

（4）铺贴附加层 对阴阳角、水落口、管子根部等形状复杂的部位，按设计要求和细部构造铺贴附加层。

（5）涂刷胶黏剂 先在基层上弹线，排出铺贴顺序，然后在基层上及卷材的底面，均匀涂布基层胶黏剂，要求厚薄均匀，不允许有露底和凝胶堆积现象，但卷材接头部位100mm不能涂布胶黏剂。如做排气屋面，亦可采取空铺法、条粘法、点粘法涂刷胶黏剂。

（6）铺贴卷材 立面或大坡面铺贴合成高分子防水卷材时，应采用满粘法并宜采用短边搭接。

① 待基层胶黏剂胶膜手感基本干燥，即可铺贴卷材。

② 为减少阴阳角和大面接头，卷材应顺长方向配置，转角处尽量减少接缝。

③ 铺贴从流水坡度的下坡开始，从两边檐口向屋脊按弹出的标准线铺贴，顺流水接槎，最后用一条卷材封脊。

④ 铺时用厚纸筒重新卷起卷材，中心插一根 $\phi30$、长1.5m铁管，两人分别执铁管两端，将卷材一端固定在起始部位，然后按弹线铺展卷材，铺贴卷材不得皱褶，也不得用力拉伸卷材，每隔1m对准线粘贴一下，用滚筒用力滚压一遍以排出空气，最后再用压辊（大铁辊外包橡胶）辊压粘贴牢固。

⑤ 根据卷材品种、性能和所选用的基层处理剂、接缝胶黏剂、密封材料，可选用冷粘贴、自粘贴、焊接法和机械固定法铺设卷材。

a. 冷粘法铺贴卷材应符合下列规定：

Ⅰ．基层胶黏剂可涂刷在基层和卷材底面，涂刷应均匀，不露底，不堆积，卷材空铺、点粘、条粘时应按规定的位置及面积涂刷胶黏剂；

Ⅱ．根据胶黏剂的性能，应控制胶黏剂涂刷与卷材铺贴的间隔时间；

Ⅲ．铺贴的卷材不得皱褶，也不得用力拉伸卷材，并应排除卷材下面的空气，滚压黏结牢固；

Ⅳ．铺贴的卷材应平整顺直，搭接尺寸准确，不得扭曲；

Ⅴ．卷材铺好压粘后，应将搭接部位的粘合面清理干净，并采用与卷材配套的接缝专用胶黏剂，在接缝粘合面上涂刷均匀，不露底，不堆积；根据专用胶黏剂性能，应控制胶黏剂涂刷与粘合间隔时间，并排除缝间的空气，滚压黏结牢固；

Ⅵ．搭接缝口应采用材料相容的密封材料封严；

Ⅶ．卷材搭接部位采用胶黏带黏结时，粘合面应清理干净，必要时可涂刷与卷材及胶黏带材料性能相容的基层胶黏剂，撕去胶黏带隔离纸后应及时粘合上层卷材，并滚压粘牢。低温施工时，宜采用热风机加热，使其粘贴牢固、封闭严密。

b．自粘法铺贴卷材应符合下列规定：

Ⅰ．铺贴卷材前，基层表面应均匀涂刷基层处理剂，干燥后及时铺贴卷材；

Ⅱ．铺贴卷材时应将自粘胶底面的隔离纸全部撕干净；

Ⅲ．铺贴卷材时应排除卷材下面的空气，并滚压黏结牢固；

Ⅳ．铺贴的卷材应平整顺直，搭接尺寸准确，不得扭曲、皱褶；低温施工时，立面、大坡面及搭接部位宜采用热风加热，加热后随即粘贴牢固；

Ⅴ．接缝口应用材性相容的密封材料封严。

c．焊接法和机械固定法铺贴卷材应符合下列规定：

Ⅰ．对热塑性卷材的搭接宜采用单缝或双缝焊，焊接应严密；

Ⅱ．焊接前，卷材应铺放平整、顺直，搭接尺寸准确，焊接缝的结合面应清扫干净；

Ⅲ．应先焊长边搭接缝，后焊短边搭接缝；

Ⅳ．卷材采用机械固定时，固定件应与结构层固定牢固，固定件间距应根据当地的使用环境与条件确定，并不宜大于600mm，距周边800mm范围内的卷材应满粘。

⑥ 卷材接缝及收头应符合下列规定。

a．卷材铺好压粘后，将搭接部位的结合面清除干净，并采用与卷材配套的接缝胶黏剂在搭接缝粘合面上涂刷，做到均匀，不露底、不堆积，并从一端开始，用手一边压合，一边驱除空气，最后再用手持铁辊顺序辊压一遍，使黏结牢固。

b．立面卷材收头的端部应裁齐，并用压条或垫片钉压固定，最大钉距不应大于900mm，上口应用密封材料封固。

（7）铺设保护层　与沥青卷材防水层相同。

四、卷材防水构造处理

① 当高跨屋面为无组织排水时，低跨屋面受水冲刷的部位应加铺一层整幅卷材，再铺设 300～500mm 宽的板材加强保护；当有组织排水时，水落管下应加设钢筋混凝土水簸箕（图 10-10）。

② 屋面防水卷材铺贴、卷材搭接以及对接、收头等铺贴做法见图 10-11～图 10-14。

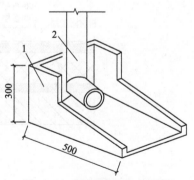

图 10-10　钢筋混凝土水簸箕
1—钢筋混凝土水簸箕；2—水落管

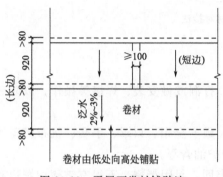

图 10-11　平屋面卷材铺贴法

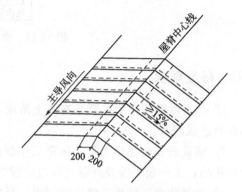

图 10-12　小坡屋面卷材铺贴法

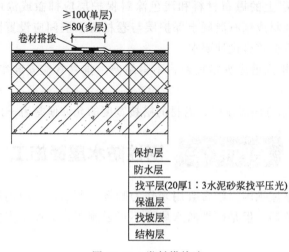

图 10-13　卷材搭接法

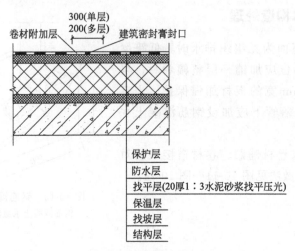

图 10-14　卷材对接法

五、质量要求

① 卷材屋面竣工后，禁止在其上凿眼、打洞或做安装、焊接等操作，以防破坏卷材造成漏水。

② 铺设沥青的操作人员，应穿工作服、戴安全帽、口罩、手套、帆布脚盖等劳保用品；工作前手脸及外露皮肤应涂擦防护油膏等。

③ 卷材防水层的搭接缝应黏（焊）结牢固，封闭严密，不得有皱褶、翘边和鼓泡等缺陷；防水层的收头应与基层黏结并固定牢固，缝口封严，不得翘边。

④ 卷材防水层上的撒布材料和浅色涂料保护层应铺撒或涂刷均匀，黏结牢固；水泥砂浆、块材或细石混凝土保护层与卷材防水层间应设置隔离层；刚性保护层的分格缝留置应符合设计要求。

⑤ 排汽屋面排汽道应纵横贯通，不得堵塞。排气管应安装牢固，位置正确，封闭严密。

⑥ 卷材的铺贴方向应正确，卷材的搭接宽度的允许偏差为 -10mm。

第四节 >> 刚性防水屋面施工

自建小别墅平屋顶因为经常会用来作为晒场，所以，采用钢筋混凝土刚性防水层的做法较为普遍。但是刚性防水属于不可逆施工，只要出点问题，就会导致无法挽回的损失。

1. 施工步骤

刚性防水屋面主要施工步骤：基层清理→细部构造处理→标高、坡度、分格缝弹线→绑钢筋→洒水湿润→浇筑混凝土→浇水养护→分格缝嵌。

刚性防水屋面的具体施工要点可以参考以下内容进行。

（1）基层清理 浇筑细石混凝土前，须待板缝灌缝细石混凝土达到强度，清理干净，板缝已做密封处理；将屋面结构层、保温层或隔离层上面的松散杂物清除干净，凸出基层上的砂浆、灰渣用凿子凿去，扫净，用水冲洗干净。

（2）细部构造处理 浇筑细石混凝土前，应按设计或技术标准的细部处理要求，先将伸出屋面的管道根部、变形缝、女儿墙、山墙等部位留出缝隙，并用密封材料嵌填；泛水处应铺设卷材或涂膜附加层；变形缝中应填充泡沫塑料，其上填放衬垫材料，并用卷材封盖，顶部应加扣混凝土盖板或金属盖板。

（3）标高坡度、分格缝弹线 根据设计坡度要求在墙边引测标高点并弹好控制线。根据设计或技术方案弹出分格缝位置线（分格缝宽度不小于 20mm），分格缝应留在屋面板的支承端、屋面转折处、防水层与突出屋面结构的交接处。分格缝最大间距为6m，且每个分格板块以 20～30m² 为宜。

（4）绑扎钢筋 钢筋网片按设计要求的规格、直径配料，绑扎。搭接长度应大于 250mm，在同一断面内，接头不得超过钢筋断面的 1/4；钢筋网片在分格缝处应断开；钢筋网应采用砂浆或塑料块垫起至细石混凝土上部，并保证留有10mm 的保护层。

（5）洒水湿润 浇混凝土前，应适当洒水湿润基层表面，主要是利于基层与混凝土层的结合，但不可洒水过量。

（6）浇筑混凝土

① 拉线找坡、贴灰饼。根据弹好的控制线，顺排水方向拉线冲筋，冲筋的间距为 1.5m 左右，在分格缝位置安装木条，在排水沟、雨水口处找出泛水。

② 混凝土浇筑。混凝土的浇筑应按先远后近、先高后低的原则。在湿润过的基层上分仓均匀地铺设混凝土，在一个分仓内可先铺 25mm 厚混凝土，再将扎好的钢筋提升到上面，然后再铺盖上层混凝土。用平板振捣器振捣密实，用木杠沿两边冲筋标高刮平，并用滚筒来回滚压，直至表面浮浆不再沉落为止；然后用木抹子搓平、提出水泥浆。浇筑混凝土时，每个分格缝板块的混凝土必须一次浇筑完成，不得留施工缝。

③ 压光。混凝土稍干后，用铁抹子三遍压光成活，抹压时不得撒干水泥或加水泥浆，并及时取出分格缝和凹槽的木条。头遍拉平、压实，使混凝土均匀密实；待浮水沉失，人踩上去有脚印但不下陷时，再用抹子压第二遍，将表面平整、密实，注意不得漏压，并把砂眼、抹纹抹平，在水泥终凝前，最后一遍用铁抹子同向压光，保证密实美观。

在混凝土达到初凝后，即可取出分格缝木条。起条时要小心谨慎，不得损坏分格缝处的混凝土；当采用切割法留分格缝时，缝的切割应在混凝土强度达到设计强度的 70% 以上时进行，分格缝的切割深度宜为防水层厚度的 3/4。

（7）养护 常温下，细石混凝土防水层抹平压实后 12～24h 可覆盖草袋（垫）、浇水养护（塑料布覆盖养护或涂刷薄膜养生液养护），时间一般不少于 14 天。

（8）分格缝嵌缝　细石混凝土干燥后，即可进行嵌缝施工。嵌缝前应将分格缝中的杂质、污垢清理干净，然后在缝内及两侧刷或喷冷底子油一遍，待干燥后，用油膏嵌缝。

2. 质量要求

① 细石混凝土防水层应表面平整、压实抹光，不得有裂缝、起壳、起砂等缺陷。

② 细石混凝土防水层表面平整度的允许偏差为 5mm。

第五节 》 厨卫间防水层施工

相对于其他施工项目来说，防水无疑是家居中最为重要的施工环节，因此，小别墅的厨房和卫生间在装修时一定要严格做防水。尤其是墙与地面之间的接缝及上下水之间的管道地面接缝处是最容易渗漏的地方，一定要督促工人处理好这些边角部位，防水涂料一定要涂抹到位。同时要求泥瓦工师傅给厨房、卫生间的上下水管一律做好水泥护根，从地面起向上刷 10～20cm 的防水涂料，然后地面再重做防水，以增强防水性。

做防水的时候应明确两点：

① 在进行下一道工序之前，一定要确认上一道工序已经基本干透，绝对不能着急；

② 另外有一点需要特别注意，在厨房，大家一般只在放洗衣机的部位做局部防水，其实，下水管道等与地面接触的部位都是容易漏水的地方，应该做局部防水。

目前家庭装修中厨房和卫生间常用的防水施工主要分为刚性防水和柔性防水两种。

1. 刚性防水施工

刚性防水主要是在找平、粉刷砂浆中加入适量的砂浆防水剂以起到防水效果，造价相对较低、工期较快，对基层要求不高。

（1）主要施工步骤　基层处理→刷防水剂→抹水泥砂浆→压光养护→做防水试验。

（2）刚性防水施工的过程和要点　可以参考以下内容进行。

① 基层处理。先用塑料袋之类的东西把排污管口包起来，扎紧，以防堵塞。对原有地面上的混凝土浮浆、砂浆落地灰等杂物清理干净，特别是卫生间墙地面之间的接缝以及上下水管与地面的接缝处等最容易出现问题的部位一定要清扫干净。房间中的后埋管可以在穿楼板部位按规范设置防水环，以加大防水砂浆与上下水管道表面的接触面积，加强防水层的抗渗效果。同时检查原有基层的平整度，保证防水砂浆的最薄处不小于 20mm，以避免防水砂浆因太薄开裂造成渗透，影

响防水效果。施工前在基面上用净水浆扫浆一遍，特别是卫生间墙地面之间的接缝以及上下水管道与地面的接缝处要扫浆到位。

②　使用防水胶先刷墙面、地面，干透后再刷一遍。然后再检查一下防水层是否存在微孔，如果有，及时补好。第二遍刷完后，在其没有完全干透前，在表面再轻轻刷上一两层薄薄的纯水泥层。

③　预留的卫生间墙面 300mm 和地面的防水层要一次性施工完成，不能留有施工缝，在卫生间墙地面之间的接缝以及上下水管与地面的接缝处要加设密目钢丝网，上下搭接不少于 150mm（水管处以防水层的宽度为准），压实并做成半径为 25mm 的弧形，加强该薄弱处的抗裂及防水能力。

④　在已完成的防水基面上压光平实，并在砂浆硬化后浇水养护，养护时间不少于 3 天。

⑤　待防水层干透后用水泥砂浆做好一个泥门槛，然后在防水地区蓄水进行测试，蓄水高 1～2cm 即可，时间为 24h，以没有发现顶面渗水为准。

在防水工程做完后，封好门口及下水口，在卫生间地面蓄满水达到一定液面高度，并做上记号，24h 内液面若无明显下降。尤其是在楼上的卫生间，一定要查看楼下有没有发生渗漏。如验收不合格，防水工程必须整体重做后，重新进行验收。千万别忽视这一环节，好多工人根本不重新做防水，都是打完玻璃胶完事，这样一旦事后漏水，再补救就来不及了，所以，防水实验一定要做。在确认无渗漏点后，再铺设地砖。

（3）质量要求

①　基层表面应平整，不得有松动、空鼓、起砂、开裂等缺陷，防水层厚度不少于 1.5mm、不露底。

②　从地面延伸不低于 250mm，浴室墙不低 1800mm。

③　与房间中其他管件、地漏等缝隙严密收头圆滑不渗漏。

④　防水层表面平整、均匀。

⑤　墙面与地面交接处的阴阳角应该做成圆弧形。

⑥　门槛石处的防水应该做到位。

（4）刚性防水施工注意事项

①　防水层施工的高度：建议卫生间墙面做到顶，地面满刷；厨房墙面 1m 高，最好到顶，地面满刷。

②　住宅楼卫生间地面通常比室内地面低 2～3cm，坐便器给排水管均穿过卫生间楼板，考虑到给水管维修方便，须给水管安装套管。

③　造成地面渗水的原因大致为：混凝土基层不密实，墙面及立管四周黏结不紧密，材质问题造成的地面开裂，混凝土养护不好造成的收缩裂缝及坐便器与冲水管连接处出现的缝隙。为保证地面垫层质量，推荐使用 1:2.5 防水水泥砂浆，并对管道四周及混凝土翻边处用透明防水剂或弹性防水涂料（液）进行重点处理，

以提高结构防水性能，并按设计 1‰ 的泄水坡度，坡向地漏管。

2. 柔性防水施工

柔性防水主要有卷材防水和涂膜防水，目前家庭装修中主要是采用涂膜防水，主要材料有聚氨酯、氰凝等，其中又以聚氨酯涂膜应用最为广泛。柔性防水适用范围较广，效果较好，但造价相对较高、工期较长，对基层要求较高，室内外高差要求在 5cm 以上。这里以聚氨酯涂膜防水层为例，介绍柔性防水层的具体施工过程。

(1) 主要施工步骤　清理基层表面→细部处理→配制底胶→涂刷底胶（相当于冷底子油）→细部附加层施工→第一遍涂膜→第二遍涂膜→第三遍涂膜防水层施工→防水层一次试水→保护层饰面层施工→防水层二次试水→防水层验收。

(2) 柔性防水施工的过程和要点　可以参考以下内容进行。

① 防水层施工前，应将基层表面的尘土等杂物清除干净，并用干净的湿布擦一次。

② 涂刷防水层的基层表面，不得有凸凹不平、松动、空鼓、起砂、开裂等缺陷，含水率一般不大于 9%。

③ 涂刷底胶（相当于冷底子油）。

a. 配制底胶，先将聚氨酯甲料、乙料加入二甲苯，比例为 1∶1.5∶2（质量比）配合搅拌均匀，配制量应视具体情况定，不宜过多。

b. 涂刷底胶，将按上法配制好的底胶混合料，用长把滚刷均匀涂刷在基层表面，涂刷量为 0.15～0.2kg/m²，涂后常温季节 4h 以后，手感不黏时，即可做下一道工序。

④ 涂膜防水层施工：聚氨酯防水材料为聚氨酯甲料，聚氨酯乙料和二甲苯，配比为 1∶1.5∶0.2（质量比）。在施工中涂膜防水材料，其配合比计量要准确，必须用电动搅拌机进行强力搅拌。

⑤ 细部附加层施工：地面的地漏、管根、出水口，卫生洁具等根部（边沿），阴、阳角等部位，应在大面积涂刷前，先做一布二油防水附加层，两侧各压交界缝 200mm。涂刷防水材料，具体要求是，在常温 4h 表面干后，再刷第二道涂膜防水材料，24h 实干后，即可进行大面积涂膜防水层施工。

⑥ 第一道涂膜防水层：将已配好的聚氨酯涂膜防水材料，用塑料或橡皮刮板均匀涂刮在已涂好底胶的基层表面，每平方米用量为 0.8kg，不得有漏刷和鼓泡等缺陷，24h 固化后，可进行第二道涂层。

⑦ 第二道涂层：在已固化的涂层上，采用与第一道涂层相互垂直的方向均匀涂刷在涂层表面，涂刮量与第一道相同，不得有漏刷和鼓泡等缺陷。

⑧ 24h 固化后，再按上述配方和方法涂刮第三道涂膜，涂刮量以 0.4～0.5kg/m² 为宜。三道涂膜厚度为 1.5mm。

除上述涂刷方法外，也可采用长把滚刷分层进行相互垂直的方向分四次涂刷。如条件允许，也可采用喷涂的方法，但要掌握好厚度和均匀度。细部不易喷涂的部位，应在实干后进行补刷。

⑨ 进行第一次试水，遇有渗漏，应进行补修，至不出现渗漏为止。

⑩ 防水层施工完成后，经过 24h 以上的蓄水试验，未发现渗水漏水为合格。

（3）质量要求

① 聚氨酯涂膜防水层的基层应牢固、表面洁净、平整，阴阳角处呈圆弧形或钝角。

② 聚氨酯底胶、聚氨酯涂膜附加层，其涂刷方法、搭接、收头应符合规定，并应黏结牢固、紧密，接缝封严，无损伤、空鼓等缺陷。

③ 聚氨酯涂膜防水层，应涂刷均匀，保护层和防水层黏结牢固，不得有损伤，厚度不匀等缺陷。

（4）柔性防水施工注意事项

①首先要用水泥砂浆将地面做平（特别是重新做装修的房子），然后再做防水处理。这样可以避免防水涂料因薄厚不均或刺穿防水卷材而造成渗漏。

② 防水层空鼓一般发生在找平层与涂膜防水层之间和接缝处，原因是基层含水量过大，使涂膜空鼓，形成气泡。

③ 防水层渗漏水，多发生在穿过楼板的管根、地漏、卫生洁具及阴阳角等部位，原因是管根、地漏等部件松动、黏结不牢、涂刷不严密或防水层局部损坏，部件接槎封口处搭接长度不够所造成。所以这些部位一定要格外注意，处理一定要细致，不能有丝毫的马虎。

④ 涂膜防水层涂刷 24h 未固化仍有粘黏现象，涂刷第二道涂料有困难时，可先涂一层滑石粉，在上人操作时，可不粘脚，且不会影响涂膜质量。

第六节　防水施工常见质量问题

自建小别墅防水施工常见的质量问题可见表 10-1。

表 10-1　防水施工常见的质量问题

部位	质量问题	现象	原因
地下水泥砂浆防水	空鼓或裂缝	砂浆防水层与基层脱离或鼓起，表面出现大小不等的缝隙	1. 在粉刷防水砂浆时，基层未清理干净，或者是表面光滑不毛糙，防水砂浆与基层产生黏结不良而脱离鼓起 2. 选用的水泥品种不当或者是安定性差，含有较多的有害成分，造成防水砂浆体积膨胀。或者是骨料中含有较多的泥量或泥块，遇水后体积膨胀 3. 对误差超出 30mm 的基层表面进行找平处理，导致灰浆层薄厚不均，体积收缩也不一致，产生收缩性的裂缝或者是厚层的砂浆脱落 4. 采用的外加剂质量不符合要求，或者是含有氯盐的成分较多，降低了砂浆的强度 5. 未对防水砂浆层进行养护，防水砂浆脱水干缩产生裂缝

部位	质量问题	现象	原因
地下水泥砂浆防水	局部渗透	在防水砂浆面层上或者是阴阳角处，出现有湿痕或者是返潮的斑点，并且阴湿面在通风不良的情况下还不断扩展，时间久后，砂浆层会粉化脱落	1. 就是防水砂浆拌制不均，防水砂浆层抹压不密实，或者是砂浆层过薄 2. 由于阴阳角处是抹灰的结合处，也是结构的薄弱处，所以当抹压较差时，则容易产生渗透现象
地下水泥砂浆防水	施工缝处漏水	在防水砂浆接缝处产生渗透湿痕，或出现点状或条状漏痕	1. 防水层施工时顺序不对，防水层留槎混乱，层次不清，各抹灰层搭接在同一位置 2. 施工留槎不正确，接槎时没有对槎口进行处理
地下卷材防水	卷材空鼓	铺贴的防水卷材，表面起鼓，或者是敲击其表面时有空鼓的声音	1. 铺贴卷材时，基体中含水分大，黏结材料与基层黏结不力。或者是基层表面未进行清理，表面上有灰尘，影响黏结 2. 铺贴时未经碾压，卷材下面的空气未排出，形成空鼓
地下卷材防水	卷材搭接错误	卷材搭接处搭接长度较少，或者是将卷材直接搭接在带有保护岩片的卷材上，接缝口未经封口处理	1. 施工时采用整卷平分所铺墙体或地面，使搭接头尺寸减小 2. 施工人员对接口处理不了解，形成误做封口
地下卷材防水	管道处粘贴不严实	采用防水卷材做防水层时，卷材与管道壁黏结不严实，有裂口或翘边等现象。并且这种现象与管道的大小成反比关系	1. 施工时未按要求施工，造成粘贴不严 2. 铺贴卷材时未做收边处理 3. 管道外壁生锈严重或者是表面粘有油污，铺贴卷材时与管道不能黏结严密 4. 管道与墙壁或者穿越处的周边不是圆弧过渡，使卷材不易接触到管与墙交接的根部而形成
卷材防水屋面	卷材起鼓	防水卷材铺贴后不久，局部卷材便会向上鼓起，成为蘑菇状。并且鼓起的蘑菇状由小到大逐渐发展	1. 屋面基层局部含水率高，卷材覆盖后由于受太阳照射的影响，水分要向外散发，但由于受到卷材的约束，蒸发的气体便向上挤拉卷材形成鼓起状 2. 施工时基层表面未清理干净，形成卷材同基层黏结不严，屋面受热膨胀后，未黏结的部位就会空鼓和起鼓
卷材防水屋面	卷材铺贴方向与搭接不对	在铺贴卷材时，未根据屋面的坡度确定卷材的铺贴方向。接缝时未根据铺贴方法和卷材的品种确定搭接宽度	1. 防水施工时不是专业防水施工人员，对防水要求不了解 2. 对所用的防水卷材品种性能不了解，按常规的做法进行材料搭接

续表

部位	质量问题	现象	原因
卷材防水屋面	水落管、天沟等部位渗漏	在屋面的水落管、天沟、檐口、管道处，是防水最为薄弱的环节，也是屋面渗漏最为严重而又是施工难度最大的部位，所以在这些部位最容易产生渗漏，影响屋面的防水质量和使用年限	1. 天沟纵向坡度小于5%，形成排水不畅 2. 铺贴卷材时未增设附加层或者是收头不良 3. 在女儿墙上，卷材没有被嵌进墙内，收头处未处理好，屋面与女儿墙交接处未做圆弧角，形成死角 4. 落水斗处防水坡度过小或者是口杯高出屋面面层 5. 檐口处卷材收头不符合要求
	保护层脱落或裂缝	采用散状材料时，材料与卷材不黏结，形成脱粒；块状材料保护层产生裂缝；整体材料的刚性保护层体积膨胀损坏，直接影响了屋面的防水和使用年限	1. 采用豆砂、云母等材料做保护层时，材料中含有石粉或泥土，或者在预热时温度不够，不能有效地同卷材相黏结 2. 块状材料做保护层时，由于未设分格缝，或者是材料本身强度低，产生裂缝或鼓起 3. 刚性保护层未设分格缝或分格缝面积太大，与女儿墙、山墙间未留间隔，引起体积膨胀而损坏
涂膜防水屋面	防水层渗漏	在防水涂料屋面上，有局部渗水或漏水，或者是在女儿墙、管道等节点处产生渗漏	1. 屋面基层有裂缝，在涂布前未对基层缺陷进行修补 2. 施工时涂刷防水材料不均匀，有漏涂现象，形成渗漏 3. 在结构节点处未设附加层，或者是施工工序不对产生渗漏
	防水层开裂	在屋面上有肉眼可见的不规则裂缝，裂缝宽度在0.1mm或者更大，使屋面产生渗漏	1. 当楼面为装配式构件时，会有纵向和横向裂缝，或者是找平层上产生有不规则的裂缝 2. 采用的防水涂料质量较差，断裂拉伸性能差，在基层裂缝和冬期冷缩作用下产生开裂 3. 施工过程中，胎体增强材料产生断裂或者是搭接处没有处理好，形成裂缝
刚性防水屋面	防水层起砂	屋面防水层产生脱皮、起砂，并且随着时间的延长面积会逐步扩大	1. 水泥强度等级偏低，水泥用量少，混凝土的强度低 2. 砂中的含泥量大或者是石子中的石粉量过大 3. 浇筑混凝土时未压实收光，养护不及时或时间较短，水泥水化不充分 4. 混凝土在初凝中施工人员在上面作业，使面层破损
	防水层开裂	防水混凝土浇后不久产生的裂缝主是施工裂缝或者是水泥体产生收缩而产生的不规则裂缝；如果顺着屋面楼板的接缝处产生的通长裂缝，则表明是结构裂缝；而有规矩的裂缝或是分布比较均匀的裂缝，一般为温差形成的裂缝	1. 结构主体的沉降或者是楼板受荷后变形下挠，刚砌墙体的收缩，均会直接导致防水层裂缝的产生 2. 基层表面干燥，浇筑混凝土时水分消耗较大，影响水泥的水化作用，混凝土强度降低。施工中混凝土未振压密实，石子界面处形成湿缝，混凝土体积收缩后产生裂缝 3. 混凝土找坡不正确，混凝土振动时向下流坠，接缝处又没有结合好形成裂缝

部位	质量问题	现象	原因
刚性防水屋面	防水屋面渗漏	采用细石混凝土所做的刚性防水屋面，由于施工缝和山墙、女儿墙、落水口、管道、板缝结构处，容易产生渗漏现象，影响室内的正常生活	1. 防水层未按设计找坡，或者是找坡的坡度不符合要求，形成积水后产生渗漏 2. 在女儿墙和楼梯间墙体与防水层分格缝相交的部位，由于混凝土收缩和温度变形产生拉应力，在分格缝的末端应力集中而导致开裂 3. 细石混凝土刚性屋面不产生渗漏，但是，由于女儿墙外面与屋面连接处产生有水平裂缝，再加上女儿墙顶泛水坡度不对，雨水顺女儿墙顶下流至水平裂缝处渗入屋内 4. 非承重山墙与屋面板变形不一致，在连接处易被拉裂 5. 楼板嵌缝质量不高，形成板间和板端裂缝而使刚性屋面产生裂缝而渗漏 6. 屋面分格缝未与屋面板端缝对齐，在外荷载、温差作用下，屋面板中部下挠，板端上翘，使防水层裂开 7. 嵌缝油膏的黏结性、柔韧性以及抗老化能力差，不能适应防水层的收缩变形产生拉裂缝 8. 突出屋面的管道根部嵌填不严实，或者落水斗的底面坐浆或嵌填不密实而导致渗漏

第十一章

自建小别墅的装饰建材选用

第一节 》》 **基础性装饰建材**

一、常见的装饰材料分类

常见的装饰材料可分为以下 15 种。

（1）装饰石材　花岗石、大理石、人造石等。

（2）装饰陶瓷　通体砖、抛光砖、釉面砖、玻化砖、陶瓷锦砖等。

（3）装饰骨架材料　木龙骨、轻钢龙骨、铝合金骨架、塑钢骨架等。

（4）装饰线条　木线条、石膏线条、金属线条等。

（5）装饰板材　木芯板、胶合板、贴面板、纤维板、刨花板、人造装饰板、防火板、铝塑板、吊顶扣板、石膏板、矿棉板、阳光板、彩钢板、不锈钢装饰板、实木拼花地板、实木复合地板、人造板地板、复合强化地板、薄木敷贴地板、立木拼花地板、集成地板、竹质条状地板、竹质拼花地板等。

（6）装饰塑料　塑料地板、铺地卷材、塑料地毯、塑料装饰板、墙纸、塑料门窗型材、塑料管材、模制品等。

（7）装饰纤维织品　地毯、墙布、窗帘、家具覆饰、床上用品、巾类织物、餐厨类纺织品、纤维工艺美术品等。

（8）装饰玻璃　平板玻璃、磨砂玻璃、压花玻璃、夹层玻璃、钢化玻璃、中空玻璃、雕花玻璃、玻璃砖、泡沫玻璃、镭射玻璃等。

（9）装饰涂料　清油清漆、厚漆、调和漆、硝基漆、防锈漆、乳胶漆、石质漆等。

（10）装饰五金配件　门锁拉手、合页铰链、滑轨道、开关插座面板等。

　　(11) 管线材料　电线、铝塑复合管、PPR 给水管、PVC 排水管等。

　　(12) 胶凝材料　水泥、白乳胶、地板胶、粉末壁纸胶、玻璃胶等。

　　(13) 装饰灯具　吊灯、吸顶灯、筒灯、射灯、壁灯、软管灯带等。

　　(14) 卫生洁具　洗面盆、抽水马桶、浴缸、淋浴房、水龙头、水槽等。

　　(15) 电器设备　热水器、浴霸、抽油烟机、整体橱柜等。

二、怎样买到合格的装饰材料

　　自建小别墅装饰所涉及的材料品种繁多，但材料质量的优劣直接制约着家居装饰的效果和使用寿命。在选购装饰材料时要货比三家，应选择合格的品牌产品。常见的几种装饰材料的选购要点如下。

　　(1) 饰面板　基层板好，饰面层厚度大于或等于 0.3mm，且均匀一致，块与块之间的拼接看不到缝隙，纹理、质地、色泽基本一致，不透底，无破损及划痕，环保达标。

　　(2) 大芯板　双面面板完整、光滑、色质好、表面平整，无挡手感，无翘曲现象，芯板木方方正，拼接严实牢固，材质均为杉木，环保达标。

　　(3) 夹板　表面平整、光滑、无破损、无补丁，层与层之间黏合牢固，每层厚度均匀一致，平放基本不翘曲，环保达标。

　　(4) 石膏板　可锯、可刨、强度高，纸面不起泡，厚度均匀。

　　(5) 防火板　厚度达到标准、颜色悦人、韧性好，不脆，高温不变形。

　　(6) 木地板　尺寸一致，外形方正，材质好，拼口平整，漆面平整光滑、耐磨，无翘曲现象。

　　(7) 线条　纹理、质地、色泽基本一致，外形方正、表面光滑、无变形、尺寸达标。

　　(8) 瓷砖　尺寸一致，无色差；表面平整、无翘曲、无缺棱掉角，敲击时声音清脆、耐污力强、吸水率低、环保达标。

　　(9) 洁具　表面光洁、颜色正、轻敲声音清脆，正规厂家生产有产品合格证和保修卡、国家技术监督部门的质检报告。

　　(10) 五金件　表面光洁，手掂有沉重感，螺纹加工标准，能转动部位灵活，有产品合格证和保修卡。

三、怎样选木工板

　　说起装修中的木质板材，大多数人都会认为天然的才是最好的。天然的板材当然好，但其价格也比较贵（图 11-1）。如果你预算有限的话，不妨选择人造板材（图 11-2）。随着制造工艺的进步，人造板从质量和美观上都不输于实木板材，同时价格要相对低很多。另外，人造板改变了木材原有的物理结构，"形变"要比实木小得多。

图 11-1 天然胶合板

图 11-2 人造板

细木工板又称为大芯板、木芯板，它是利用天然旋切单板与实木拼板经涂胶、热压而成的板材。细木工板（图 11-3）具有规格统一、加工性强、不易变形、可粘贴其他材料等特点，是室内装饰装修中常用的木材制品。

细木工板握钉力好、强度高，具有质坚、吸声、绝热等特点，其含水率在 10％～13％之间，施工简便，用途最为广泛。虽然细木工板比实木板材稳定性强，但怕潮湿，应注意避免将其用在厨房或者卫生间。

细木工板按照加工工艺上可分为两类：一类是手工板，它是用人工将木条镶入夹层之中，这种板握钉力差、缝隙大，不宜锯切加工，一般只能整张使用，如做实木地板的垫层等；另

图 11-3 以细木工板为基材的
整体收纳柜效果

一类是机制板，其质量优于手工板，质地密实，夹层树种握钉力强，可做各种家具。但有些小厂家生产的机制板板内空洞多，粘接不牢固，质量很差。

细木工板根据材质的优劣及面材的质地可分为优等品、一等品及合格品。也有企业将板材等级标为"A 级"、"AA 级"和"AAA 级"，但是这只是企业行为，国家标准中根本没有"AAA 级"，目前相关部门已经禁止细木工板产品上出现这种标注。

大芯板内芯的材质有许多种，如杨木、桦木、松木、泡桐等。其中以杨木、桦木为最好，质地密实，木质不软不硬，握钉力强，不易变形；而泡桐的质地较软，吸收的水分多，不易烘干，用其制成的板材在使用过程中，当水分蒸发后，板材易干裂、变形。而硬木质地坚硬，不易压制，拼接结构不好，握钉力差，变形系数大。

在选购细木工板时，应注意以下几点。

① 细木工板的质量等级分为优等品、一等品和合格品。细木工板在出厂前，应在每张板背右下角加盖不褪色的油墨标记，标明产品的类别、等级、生产厂代号、检验员代号；类别标记应当标明"室内"、"室外"字样。如果板材上没有这些信息或者信息不清晰，就要注意了。

② 检查产品外观。尽量挑选表面平整，节疤、起皮少的板材；观察板面是否有起翘、弯曲，有无鼓包、凹陷等；观察板材周边有无补胶、补腻子现象；查看芯条排列是否均匀、整齐，缝隙越小越好。板芯的宽度不能超过其厚度的 2.5 倍，否则容易变形。

③ 展开手掌，用手轻轻抚摸板面，如感觉扎手，则表明其质量不高。用双手将细木工板一侧抬起，上下抖动，听是否有木料拉伸断裂的声音，有则说明其内部缝隙较大，空洞较多。优质的细木工板会有一种整体感、厚重感。

④ 可将细木工板从侧面拦腰锯开，观察板芯的木材是否均匀、整齐，有无腐朽、断裂、虫孔等，实木条之间缝隙是否较大。将鼻子贴近细木工板剖开截面处，闻一闻是否有强烈刺激性气味。如果细木工板散发清香的木材气味，说明甲醛释放量较少；如果气味刺鼻，说明甲醛释放量较多，最好不要购买。

⑤ 要防止个别不良商家为了销售伪劣产品，有意混淆 E1 级和 E2 级产品。细木工板根据其有害物质限量分为 E1 级和 E2 级，其有害物质主要是甲醛。家庭装饰装修只能使用 E1 级的细木工板，E2 级的细木工板即使是合格产品，其甲醛含量也可能要超过 E1 级板 3 倍之多。

⑥ 最好向商家索取细木工板检测报告和质量检验合格证等文件。细木工板的甲醛含量应小于等于 1.5mg/L 才可直接用于室内，而大于 5mg/L 的必须经过饰面处理后才能用于室内。所以，购买细木工板时一定要向商家问清楚，该产品是否符合国家室内装饰材料标准，并要求对方在发票上注明产品的标准、等级等信息。

⑦ 货物装车时，要注意检查装车的细木工板是否与销售时所看到的样品一致，防止部分不法商家"偷梁换柱"。

四、怎样选腻子粉

腻子粉呈粉末状，是漆类施工前，对施工面进行预处理的一种表面填充材料，腻子分油性腻子与水性腻子，分别用于油漆、乳胶漆施工。

腻子粉分成品腻子和现场调配腻子两种，主要是在涂装时对墙面进行处理，使墙面平整，以便于进行涂料作业。

成品腻子主要有如下优点。

① 它是根据合理地材料配比、机械化方式生产出来的，避免了传统工艺中现场配比造成的差错以及质量得不到保证的问题。

② 传统工艺中必须加入901等胶水，而胶水则含有过多的有害物质，尤其是甲醛，因此在墙面批完腻子后，会有使人不适的气味。而腻子粉原料除滑石粉外，其黏合剂为天然植物胶剂，其有害物质含量远远低于国家要求。

③ 传统工艺中还要用到纤维素钠，它需要用水长时间泡后才能使用，其结果很有可能对室内环境造成损害。而腻子粉其中的原料极易溶于水，只要加水搅拌就可以使用。

整个墙体装饰的好坏不但取决于油漆和涂料，还和腻子粉的质量有关系。俗话说得好，"七分腻子三分漆，好漆还需好腻子"就是这个道理。腻子粉在墙体装饰中起到了至关重要的作用。

选择腻子粉时可以从以下几个方面加以辨别：

① 首先要选择正规的销售经营店，选择知名厂家的产品；

② 其次看是否有产品检测报告；

③ 用样品试验一下。仅靠眼睛来看，很难分别出产品质量的好坏，最好用一些样品或者少量的买一点，试用一下，看它的和易性、施工性能、成膜后是否粉化、起皮、开裂和最终强度、白度、可打磨度等。

五、怎样选上下水管

选择上下水管时，要注意以下几个方面的问题。

① 闻一闻水管有没有异味。劣质管材多掺入再生有毒塑料，闻之常有刺鼻的异味。

② 看水管的颜色、厚度、光泽度，管外壁是否注明商标、规格、温度、压力、生产批号、出产日期以及实际产地，铝塑管还要看铝层厚度、均匀度；再就是要检查有没有卫生许可证。没有卫生许可证的水管，是不能用于饮用水管道的。

③ 要到正规的有管材授权经销书的代理店或厂家购买。

④ 注意购买的管材、管件是否是同一厂家生产。

⑤ 购买产品时，要记得索取产品服务卡。

⑥ 选择合适的材质。目前市场上水管的种类较多，如铝塑复合管、铜管、PPR管、不锈钢管等，不同材质的水管，其特点和用途也有所区别，在选购时要加以注意。常见不同材质水管的对比见表11-1。

表 11-1　常见不同材质水管的对比

材质	用处	优点	不足
铝塑复合管	可作为供水管道	有较好的保温性能，内外壁不易腐蚀，内壁光滑，对流体阻力很小；可随意弯曲，安装施工方便，宜做明管施工或将其埋于墙体内	在作热水管使用时，由于长期的热胀冷缩可能会造成卡套式连接错位以致造成渗漏，不宜埋入地下

续表

材质	用处	优点	不足
铜管	主要用于供水系统	具有耐腐蚀、灭菌等优点，是水管中的上等品。接口方式有卡套和焊接两种，其中后者居多	价格贵，只有较为高档的装修才会大量使用
PPR管	主要用于冷热水系统	耐腐蚀、内壁光滑不易结垢，耐热、保温性能好，卫生、无毒，价格比较便宜，施工方便	本身没有什么缺点，是最佳的选择。不过由于生产工艺较简单，市面存在大量的假冒或质量不合格产品
不锈钢管	用于冷热水系统	耐腐蚀，不易氧化生锈，抗腐蚀性强，使用安全可靠，抗冲击性强、热传导率相对较低	价格相对较高，另外，在选择使用时要注意选择耐水中氯离子的不锈钢型号

六、怎样选五金件

五金件按使用功能分为普通五金类和特殊五金类。普通五金类按设置方式分为合叶铰链滑轨类、装饰拉手类、装饰锁具类；特殊五金类按设置方式分为浴室五金类和厨房挂件类。

1. 选购铰链

铰链（合页）按用途分平板、弹簧（烟斗）、自关、玻璃铰链等；按材质分不锈钢、铜、钢加镀层、铸铁铰链等。平板铰链多用于房间木门，弹簧铰链多用于柜门，自关铰链多用于卫生间，玻璃铰链用于玻璃门。

平板铰链一般有四个轴承，平板铰链的好坏主要取决于轴承的质量，相对而言，轴承直径越大越好，壁板越厚越好，手平拿铰链一片，让另一片自由下滑，匀速且慢的较好。弹簧（烟斗）铰链有全盖、半盖、不盖之分，用于柜门与柜体的三种不同连接方式。

选择弹簧铰链主要是认准品牌，小品牌铰链的弹簧片大部分容易老化、疲劳，致使柜门下垂。不锈钢和钢板铰链的壁板较薄，但韧性好，不易断裂。铸铁铰链虽然壁板较厚，但易断裂。选择弹簧铰链时，还要注意铰链上不要缺少调节螺丝，因为此螺丝丢了不容易配。玻璃铰链有中间轴和上下轴之分，中间轴的需要打孔，用得越来越少；上下轴的不需要打孔。

2. 锁具的选择

如今市面上的锁具种类繁多，就门锁而言，按用途分门户锁、卧室锁、通道锁、浴室锁等；按形状分球形锁、执手锁、插芯锁、呆锁等。选择锁具时要注意以下几点。

① 选择知名品牌的产品，同时要看门锁的锁体表面是否光洁，有无影响美观的缺陷。

② 注意选购和门为同一开启方向的锁。将钥匙插入锁芯孔开启门锁，看开启是否畅顺、灵活。

③ 注意一下门边框的宽窄，球形锁和执手锁能安装的门边框不能小于 90cm。选择时可以旋转门锁执手、旋钮，看其开启是否灵活。

④ 一般门锁适用于厚度为 35～45mm 的门，有些门锁甚至能适用于 50mm 的门。门锁锁舌伸出的长度不能过短。

⑤ 部分执手锁有左右手之分，购买时要留意。判别执手锁是左手还是右手的方法很简单：站在门外侧面对门，门铰链在右手处即为右手门，在左手处即为左手门。

⑥ 互开率是锁和钥匙的互开比例，一把钥匙打开的锁越少，证明这把锁的安全可靠性越强。在选购时要尽量去挑选钥匙牙花数多的锁，因为钥匙的牙花数越多，差异性越大，锁的互开率就越低。

3. 拉手的选择

拉手是拉或操纵"开、关、吊、提"的用具。目前，直线形的简约风格、粗犷的欧洲风格的铝材拉手比较畅销（图 11-4），长短从 35mm 到 420mm 都有。近年来，市场上出现了水晶拉手、铸铜钛金拉手、镶钻镶石拉手等新型拉手。现在的拉手已经摆脱了过去单纯的不锈钢色、黑色、古铜色等，色彩多样。拉手的材料主要有锌合金、铜、铁、铝、原木、陶瓷、塑胶、水晶、不锈钢、亚克力、大理石等。

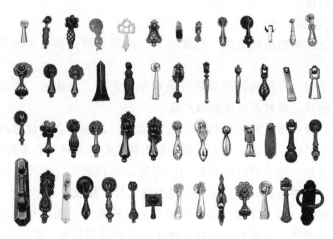

图 11-4　拉手

现在拉手的花样繁多，款式也不断翻新，拉手的选择也各有所好。从材质上讲，全铜、全不锈钢的较好，合金、电镀的较差，塑料的正濒临淘汰。

拉手有用螺钉和胶粘两种固定方式，一般用螺钉固定的结实，胶粘的不实用。

在选购拉手时主要是看其外观是否有缺陷、电镀光泽如何、手感是否光滑等。根据自己喜欢的颜色和款式，配合家具的样式和颜色，选一些款式新颖、颜色协调的拉手。此外，拉手还应能承受较大的拉力。

第二节 ▶▶ 墙面、地面建材

一、怎样选内墙涂料

1. 内墙涂料的分类

内墙涂料是目前室内装饰装修中最常用的墙面装饰材料。根据溶剂的不同，内墙涂料可分为水溶性涂料和溶剂型涂料。

① 水溶性涂料无污染、无毒、无火灾隐患，易于涂刷、干燥迅速，漆膜耐水、耐擦洗性好，色彩柔和。水溶性涂料以水作为分散介质，无环境污染问题，透气性好，避免了因涂膜而导致内外温度压力差引起的起泡问题，适合未干透的新墙面涂刷。

② 溶剂型内墙涂料以高分子合成树脂为主要成膜物质，必须使用有机溶剂为稀释剂。该涂料是用一定的颜料、添料及助剂经混合研磨而制成的，是一种挥发性涂料，价格比水溶性涂料高。此类涂料因为含有易燃溶剂，所以施工时易造成火灾。在低温施工时，其性能好于水溶性涂料和水溶性涂料，有良好的耐候性和耐污染性，有较好的厚度、光泽、耐水性、耐碱性，但在潮湿的基层上施工时易起皮、起泡、脱落。

2. 内墙涂料的选购

目前市场上涂料的品牌众多、档次各异、品质不同。在挑选涂料时，可参照下列步骤选购。

（1）用鼻子闻 真正环保的涂料应是水性、无毒、无味的，如果闻到刺激性气味或工业香精味，最好不要选购该产品。

（2）用眼睛看 质量好的涂料放一段时间后，其表面会形成厚厚的、有弹性的氧化膜，不易开裂；而次品只会形成一层很薄的膜，易碎且有辛辣气味。

（3）用手感觉 用木棍将涂料拌匀，再用木棍挑起来，优质涂料往下流时会呈扇面形。用手指摸涂料，质量好的涂料手感光滑、细腻。

（4）动手擦洗 将少许涂料刷到水泥墙上，涂层干后用湿抹布擦洗，高品质的涂料耐擦洗性很强，而低档的涂料只擦几下就会出现掉粉、露底的褪色现象。

（5）最好到信誉好的建材超市或专卖店去购买知名品牌 选购涂料时，要认清商品包装上的标识，特别是厂名、厂址、产品标准号、生产日期、有效期及产品使用说明书等。最好选购通过 ISO 14001 和 ISO 9000 体系认证企业的产品，这类企业的产品质量比较稳定。产品应符合《室内装饰装修材料内墙涂料中有害物质限量》标准并获得环境认证标志。购买涂料后，一定要向商家索取发票等凭证。

3. 外墙涂料能够用来刷内墙么

将外墙涂料用来刷内墙，从环保的角度讲没有太大问题。

内、外墙涂料有各自的特殊要求。外墙涂料用于涂刷于建筑外立面，所以最重要的一项特性是抗紫外线照射，能够长时间接受阳光照射不变色；而内墙漆用于室内墙面涂刷，对抗紫外线照射的要求比外墙漆低得多。内墙涂料对耐擦洗性能的要求很高，日常生活中墙面很容易被弄脏，能用水直接清洁墙面是对内墙涂料的基本要求。外墙涂料也要有一定的抗水性能，要有自洗性，漆膜要硬、平整，脏污一冲就掉。内、外墙涂料的弹性都很重要，漆有弹性就可以防止由温度、气候变化引起的开裂。

外墙漆能用于内墙涂刷，主要是因为它也具有抗水性能；而内墙漆不具备抗紫外线照射功能，所以不能用来涂刷外墙。所以，内、外墙涂料还是专项专用为好。

内、外墙涂料对环保性能有着相同的要求。一些业主提出"外墙漆能否用来涂刷内墙"这个疑问，主要是关心环保问题，担心外墙涂料的环保性能低，会造成室内空气污染。事实上，只要是质量合格的涂料，无论是内墙漆还是外墙漆，其污染都是在允许范围之内的。

二、怎样选墙纸

（1）在选壁纸时，一定要根据需要和功能来进行挑选

① 根据年龄和爱好进行选择。老年人的居室要求朴素、庄重，宜选用花色淡雅、偏绿、偏蓝的色调，图案花纹应精巧细致；儿童卧室应欢快活泼，富有朝气，颜色新奇丰富、花样可选卡通人物型、童话型、积木型或花丛型；青年人则应配以欢快、轻松之感的图案。

② 根据功能区域选择壁纸。壁纸的色调与家具、窗帘、地毯、灯光相衬，室内环境则会显得和谐统一。对于卧室、客厅、餐厅等不同的功能区，最好选择不同的壁纸，以达到与家具色调协调的效果。暗色及明快的颜色适宜用在餐厅和客厅；冷色及亮度较低的颜色适宜用在卧室及书房；面积小或光线暗的房间宜选用图案较小的壁纸。

③ 根据房间大小选择壁纸。竖条纹状图案的壁纸能增加居室的视觉高度，长条状的花纹壁纸具有恒久性、古典性、现代性与传统性等各种特性，是完美的选择之一。长条状的设计可以把颜色用最有效的方式散布在整个墙面上，而且简单高雅，非常容易与其他图案搭配。

④ 根据房间用途选择壁纸。大花朵图案的壁纸可降低居室拘束感，适合格局较为平淡的房间。而印有细小、规律图案的壁纸能增添居室的秩序感，可以为居室提供一个既不太夸张又不会太平淡的背景墙。

⑤ 注意根据大面积裱贴后的视觉效果来选择。产品样本的小样与大面积装修后的效果，由于距离远近和空间搭配不同，可以造成视觉误差。如有时看样本很好，但贴满大面积墙面后，效果却大打折扣。

（2）壁纸的质量可以综合使用以下几种方法进行鉴别

① 用水试。用水擦拭或者用水浸泡一下壁纸，看其是否掉色或褪色，还可以做滴水试验，看其是否透气，不透气的壁纸容易翘边，透气性好的壁纸不易翘边、起泡和褪色。

② 用火试。裁一小块壁纸烧一下，看其是否冒黑烟，有无异味和臭味。好壁纸烧的时候冒白烟，会散发出淡淡的木质清香味。

③ 用鼻子闻。闻一下壁纸，看其是否有刺鼻的气味。好壁纸一般无异味、臭味。

④ 用手摸。用手摸一下壁纸，看其是黏稠还是舒爽。好壁纸摸起来舒服清爽。

⑤ 选颜色。时下流行的亚光色壁纸比较耐看，上墙效果极佳，而金属色壁纸在灯照下会很刺眼，看的时间长了会让人产生视觉疲劳，而且容易显得俗气。

⑥ 选材质。木纤维木浆壁纸及纯纸类天然绿色材质壁纸更加环保。

⑦ 选技术好的。生产技术好的厂家生产的壁纸，站在 1m 距离处看不到明显贴缝。

⑧ 选服务好的。尽量选择售后服务好的品牌壁纸，万一出现什么问题，也能够得到及时解决。

此外，在购买壁纸时，要确定所购买的每一卷壁纸都是同一批货。壁纸每卷或每箱上应注明生产厂名、商标、产品名称、规格尺寸、等级、生产日期、批号、可拭性或可洗性符号等。一般情况下，应额外多买一卷壁纸，以防施工产生差错或将来需要修补时用。

三、怎样选外墙砖

自建小别墅在装修时，外立面经常会用到瓷砖，在选择外墙瓷砖时，要注意分类和挑选。

1. 外墙砖的分类

（1）釉面砖　根据釉料和生产工艺的不同，釉面砖可分为白色釉面砖、彩色釉面砖和印花釉面砖等多种。根据原材料的不同，釉面砖可分为陶制釉面砖和瓷制釉面砖两种。其中，由陶土烧制成的釉面砖吸水率较高、强度较低，背面为红色；由瓷土烧制成的釉面砖吸水率较低、强度较高，背面为灰白色。根据光泽的不同，还可以分为下面两种：亮光釉面砖和亚光釉面砖。

（2）通体砖　通体砖的表面不上釉，而且正面和反面的材质和色泽一致，因此得名。通体砖是一种耐磨砖，一般较少会使用于墙面，多数防滑砖都属于通体砖。

（3）抛光砖　将通体砖坯体的表面经打磨而成的一种光亮的砖种，是通体砖的一种。相对于表面粗糙的通体砖而言，抛光砖外观光洁、质地坚硬、非常耐磨。

通过渗花技术，可将抛光砖做出各种仿石、仿木效果。但是，抛光砖有一个很明显的缺点——易脏，这主要是因为抛光砖在抛光时会留下凹凸气孔，这些气孔很容易藏污纳垢。因此，一些优质的抛光砖都会增加一层防污层。抛光砖适合在除洗手间、厨房和室内环境以外的多数室内空间中使用。

（4）玻化砖　也称为全瓷砖，表面光洁又不需要抛光，因此不存在抛光气孔的问题。玻化砖吸水率小、抗折强度高，质地比抛光砖更硬、更耐磨。

（5）马赛克　马赛克一般由数十块小砖拼贴而成，小瓷砖形态多样，有方形、矩形、六角形、斜条形等，形态小巧玲珑，具有防滑、耐磨、不吸水、耐酸碱、抗腐蚀、色彩丰富等特点。马赛克按质地分为陶瓷、大理石、玻璃、金属等几类。目前应用较为广泛的有玻璃马赛克和金属马赛克，其中，由于价格原因，最流行的当属玻璃马赛克。

2. 外墙砖的选择

瓷砖的选择主要取决于自己的爱好、品位、消费水平等，但不能盲目挑选，不能看中就行，要注意瓷砖的种类、款式与整体风格的协调一致性。

在选购外墙砖的时候，要注意以下几个方面。

（1）检验颜色图案　合格的产品颜色图案细腻、逼真，没有明显的缺色、色差、断纹、错位、斑点、瑕疵等。

（2）检验规格尺寸　正规厂家的产品边直面平，不翘曲，对角线相等，块与块之间的尺寸误差在允许范围之内。

（3）检验强度硬度　瓷砖有陶质砖和瓷质砖两种，瓷质砖（玻化砖）耐磨、抗压等指数要优于陶质砖，相对价格也要高一些。常规检验有两种方法：敲击法，声音清脆、不沙哑为优；水渗法，用带颜色的水滴滴向瓷砖的背面，渗入和扩散慢的为优。

（4）查看检测报告　在挑选瓷砖时，可以通过查看商家提供的检测报告、认证证书等辨别瓷砖质量。瓷砖的检测项目主要是放射性，这是选购瓷砖时需要首先关注的问题。检测报告的出具时间最好是半年内，检测报告最后的"判定结论"要合格，出具检测报告的检验单位要具权威性。

四、怎样选地砖

现在市面上出来了许许多多的地砖产品，无论宣传得如何天花乱坠，在选地砖时，只需要了解地砖的通用性能指标，并掌握适当的挑选方法，就可以买到心仪的合格产品。

1. 地砖的主要性能指标

（1）尺寸　产品大小片尺寸齐一，可节省施工时间，而且整齐美观。

（2）吸水率　吸水率越低，对陶瓷产品其他性能的提高就越有帮助，如强度、致密度等都随吸水率的降低而有不同程度的提高。吸水率低的瓷砖不因气候变化热胀冷缩而产生龟裂或剥落。

(3) 平整性　表面越平整，铺贴效果就越好。当瓷砖表面的平整程度达到一定标准时，正确的铺贴就不会有拱起或凹下去的现象出现。平整性佳的瓷砖，表面不弯曲、不翘角、容易施工、施工后地面平坦。

(4) 强度　就是耐磨性，耐磨性佳的瓷砖抗重压，不易磨损，历久弥新。

(5) 色差　将瓷砖平铺于地板上，拼排成一平方米，离 3m 观看是否有颜色深浅不同或无法衔接，造成美观上的障碍。

(6) 坯裂　出现在坯体上的裂纹，合格瓷砖不能有。

(7) 针孔　表面出现的针刺状的小孔。

(8) 斑点　表面的异色污点。

(9) 夹层　坯体出现层状裂纹或小块状剥落。

(10) 麻面　正面呈现的凹陷小坑。

(11) 熔洞　易熔物熔融使产品正面形成的空洞。

(12) 漏抛　应抛光部位局部无光。

(13) 抛痕　抛光面出现磨具擦划的痕迹。

(14) 放射性　瓷砖都含有放射性，必须是在国家允许范围之内。

(15) 防污性　陶瓷表面染上脏物，如果越容易洗掉，那么防污性能越好。

(16) 耐化学腐蚀性　指瓷砖对化学物质（如：酸、碱、盐等）侵蚀的抵抗能力。耐化学腐蚀性的就可以延长瓷砖在自然状态下的使用寿命。

(17) 光泽度　指瓷砖抛光表面反光能力的强弱，光泽度越高，反光能力越强，那么其表面看起来就像一面镜子，光可鉴人。

2. 地砖的挑选方法

总的来说选购地砖的时候，需要从以下几个方面进行挑选。

(1) 看外观　瓷砖的色泽要均匀，表面光洁度及平整度要好，周边规则、图案完整，从一箱中抽出四五片察看有无色差、变形、缺棱少角等缺陷。

(2) 听声音　用硬物轻击，声音越清脆，则瓷化程度越高，质量越好。也可以左手拇指、食指和中指夹瓷砖一角，轻松垂下，用右手食指轻击瓷砖中下部，如声音清亮、悦耳为上品，如声音沉闷、滞浊为下品。

(3) 滴水试验　可将水滴在瓷砖背面，看水散开后浸润的快慢，一般来说，吸水越慢，说明该瓷砖密度越大；反之，吸水越快，说明密度稀疏，其内在品质以前者为优。

(4) 瓷砖边长的精确度　瓷砖边长的精确度越高，铺贴后的效果越好，买优质瓷砖不但容易施工，而且能节约工时和辅料。用卷尺测量每片瓷砖的大小周边有无差异，精确度高的为上品。

(5) 观察其硬度　瓷砖以硬度良好、韧性强、不易碎烂为上品。以瓷砖的残片棱角互相划痕，察看破损的碎片断裂处是细密还是疏松，是硬、脆还是较软，是留下划痕，还是散落的粉末，如属前者即为上品，后者即质差。

五、怎样选实木复合地板

实木复合地板具有天然木质感，安装和维护简单，防腐、防潮、抗菌且适用于地热环境。其表层为优质珍贵木材，不但保留了实木地板木纹优美、自然的特性，而且大大节约了优质珍贵木材资源（图11-5）。其表面大多涂以五层以上的优质 UV 涂料，不仅有较理想的硬度、耐磨性、抗刮性，而且阻燃、光滑、便于清洁。芯层大多采用廉价的材料，虽然其成本要比实木地板低很多，但其弹性、保暖性等完全不亚于实木地板。

图 11-5　实木复合地板的应用效果

1. 实木复合地板具有的特点

（1）环境调节作用　实木复合地板能部分调节室内的温湿度。

（2）自然视觉感强　实木复合地板面层有美观的天然纹理、结构细腻、富于变化、色泽美观大方。

（3）脚感舒适　实木复合地板有适当的弹性，摩擦系数适中。

（4）材质好、易加工、可循环利用　三层实木复合地板用旧后可经过刨削、除漆并再次涂刷油漆翻新使用。

（5）良好的地热适应性能　多层实木复合地板可应用在地热采暖环境，解决了实木地板无法用在地热采暖环境中的难题。

（6）稳定性强　实木复合地板的结构特点保证了其稳定性。

（7）施工和安装更简便　实木复合地板通常幅面尺寸较大，而且可以不加龙骨直接采用悬浮式方法安装，从而使安装更加快捷，大大降低了安装成本和安装时间，也避免了因龙骨引起的产品质量事故。

（8）优异的环保性能　由于实木复合地板采用的实体木材和环保胶黏剂是通过先进的生产工艺加工制成的，因此，其环保性能较好，符合国家环保强制性标准。

（9）营造舒适环境　实木复合地板具有良好的保温、隔热、隔声、吸声、绝缘等特性。

（10）更加强大的装饰性能　实木复合地板面层多采用珍贵天然木材，具有独特的色泽、花纹，再加上表面结构的设计和染色技术的引入，使实木复合地板的装饰性能更好。

（11）木材的综合利用率大幅度提高　三层实木复合地板面层只有2～4mm采用优质木材，基材厚度为11～13mm，75％以上是速生材，剩下的才用优质木材。多层实木复合地板的面层通常为0.3～2mm，优质木材所占比例不到10％，90％以上是速生材。实木复合地板大大提高了木材综合利用率，节约了大量优质木材，符合国家和行业的产业政策，有利于国家的可持续性发展。

2. 选购实木复合地板时应注意的要点

① 实木复合地板各层的板材都应为实木，而不像强化复合地板以中密度板为基材。两者无论是在质感上还是在价格上，都有很大区别。

② 实木复合地板的木材表面不应有夹皮树脂囊、腐朽、节疤、节孔、冲孔、裂缝和拼缝不严等缺陷；油漆应饱满，无针粒状气泡等漆膜缺陷；无压痕、刀痕等装饰单板加工缺陷；木材纹理和色泽应和谐、均匀，表面不应有明显的污斑和破损，周边的榫口或榫槽等应完整。

③ 板面厚薄与质量没有太大关系。三层实木复合地板的面板厚度以2～4mm为宜，多层实木复合地板的面板厚度以0.3～2.0mm为宜。

④ 并不是名贵树种的地板性能才好。目前市面上销售的实木复合地板树种有几十种，不同树种的地板，其价格、性能、材质都有差异，但并不是只有名贵树种的地板性能才好，应根据自己的居室环境、装饰风格、个人喜好和经济实力等情况选购。

⑤ 实木复合地板的价格高低主要是由表层地板条的树种、花纹和色差来决定的。表层树种材质越好，花纹越整齐，色差越小，价格越贵；反之，树种材质越差，色差越大，表面节疤越多，价格就越低。

⑥ 最好挑几块试拼一下，观察地板是否有高低差。质量较好的实木复合地板，相同规格的产品长、宽、厚应一致，试拼后，其榫、槽接合应严密，手感平整。

⑦ 注意实木复合地板的含水率。含水率高低是地板是否容易变形的主要影响因素，购买实木复合地板时，可向商家索取产品质量报告等文件，以确定其含水率是否合格。

⑧ 实木复合地板需用胶来黏合，所以甲醛含量也不应忽视。在购买地板时，要注意挑选有环保标志的优质地板。

六、怎样选实木地板

实木地板也称原木地板，它是采用天然木材，经加工处理后制成的条板或块状的地面铺设材料。它基本保持了原料自然的花纹，其主要特点是脚感舒适、使用安全，且具有良好的保温、隔热、隔声、吸声、绝缘性能（图 11-6）。它的主要缺点是对环境的干燥度要求较高，不宜在湿度变化较大的地方使用，否则易发生胀缩变形。

图 11-6　实木地板的应用效果

1. 实木地板具有的特点

（1）隔声隔热　实木地板材质较硬，具有缜密的木纤维结构，导热系数低，阻隔声音和热气的效果优于水泥、瓷砖和钢铁。

（2）调节湿度　实木地板的木材特性是：气候干燥时，木材内部水分会释出；气候潮湿时，木材会吸收空气中水分。木地板通过吸收和释放水分，可以把室内空气湿度调节到让人体感觉最为舒适的水平。

（3）冬暖夏凉　冬季，实木地板的板面温度要比瓷砖的板面温度高 8～10℃，人在木地板上行走无寒冷感；夏季，实木地板的居室温度要比瓷砖铺设的房间温度低 2～3℃。

（4）绿色无害　实木地板用材取自原始森林，使用无挥发性的耐磨油漆涂装，从材种到漆面均绿色无害，不像瓷砖有辐射，也不像强化地板有甲醛，是唯一天然、绿色、无害的地面建材。

（5）华丽高贵　实木地板取材自高档硬木，板面木纹秀丽，装饰典雅高贵。

（6）经久耐用　实木地板材质硬密，抗腐、抗蛀性强，其使用寿命可长达几十年甚至上百年。

实木地板的缺点主要是难保养。实木地板对铺装的要求较高，一旦铺装得不好，会造成一系列问题，如有声响等。如果室内环境过于潮湿或干燥，实木地板容易起拱、翘曲或变形。早期的实木地板施工和保养比较复杂，铺装好之后还要经常打蜡、上油，否则地板表面的光泽很快就会消失。现在市面上的实木地板基本上都是成品漆板，甚至是烤漆板，实用简便。

实木地板按表面加工的深度可分为两类：一类是淋漆板，即地板的表面已经涂刷了地板漆，可以直接安装和使用；另一类是素板，即地板表面没有进行淋漆处理，在铺装后必须涂刷地板漆后才能使用。素板在安装后，经打磨、刷地板漆处理后的表面很平整，漆膜是一个整体，因此，其装修效果和质量都优于漆板，只是安装比较费时。

2. 选购实木地板时应注意的要点

① 查看板面、漆面质量。选购实木地板时，关键要看漆膜的光洁度，有无气泡、漏漆以及耐磨度如何。

② 检查基材的缺陷。看地板是否有死节、活节、开裂、腐朽、菌变等缺陷。由于木地板是天然木制品，客观上存在色差和花纹不均匀的现象。过分追求地板无色差是不合理的，只要在铺装时稍加调整即可。

③ 识别木地板材质。有的厂家为促进销售，将木材冠以各式各样不符合木材学的名称，如樱桃木、花梨木、金不换、玉檀香等；更有甚者，以低档木材冒充高档木材，购买实木地板时一定不要为名称所惑，以免上当。

④ 观测木地板的精度。木地板开箱后，可取出 10 块左右徒手拼装，观察企口咬合、拼装间隙、相邻板间高度差，若严格合缝、手感无明显高度差，则说明该地板质量较好。

⑤ 确定合适的长度、宽度。实木地板并非越长、越宽就越好，建议选择中短长度地板，因为这类地板不易变形，长度、宽度过大的木地板相对来说更容易变形。

⑥ 测量地板的含水率。国家相关标准规定，木地板的含水率应为 8%～13%。在我国不同地区，对木地板含水率的要求不同。木地板经销商处一般都备有含水率测定仪，如无则说明该商家对含水率这项技术指标不重视，最好不要在此处购买。购买木地板时，应先测展厅中选定的木地板的含水率，然后再测未开包装的同材种、同规格的木地板的含水率，如果相差在 2% 以内，可认为合格。

⑦ 确定地板的强度。一般来讲，木材密度越高，强度也越大，质量越好，价格也就越高。但不是家庭中所有空间都需要高强度的地板，如客厅、餐厅等人流量大的空间可选择强度高的树种，如巴西柚木、杉木等；而卧室则可选择强度相对低些的树种，如水曲柳、红橡、山毛榉等；而老人住的房间则可选择强度一般却十分柔和、温暖的柳桉和西南桦等。

⑧ 注意销售服务。最好去信誉好、知名度高的企业购买，这类企业的产品质量更有保证，而且产品都有一定的保修期。若是地板在保修期内发生翘曲、变形、干裂等问题，厂家负责维修和更换，可免去业主的后顾之忧。

⑨ 在购买木地板时，应多买一些备用。一般来说，20m² 的房间，材料损耗在 1m² 左右。在购买木地板时，不能按实际地面面积购买，以防止日后地板的搭配

出现色差时没有备用材料补救。

⑩ 在铺设木地板时，一定要按照工序施工，购买哪一家的地板就请哪一家铺设，以免生产企业和装修企业互相推脱责任，造成不必要的经济损失。

⑪ 由于柚木木质很硬，不易变形，因此木地板使用较多。值得注意的是，柚木多产于印度尼西亚、缅甸、泰国和南美洲的一些地区，但我国已经明令禁止从泰国进口柚木，所以目前市场上打着"泰国进口"牌子的柚木地板大多数是假冒的。

七、怎样选踢脚线

踢脚线是家庭装修中必不可少的装饰性材料，它能固定地面装饰材料，掩盖地面接缝和加工痕迹，提高地面装修整体感，并能起到保护墙角、保证墙体材料正常使用的作用。

目前市场上踢脚板的种类很多，家庭装修主要使用的是以木质、复合材料及塑料为原料加工制作的型材。其中，木质踢脚板由于适应面广、可加工性强、施工方便，得到了广泛的应用。

选踢脚板时，应考虑到地面材料的材质，尽量使两者看起来协调。踢脚板的颜色应区别于地面和墙面，建议选地面与墙面的中间色，同时还可根据房间的面积来确定颜色：面积小的房间，踢脚板选靠近地面的颜色，反之则选靠近墙壁的颜色。踢脚板的线型不宜复杂，并应同整体装修风格相一致，见图 11-7。

图 11-7　踢脚线

在市场中购买木质踢脚板，应目测其外观质量，不得有死节、髓心、腐斑等缺陷，线型应清晰、流畅。

八、怎样选玻璃

玻璃的种类非常多，在选购时也有各自需要注意的地方，这里主要介绍几种常用的、使用量较大的玻璃的选购技巧。

（1）在选购平板玻璃时应注意的要点　平板玻璃的外表应该是无色透明的或稍带淡绿色；玻璃的薄厚应均匀，尺寸应规范；平板玻璃内部很少有或没有气泡、结石和波筋、划痕等疵点。玻璃在潮湿的地方长期存放，表面会形成一层白翳，使玻璃的透明度大大降低，购买玻璃时要加以注意。

（2）选购玻璃砖时要注意的要点　空心玻璃砖的表面不允许有裂纹，玻璃坯体中不允许有不透明的未熔物，两个玻璃体之间不允许有熔接及胶接不良；砖体不应有波纹、气泡及玻璃坯体中的不均匀物质所产生的层状条纹；玻璃砖的大面外表面里凹应小于 1mm，外凸应小于 2mm；重量应符合质量标准；表面无翘曲及缺口、毛刺等质量缺陷，角度要方正。

（3）在购买钢化玻璃时应注意的要点

① 查看产品出厂合格证，注意"CCC"标志和编号、出厂日期、规格、技术条件、企业名称等。

② 戴上偏光太阳眼镜观看玻璃，钢化玻璃应呈现出彩色条纹斑。

③ 有条件的话，用开水冲浇钢化玻璃样品 5min 以上，可降低钢化玻璃自爆的概率。

④ 钢化玻璃的平整度比普通玻璃稍差，用手使劲摸钢化玻璃表面，会有凹凸不平的感觉。观察钢化玻璃较长的边，一般都会有一定的弧度；把两块较大的钢化玻璃靠在一起，弧度会更加明显。

⑤ 在光的下侧看玻璃，会看到钢化玻璃上有发蓝的斑。

（4）购买中空玻璃应注意的要点　中空玻璃主要用于需要采暖、防止噪声和结露以及需要无直射阳光和需要特殊光线的住宅，其光学性能、导热系数、隔声系数均应符合国家相关标准。选购中空玻璃时要注意：双层玻璃并不等于中空玻璃，真正的中空玻璃中间并非是空的，而是充入了干燥空气或惰性气体。手工作坊仅仅是直接把两片玻璃和间隔条用胶粘接起来，这会使其在气温骤变时形成水雾，影响使用效果。

第三节　厨卫与门窗材料

一、怎样选厨房墙砖

① 墙面材质釉面砖玻化砖都可，地砖色调配套即可。

② 地砖建议先考虑防滑性，最好选用亚光防滑的釉面砖或玻化砖，以防止厨房的汤汤水水让地面过滑，一不小心容易摔跤。看样的时候重点测试下地砖防滑性能，倒杯水走走试试看就可以很容易了解到。

③ 先选墙砖再配地砖来得更为方便些，因为地砖可选范围更广。另外墙地砖现在也有成套的，这样风格统一、整体性很好。

④ 色调选择。厨房墙面推荐亮光浅色，厨房面积小，而且多是高温环境。这样就决定瓷砖选择最好以淡色冷色调为主，如白色、淡绿、浅灰色都不错，一般来说亮光表面更平滑更容易清洁。

⑤ 瓷砖规格。一般厨房都比较小，为了避免浪费和保持空间协调，不建议选

大规格瓷砖，这样铺贴浪费会减少，避免了大规格瓷砖切割等施工带来的诸多不便，更重要的是也方便日后打理。厨房墙砖规格以 250mm×330mm、250mm×400mm、300mm×450mm 为宜。

二、怎样选橱柜

对于厨房装修来说，橱柜无疑是重中之重，橱柜的外观在一定程度上直接决定了厨房的美观度。

1. 定做橱柜的主要流程

（1）签订橱柜订购单　当充分了解了市场，对各橱柜厂家的产品质量、服务、实力、式样有了明确的认识后，即可确定厂家并与之签订一个订购单，然后预交100～300元订金。此订金会在签订合同时返还。

（2）预约测量时间　签订订购单后，就可要求橱柜设计师上门测量。由于设计厨房是一项专业工作，因此，找一个经验丰富的设计师可以起到事半功倍的效果。

（3）橱柜设计师设计厨房　业主与设计师、家装公司施工人员三方一起规划厨房布局，确定水路、电路、电器位置。设计师负责给出水路图、电路图，这些图纸应该符合施工标准。

（4）设计橱柜　当水路、电路及墙地砖全部到位后，测量其准确尺寸以保证整体厨房严丝合缝。需要注意以下事项：烹饪区、洗涤区、储藏区、料理区是否有足够的空间；吊柜高度、台面高度是否符合人体工程学和烹饪者的实际需求；橱柜以外的空间是否可以保证正常的操作。

（5）签订橱柜订购合同　设计方案确定之后要与厂家签订一份供货合同，要认真分析合同的各项条款。

（6）送货安装　橱柜的送货和安装一般都是免费的，厂家送货之前依据合同约定的时间提前与客户预约时间。

（7）橱柜质量验收检查　你要对整套橱柜进行全面检查，电器则根据厂家承诺及相关国家标准验收，验收合格后需付清货款。

（8）售后服务　厨房是一个集水、电、燃气于一体的综合空间，橱柜的售后服务很重要。在签订合同时，最好与厂家明确约定保修时间、客户问题回复时限等，以此约束厂家的行为。

2. 橱柜计价方式

目前，我国橱柜行业比较流行的计价方式是按延米计价，即按照橱柜柜体的长度来计算价格：橱柜价格＝橱柜长度×延米价格。另外，还有一种按单元报价的方式，即按实际的地柜、吊柜的数量计算橱柜的价格。

按延米计价从表面上看比较简便，但是"延米"这个概念十分模糊，并没有统一、严格的标准，这给许多厂家留下了"弹性操作"的空间。延米价中不包含五金功能件的价格，而且橱柜设计越复杂，成本越高，所以很多厂家为了节约成本，设计时尽量采用大单元和装饰板，这样可以满足米数的要求，但却满足不了厨房的功能需求。之后，他们再推荐业主添加各种功能，在不知不觉中价格就上去了，最终的价格远远超出最开始的报价。

延米计价法缺乏透明度，有些地方显得极不合理，所有新增功能、配件的价格都要在原先价格的基础上单加，因此，国际上比较通行的橱柜计价法是单元计价法，这种计价法克服了延米计价法操作不透明的缺点。采用单元计价法的厂家对每一种标准、规格的柜子都有公开、统一的报价，可以根据所买的部件来计算橱柜的总体价格。消费者可以知道每一个柜子花了多少钱，像铰链等五金件的价格都会含在柜体价格中。

3. 整体橱柜的挑选

很多橱柜看上去风格相似、颜色相同，但内在质量上却存在很大差异。在选购橱柜时，一定要分清主次：首先要关注其整体质量，如板材要环保、台面要美观耐用、五金件质量要过硬，因为这些因素决定着橱柜的使用寿命，然后再去关注橱柜的各种细节功能。

(1) 看宣传资料　正规公司产品的宣传资料是一本装订本形式的开拓录。它有标准的 Logo 及注册商标，一般会介绍公司概况、生产设备、生产能力、设计能力、材料种类及其性能等，并有样品展示和服务承诺。更重要的是，它会将公司各个档次、系列的橱柜价格公开，真正做到"公开报价，明白消费"。

(2) 看外表质感　门板必须无高低起伏，门缝必须整齐划一，间隙大小应统一，门板开启自如，抽屉进出无噪声，台面颜色无色差、无拼缝。

(3) 看门板有无爆边现象　打开柜门，看层板是否有调节孔，层板的调节孔应整齐划一，孔的四周无爆口现象。正规厂家备有专业开槽机，槽口两边光滑整洁，无爆边现象。

(4) 看侧面修边部分颜色是否与正面一致、封边部分有没有油擦过的痕迹　一些小厂家会用劣质封边条修边，还会用油擦封面部分以封闭细孔、掩盖瑕疵。

(5) 看吊柜吊码　向商家询问吊柜吊码是否可调节，正规厂家都是采用吊码安装法，柜体装上之后，高低及左右都可以适当调节。拆卸柜体时，螺钉一扣就可以了，而且柜体内也相当整洁。

三、怎样选卫生间墙砖

(1) 吸水率是重点　卫浴间的环境一般比较潮湿，因此在选购瓷砖时应该注意瓷砖的防潮性能。防潮性能好的瓷砖一般吸水率比较低，这样才能保证瓷砖热胀冷缩后表面不会出现龟裂或脱落的现象。砖面施釉层要厚一些，这样就不容易藏污纳垢，而且也不会给砖块上的小气孔吸收水分留机会。

对于吸水率的判断有个简易的方法，即把水滴在瓷砖的背面，待几分钟后再观察水滴的扩散程度，越不吸水，就表示吸水率越低，品质则越好。对于施釉层薄厚可以用硬物刮擦砖表面，若出现刮痕，则表示施釉不足。

（2）色调选择　卫生间墙面选亚光浅色，如米色、淡蓝、淡绿，容易给人温馨柔和的感觉。

（3）瓷砖规格　卫生间墙砖规格以 300mm×600mm、330mm×600mm 的视觉效果会比较好。

四、如何选择抽油烟机

抽油烟机也称吸油烟机，是一种净化厨房环境的厨房电器。目前市场上的抽油烟机主要可分为薄型机、深型机和柜式机三种。

（1）薄型机（图 11-8）　薄型机重量轻、体积小、易悬挂，但其薄型的设计和较低的电机功率，使相当一部分烹饪油烟不能被吸入抽吸范围，排烟率明显低于其他两类机型。

（2）深型机（图 11-9）　深型机外形美观，排烟率高，已成为家庭购买油烟机时的首选机型。深型机的外罩能帮助它在最大范围内抽吸烹饪油烟，也便于安装功率强劲的电机，这使得深型机的吸烟率大大提高。深型机由于体积大、分量重，悬挂时要求厨房墙体具有一定厚度和稳固性。

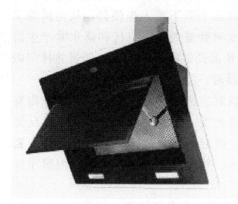

图 11-8　薄型机

图 11-9　深型机

（3）柜式机　柜式机由排烟柜和专用油烟机组成，油烟柜呈锥形。当风机开动后，柜内开成负压区，外部空气向内部补充，排烟柜前面的开口就形成一个进风口，油烟及其他废气无法逃出，可确保油烟和氮氧化物的抽净率。柜式抽油烟机吸烟率高，不用悬挂，不存在钻孔、安装的问题。但是，由于其左右挡板的限制，操作者在烹饪时有些局限和不便。

以上三种类型的抽油烟机在技术条件相同的情况下，油烟抽净率分别为：薄型机在 40％左右，深型机在 50％～60％，柜式机大于 95％。

选购抽油烟机时要考虑到安全性、噪声、风量、主电机功率、类型、外观、占用空间、操作方便性、售价及售后服务等因素。一般来讲，通过认证的抽油烟机，其安全性更可靠，质量更有保证。另外，一些小厂家为了降低成本，将风机的涡轮扇页改成了塑料的。在厨房这样的环境中，塑料涡轮扇页容易老化、变形，也不便清洗，所以，最好选购金属涡轮扇页的抽油烟机。

五、怎样选坐便器

图 11-10　坐便器

坐便器也称抽水马桶，是取代了传统蹲便器的一种洁具。坐便器（图 11-10）的冲水方式有重力式（普通冲水式）和虹吸式两种，而虹吸式又可进一步分为漩涡式和喷射式等。

虹吸式坐便器与普通冲水式坐便器的不同之处在于，它一边冲水，一边通过特殊的弯曲管道实现虹吸效应，将污物迅速排出。虹吸漩涡式和喷射式设有专用进水通道，水箱的水在水平面下流入坐便器，从而消除了水箱进水时管道内冲击空气和落水时产生的噪声，具有良好的静音效果。普通冲水式坐便器及虹吸冲落式坐便器虽然排污能力很强，但冲水时噪声比较大。在选购坐便器时，应该注意以下几点。

① 坐便器多半是陶瓷质地，所以在挑选时应仔细检查它的外观质量。陶瓷外面的釉面质量十分重要，釉面好的坐便器光滑、细致，没有瑕疵，经过反复冲洗后依然光滑如新。如果釉面质量不好，则容易被污物污染四壁。选购陶瓷坐便器时，可以在釉面上滴几滴带色的液体，并用布擦匀，数秒钟后用湿布擦干，再检查釉面，以无脏斑点的为佳。

② 可用一根细棒轻轻敲击坐便器边缘，听其声音是否清脆。如果有沙哑声则说明坐便器内部有裂纹。

③ 将坐便器放在平整的台面上，向各个方向转动。检查其是否平稳、匀称，安装面及坐便器表面的边缘是否平整，安装孔是否均匀圆滑。

④ 多向商家询问关于保修和安装服务的情况，以免日后产生不便。正规的洁具销售商都有比较完善的售后服务，业主可享受免费安装服务和 3～5 年的保修服务。

六、怎样选面盆

面盆一般可分为台式面盆、立柱式面盆和挂式面盆三种。台式面盆又有台上盆、上嵌盆、下嵌盆及半嵌盆之分；立柱式面盆又可分为立柱盆及半柱盆两种。在形状上，面盘一般有圆形、椭圆形、长方形、多边形等形状。

（1）立柱式面盆　立柱式面盆比较适合于面积偏小或使用率不是很高的卫生间，比如客卫。一般来说，立柱式面盆设计大多很简洁，由于可以将排水组件隐藏到主盆的柱中，因而能给人以干净、整洁的感受，而且人在洗手的时候可以自然地站立在盆前，使用更加方便、舒适，见图11-11。

图 11-11　立柱式面盆

（2）台式面盆（图11-12）　台式面盆比较适合于面积比较大的卫生间，可采用天然石材或人造石材的台面与之配合，还可以在台面下定做浴室柜用来放置卫浴用品，既美观又实用。

（3）台上盆　台上盆的安装比较简单，只需按安装图纸在台面预定位置开孔，然后将盆放置于孔中，用玻璃胶将缝隙填实即可，使用时台面的水不会顺缝隙下流。因为台上盆造型和风格多

图 11-12　台式面盆

样，而且装饰效果比较理想，所以在家庭中使用得比较多。

（4）台下盆　台下盆对安装工艺的要求较高，首先需按台下盆的尺寸定做台下盆安装托架，然后再将台下盆安装在预定位置，固定好支架，再将已开好孔的台面盖在台下盆上并固定在墙上，一般用角铁托住台面然后与墙体固定。台下盆

的整体外观整洁，比较容易打理，所以在公共场所使用较多，但其盆与台面的接合处比较容易藏污纳垢，不易清洁。

在选购陶瓷面盆时应该在强光下观察其表面的反光情况，这样一些小的砂眼和瑕疵都将一览无余。至于手感，则应以平整、细腻的为好。从价格上看，500元以下的陶瓷面盆属于中低档产品。这种面盆经济实惠，但色彩、造型变化不大，大多是白色陶瓷制成，以椭圆形、半圆形为主。1000～5000元的陶瓷面盆属于高档产品，这种价位的产品做工精细，有的还有配套的毛巾架、牙缸和皂碟，设计很人性化。

选购玻璃面盆时，应注意产品的安装要求，有的面盆要求贴墙固定，在墙体内使用膨胀螺栓固定盆体，如果墙体内管线较多，就不宜使用此类面盆。除此之外，购买面盆时还应该检查面盆下水返水弯、面盆龙头上水管及角阀等主要配件是否齐全。

七、怎样选浴缸

图 11-13　亚克力浴缸

根据材料的不同，浴缸可分为亚克力（图 11-13）、钢板、铸铁、陶瓷、仿大理石、磨砂、玻璃钢板、木质等类别。其中，亚克力、钢板、铸铁材料的浴缸是主流产品，铸铁的档次最高，亚克力和钢板次之。在选购浴缸时，应该注意以下几点。

① 浴缸的大小要根据浴室的尺寸来确定。如果把浴缸安装在角落，通常说来，三角形的浴缸要比长方形的浴缸占更多空间。

② 尺码相同的浴缸，其深度、宽度、长度和轮廓并不一定一样，如果喜欢水深点的浴缸，其溢出口的位置就要高一些。

③ 购买单面有裙边的浴缸时要注意下水口和墙面的位置，还要注意裙边的方向，否则买错了就无法正常安装。

④ 如果浴缸之上还要加淋浴喷头的话，浴缸就要选择稍宽一点的，淋浴位置下面的浴缸部分要平整，且需经过防滑处理。

⑤ 考虑到人体的舒适度。浴缸的尺寸应该符合人的体形，主要可观察以下几个方面：靠背是否贴和腰部的曲线，倾斜角度是否令人舒服；按摩浴缸按摩孔的位置是否合适，头靠时是否舒适；双人浴缸的出水孔是否使两人都感觉舒服；浴

缸内部的尺寸是否是背靠浴缸、伸直腿的长度，浴缸的高度是否在大腿内侧的 2/3
处，这样的长度和高度最为舒适。

八、怎样选铝扣板

铝扣板也称金属扣板，多用于厨房、
卫生间的顶面装饰，见图 11-14。铝扣板
的外观形态以长条状和方块状为主，厚
度为 0.6mm 或 0.8mm。

根据表面处理工艺的不同，铝扣板
主要有以下几种类型：静电喷涂板、烤
漆板、滚涂板、珠光滚涂板和覆膜板。
其中，静电喷涂板、烤漆板使用寿命短，
容易出现色差；滚涂板、珠光滚涂板使
用寿命较长，没有色差；覆膜板又可分
为普通膜板与进口膜板，普通膜板比滚
涂板的使用寿命低，而进口膜基本上能
达到 20 年不变色。在选购铝扣板时，应
注意以下几点。

图 11-14　铝扣板在厨房装修中的实际效果

① 铝扣板的质量好坏不全在于薄厚，
而在于铝材的质地。有些杂牌产品用的是易拉罐的铝材，因为铝材不好，板子没
有办法很均匀地拉薄，只能做得厚一些。要防止不良商家故意欺骗，并不是厚的
铝扣板质量就一定好。

② 家庭装修用的铝扣板厚度达到 0.6mm 就足够用了，因为家装用铝扣板，
长度很少有 4m 以上的，而且家装吊顶上没有什么重物。只有在工程上用的铝扣
板才会比较长，这主要是为了防止变形，所以要用厚一点（0.8mm 以上）的、硬
度大一些的铝扣板。

③ 拿一块样品敲打几下，如果声音很脆，说明该产品基材好；如果声音发
闷，说明该产品杂质较多。

④ 拿一块样品反复掰折，看它的漆面是否脱落、起皮。如果是质量好的铝扣
板，其漆面只会出现裂纹，不会有大块油漆脱落。好的铝扣板正背面都有漆，因
为背面的环境一般更潮湿，有背漆的铝扣板的使用寿命比只有单面漆的铝扣板
更长。

⑤ 防止商家"偷梁换柱"。覆膜板和滚涂板从外观上不好区别，但价格上却
有很大的差别。为防止部分不良商家拿滚涂板冒充覆膜板，可用打火机将板面熏
黑，覆膜板容易将黑渍擦去，而滚涂板无论怎么擦都会留下痕迹。

⑥ 铝扣板的龙骨材料一般为镀锌钢板，看它的平整度，加工的光滑程度；龙

骨的精度，误差范围越小，精度越高，质量越好。

九、怎样选窗户

目前市面上窗户的材质主要有木质、铝合金以及塑钢窗，它们各有特点，在选购时，需要注意的方面也不尽相同。

1. 木窗

目前市场上的木窗及木隔断，材质多样，有松木、杉木、水曲柳、榉木等多种，其中以材质较软的松木、杉木为主，因为松木不易变形，不像硬质的木材，质脆易折断。作为室内窗户，木窗质轻，造型多样，而且适应性也强，选择木窗，也可与其他家具使用的主材搭配使用。

2. 铝合金窗

铝合金窗是最初取代钢窗的产品，普通的铝合金推拉窗以铝合金为主要材料，密封性和隔音效果都比钢窗好，也比纯木窗、钢窗易加工。但普通型的铝合金窗拉动时声音较大，而且导热较快。在长久使用后密封性也会逐渐降低，影响后期使用。

铝合金材料如果选择不当，窗户变形、推拉不动等现象则屡见不鲜。用户选购时应注意以下几点。

（1）看材质　在材质用料上主要有几个方面可以参考。

① 厚度。铝合金推拉窗有55系列、60系列、70系列、90系列四种，系列数表示厚度构造尺寸的毫米数。系列选用应根据窗洞大小及当地风压值而定。用作封闭阳台的铝合金推拉窗应不小于70系列，其壁厚一般为1.2~2mm。

② 强度。选购时，可用手适度弯曲型材，松手后应能恢复原状。

③ 色度。同一根铝合金型材色泽应一致，如色差明显，即不宜选购。

④ 平整度。检查铝合金型材表面，应无凹陷或鼓出。

⑤ 光泽度。铝合金窗避免选购表面有开口气泡（白点）和灰渣（黑点），以及裂纹、毛刺、起皮等明显缺陷的型材。

⑥ 氧化度。选购时可在型材表面轻划一下，看其表面的氧化膜是否可以擦掉。

（2）看加工　优质的铝合金窗，加工精细，安装讲究，密封性能好，开关自如，应选用不锈钢或镀锌附件。劣质的铝合金窗，加工粗制滥造，以锯切割代替铣加工，密封性能差，安装后容易漏风漏雨和出现玻璃炸裂现象。

3. 塑钢窗

塑钢窗外层以高强度抗氧化塑料材料为主，内部辅以钢材做支撑。由于铝塑材料不传导热量，再加以良好的密封设备接缝紧密，所以塑钢窗具有很好的密封性和隔热性、整体不变形、表面不易老化的特点。

塑钢窗从外形上可分为单玻（单层玻璃）和双玻两种。如果对保温要求不高，选择单玻塑钢窗就可以了；如果对保温要求很高，如把阳台利用起来，要确保阳台内的温度时，选择双玻塑钢窗较为适宜。

从开启方式上，塑钢窗可分为推拉式、平开式和揭背式三种，根据空气对流角度不同来调整窗户的开关形式。

如窗户尺寸大，上下落差大，选择推拉式窗比较合适，观感漂亮，而且推拉起来比较省力；如果是卫生间的小通气窗，以选择揭背式窗为宜，或下面的窗户选择平开式用来做换气用，上面选择揭背式，用来通风。

选购塑钢窗的注意事项如下。

① 首先要选择型材。考虑到目前大多数自建小别墅的窗户面积较大，所以型材的壁厚应选择大于 2.5mm，框内嵌有专用钢衬，内衬钢板厚度不小于 1.2mm，内腔为三腔结构，具有封闭的排水腔和隔离腔、增强腔，这样才能保证窗户使用多年不变形。另外这样的型材不易变色、不易老化。不要选用框厚 50mm 以下单腔结构型材的塑料平开窗。

② 重视表面质量。窗表面应光滑、平整，无开焊、断裂，密封条应平整、无卷边、无脱槽，胶条无气味。窗关闭时，扇与框之间无缝隙，四扇窗应该是一个整体，无螺钉连接。

③ 重视玻璃和五金件。玻璃应平整、无水纹，不应与塑料型材直接接触，有密封压条贴紧缝隙。五金件应齐全、位置正确、安装牢固、使用灵活。窗框、扇型材内应该均嵌有专用钢衬。

④ 玻璃应平整，安装牢固。安装好的玻璃不应直接接触型材，不能使用玻璃胶。若是双玻夹层，夹层内应没有灰尘和水汽。开关部件应该关闭严密、开启灵活。推拉窗时应滑动自如，声音柔和，无粉尘脱落。

⑤ 塑钢窗均在工厂车间用专业设备制作，只可现场安装，不能在施工现场制作。

⑥ 一定要检查门窗厂家有政府行业部门颁发的生产许可证，千万不要贪图便宜，采用街头作坊生产的塑钢窗，其质量与信誉都是无法保证的。

十、怎样选室内门

装修房子是为了创造一个温馨和谐的居住环境，所以选择木门时首先要考虑的是：其款式和色彩一定要同房屋整体的风格协调。木门的色彩最好比较靠近家具的颜色，这可以让整个房屋内的色彩既有对比又保持协调。由于每扇门的位置不同，其功能也有所不同。在保证风格协调的前提下，可根据门的具体用途选择不同的款式。

卧室门强调私密，所以大多数卧室均使用板式门。书房的门可以使用透光玻璃，也可用磨砂、布纹、彩条、电镀等艺术玻璃。其中，磨砂玻璃与铁艺结合的书房门能以优美的曲线给书房增添不少光彩。厨房门的款式比较多，通透的玻璃门是很好的选择，因为它既能起到隔离油烟的作用，又可以展示主人精心选购的橱柜。若想要充分节省空间，厨房门也可以做成折叠门。浴室门只能透光不能透视，宜装双面磨砂或深色雾光玻璃。如果使用板式门，也可在门中央镶嵌一小块长条毛玻璃，这既保证了卫生间的私密性，又能让外面的人看到卫生间的灯光，避免打扰。

① 在选购实木门的时候，可以看门的厚度，还可以用手轻敲门面，若声音均匀沉闷，则说明该门质量较好。一般来说，木门的实木比例越高，这扇门就越沉。纯实木门表面的花纹往往非常不规则，如果门表面花纹光滑、整齐、漂亮，往往不是真正的实木门。

② 在选购实木复合门时，要注意查看门扇内的填充物是否饱满；门边刨修的木条与内框连接是否牢固；装饰面板与框粘接应牢固，无翘边、裂缝；板面平整、洁净，无节疤、虫眼、裂纹及腐斑，木纹清晰、美观。

③ 在选购模压木门时，应注意观察：其贴面板与框连接应牢固，无翘边、裂缝；门扇边刨修过的木条与内框连接应牢固；内框横、竖龙骨排列应符合设计要求，安装合页处应有横向龙骨；板面平整、洁净，无节疤、虫眼、裂纹及腐斑，木纹清晰、美观且板面厚度不得低于 3mm。

④ 在选购玻璃推拉门时，应注意以下两点。

a. 检查门的密封性。某些推拉门由于其底轮是外置式的，因此门滑动时就要留出底轮的位置，这样会使门与门之间的缝隙非常大，密封性无法达到规定的标准。

b. 查看底轮质量。只有具备超强承重能力的底轮才能保证良好的滑动效果和超长的使用寿命。承重能力较差的底轮一般只适合做一些尺寸较小且门板较薄的推拉门。进口优质品牌的底轮多具有 180kg 的承重能力及内置的轴承，适合制作任何尺寸的滑动门，其底轮具有特别防震装置，能使底轮适用于各种状况的地面。

十一、怎样选购防盗门

防盗门的主要功能是防盗，其次才是装饰美化的作用。所以，在选购时切记要把重点放在查看门的防盗性能和质量上。选购防盗门的要点如下。

(1) 合格证　防盗门应该有有关部门的检测合格证明，并有生产企业所在省级公安厅（局）安全技术防范部门发放的安全技术防范产品准产证。根据有关标准，防盗门安全级别可分为 A 级、B 级和 C 级，其中 C 级防盗性能最高，B 级其次，A 级最低，一般建材市场里销售的大部分都是 A 级防盗门，适合一般家庭使用。

A 级防盗门标准：全钢质、平开、全封闭式防盗门，在普通机械手工工具、便携式电动工具等相互配合作用下，其最薄弱环节能够抵抗非正常开启的净时间大于等于 15min，或不能切割出一个穿透门体的 615cm² 的洞口。这样的防盗门才是符合 A 级标准的。

（2）材料质量　合格的防盗安全门门框的钢板厚度应在 2mm 以上，门体厚度一般在 20mm 以上，门体重量一般在 40kg 以上。拆下猫眼、门铃盒或锁把手等可看到门体的钢板厚度应在 1mm 以上，内有数根加强钢筋，使门体前后面板紧密地连接在一起，门内最好有石棉等具有防火、保温、隔音功能的材料作为填充物，用手敲击门体会发出"咚咚"的响声。

（3）门锁　检查是否采用经公安部门检测合格的防盗专用锁，在锁具处应有 3mm 以上厚度的钢板进行保护。合格的防盗门一般采用三方位锁具，不仅门锁锁定，上下横杆都可插入锁定，对门加以固定。劣质品一般不具备三点锁定或自选三点锁定结构，实际上不防盗或经常出现故障。大多数门在门框上还嵌有橡胶密封条，关闭门时不会发出刺耳的金属碰撞声。

（4）工艺质量　应特别注意检查有无焊接缺陷，诸如开焊、未焊、漏焊等现象。看门扇与门框的配合是否密实，间隙是否均匀一致，开启是否灵活，所有接头是否密实，油漆电镀是否均匀牢固、光滑等。

第十二章

Chapter 12

自建小别墅基础装修

第一节 》 **水电施工**

水电施工是小别墅基础装修中的最基础项目，水电做得好坏，不仅影响到今后的使用，而且还会涉及日常的安全问题。由于水电路拆除相对比较专业，而且属于隐蔽工程项目，因此，在施工时，一定要非常重视才行。

一、水路施工

1. 水路施工材料选用

水路施工中，现在一般都采用 PPR 管代替原有过时的管材，如铸铁、PVC等。铸铁管由于会产生锈蚀问题，因此，使用一段时间后，容易影响水质，同时管材也容易因锈蚀而损坏。PVC 这一材料的化学名称是聚氯乙烯，其中含氯的成分，对健康也不好，PVC 管现在已经被明令禁止作为给水管使用，尤其是热水更不能使用。如果原有水路采用的是 PVC 管，应该全部更换。PPR 管相对其他管材具有以下几个方面的优点。

（1）卫生、无毒　PPR 管件属绿色建材，可用于纯净水、饮用水管道系统。

（2）耐腐蚀、不结垢　可以有效避免因管道锈蚀引起的水盆、浴缸黄斑锈迹问题，可免除管道腐蚀结垢所引起的堵塞。

（3）耐高温、高压　PPR 管件输送水温最高可达 95℃。

（4）保温节能　导热系数仅为金属管道的 0.5%，用于热水管道保温节能效果好。

（5）质量轻　PPR 管件比重仅为金属管件的 1/7。

（6）外形美观　PPR 管件内外壁光滑，流体阻力小，色泽柔和，造型相对更为美观。

（7）安装方便可靠　由于PPR管件采用热熔连接，不仅安全可靠，更能防止后期连接处的渗漏问题。

（8）使用寿命长　在规定的长期连续工作压力下，PPR管件的寿命可达50年以上。此外，冷水管一般壁薄、价格低，耐压性也差一些；热水管壁厚，价格虽然高，但耐压性也更高。

2. 水路工程主要施工步骤

水路工程主要施工步骤如下：画线→开槽→下料→预埋→预装→检查→安装→调试→修补→备案。

3. 具体施工要求

（1）画线　水路施工时，首先就是定位置。先用墨线画线，勾画出需要走管的路线，定好位置。在定位时注意保护原有结构的各种管道设施。

（2）开槽　弹好线以后就是开暗槽，根据管路施工设计要求，在墙壁面标出穿墙设置的中心位置，用十字线记在墙面上，用冲击钻打洞孔，洞孔中心与穿墙管道中心线吻合。用专用切割机按线路割开槽面，再用电锤开槽。需要提醒的是，有的承重墙钢筋较多、较粗，不能把钢筋切断，以免影响房体结构安全，只能开浅槽或走明管，或者绕走其他墙面。如果业主想在凹槽的地方也做防水，需要提前对施工人员说明。

（3）下料　根据设计图纸为水管下料。

（4）预埋　管路支托架安装和预埋件的预埋。

（5）预装　组织各种配件预装。

（6）检查　检查调整管线的位置、接口、配件等是否安装正确。

（7）安装　安装前要将管内先清理干净，安装时要注意接口质量，同时找准各弯头和管件的位置和朝向，以确保安装后连接用水设备位置正确。现在家庭水路施工一般都采用PPR管，其管件连接采用热熔法，即利用高温将管件熔为一体，而铝塑管、镀锌管等接头是螺纹或卡套式的，几年以后接头处容易渗漏。当引管走顶时，因为是明管，所以会用管卡来固定，槽内的水管可用快干粉固定，这样就会比较牢靠，以利于下一个工序施工。

①管道安装时，别忘了做好固定。管卡安装应牢固，管外径20mm以上的水管安装时，管道在转角、水表、水龙头或角阀及管道终端的100mm处应设管卡。

②卫生洁具安装的管道连接件应易于拆卸、维修，与台面、墙面地面等接触部位均应采用防水密封条密封，出墙管件应先安装三角阀后方能接用水器。

③安装时一定要预留出水口。如果选用的坐便器、浴缸等规格比较特殊，业主一定要向施工人员交代清楚，在施工时要提前考虑进去。有的业主在做水改时，可能会考虑后期还会增添一些东西，需要用水，可以让施工方多预留几个出水口，

日后需要用时，安装上龙头即可。

（8）调试　施工完了，最重要的一步就是调试，也就是通过打压试验。通常情况下打 0.8MPa 的压，半个小时后，如果没有出现问题，那么水路施工就算完成了。

（9）修补　修补孔洞和暗槽，与墙地面保持一致。

（10）备案　完成水路布线图，备案以便日后维修使用。

4. 水路施工注意事项

① 给水系统安装前，必须检查水管、配件是否有破损、砂眼等；管与配件的连接，必须正确，且加固。给、排水系统布局要合理，尽量避免交叉，严禁斜走。水路应与电路距离 500～1000mm 以上。燃气式热水的水管出口和淋浴龙头的高度要根据燃具具体要求而定。

② 在安装 PPR 管时，热熔接头的温度必须达到 250～400℃，接熔后接口必须无缝隙、平滑、接口方正。安装 PVC 下水管时要注意放坡，保证下水畅通，无渗漏、倒流现象。当坐便器的排水孔要移位，要考虑抬高高度至少要有 200mm。坐便器的给水管必须采用 6 分管（20～25mm 铝塑管）以保证冲水压力，其他给水管采用 4 分管（16～20mm 铝塑管）；排水要直接到主水管里，严禁用 φ50 以下的排水管。不得冷、热水管配件混用。

③ 明装管道单根冷水管道距墙表面应为 15～20mm，冷热水管安装应左热右冷，平行间距应不小于 200mm。明装热水管穿墙体时应设置套管，套管两端应与墙面持平。

④ 管接口与设备进水口位置应正确。对管道固定管卡应进行防腐处理并安装牢固，墙体为多孔砖墙时，应凿孔并填实水泥砂浆后再进行固定件的安装。当墙体为轻质隔墙时，应在墙体内设置埋件，后置埋件应与墙体连接牢固。

⑤ 安装 PVC 管应注意，管材与管件连接端面必须清洁、干燥、无油，去除毛边和毛刺。管道安装时必须按不同管径的要求设置管卡或吊架，位置应正确，埋设要平整，管卡与管道接触应紧密，但不得损伤管道表面；采用金属管卡或吊架时，金属管卡与管道之间采用塑料带或橡胶等软物隔垫。

⑥ 安装后一定要进行增压测试，各种材质的给水管道系统，试验压力均为工作压力的 1.5 倍。在测试中不得有漏水现象，并不得超过容许的压力降值。

⑦ 没有加压条件下的测试办法：可以关闭水管总阀（即水表前面的水管开关），打开房间里面的水龙头 20min，确保没水再滴后关闭所有的水龙头；关闭坐便器水箱和洗衣机等具蓄水功能的设备进水开关；打开总阀后 20min 查看水表是否走动，包括缓慢的走动，如果有走动，即为漏水了。如果没有走动，即为没有渗漏。

二、电路施工

1. 电路施工材料选用

凡是隐蔽工程，其材料一定不能马虎。由于这些部位施工完成后，必须要覆盖起来，如果出现问题，无论是检查还是更换都非常麻烦。况且，水电等施工工程都是属于房屋施工中的重点工程，电路施工所用的材料更是不能随便。电路施工所涉及到的材料主要有电线、穿线管、开关面板及插座等。

（1）电线　为了防火、维修及安全，最好选用有长城标志的"国标"塑料或橡胶绝缘保护层的单股铜芯电线，线材截面积一般是：照明用线选用 1.5mm²，插座用线选用 2.5mm²，空调用线不得小于 4mm²，接地线选用绿黄双色线，接开关线（火线）可以用红、白、黑、紫等任何一种，但颜色用途必须一致。

（2）穿线管　电路施工涉及到空间的定位，所以还要开槽，会使用到穿线管。严禁将导线直接埋入抹灰层，导线在线管中严禁有接头，同时对使用的线管（PVC 阻燃管）进行严格检查，其管壁表面应光滑，壁厚要求达到手指用力捏不破的强度，而且应有合格证书。也可以用符合国标的专用镀锌管做穿线管。国家标准规定应使用管壁厚度为 1.2mm 的电线管，要求管中电线的总截面积不能超过塑料管内截面积的 40%。例如：直径 20mm 的 PVC 电管只能穿 1.5mm² 导线 5根，2.5mm² 导线 4 根。

（3）开关面板、插座　面板的尺寸应与预埋的接线盒的尺寸一致；表面光洁、品牌标志明显、有防伪标志和国家电工安全认证的长城标志；开关开启时手感灵活，插座稳固，铜片要有一定的厚度；面板的材料应有阻燃性和坚固性；开关高度一般 1200～1350mm，距离门框门沿为 150～200mm，插座高度一般为 200～300mm。

2. 主要施工步骤

电路施工主要步骤：草拟布线图→划线，确定线路终端插座、开关、面板的位置，在墙面标画出准确的位置和尺寸→开槽→埋设暗盒及敷设 PVC 电线管→穿线→安装开关、面板、各种插座、强弱电箱和灯具→检查→完成电路布线图。

3. 具体施工要求

① 设计布线时，执行强电走上、弱电在下、横平竖直、避免交叉、美观实用的原则。

② 开槽深度应一致，一般是 PVC 管直径＋10mm。

③ 电源线配线时，所用导线截面积应满足用电设备的最大输出功率。一般情况，照明截面为 1.5mm²，空调挂机及插座 2.5mm²，柜机截面为 4.0mm²，进户线截面为 10.0mm²。

④ 暗线敷设必须配阻燃 PVC 管。插座用 SG20 管，照明用 SG16 管。当管线长度超过 15m 或有两个直角弯时，应增设拉线盒。顶棚上的灯具位设拉线盒

固定。

⑤ PVC管应用管卡固定。PVC管接头均用配套接头，用PVC胶水粘牢，弯头均用弹簧弯曲。暗盒、拉线盒与PVC管用锣接固定。

⑥ PVC管安装好后，统一穿电线，同一回路电线应穿入同一根管内，但管内总根数不应超过8根，电线总截面积（包括绝缘外皮）不应超过管内截面积的40%。

⑦ 电源线与通信线不得穿入同一根管内。

⑧ 电源线及插座与电视线及插座的水平间距不应小于500mm。

⑨ 电线与暖气、热水、燃气管之间的平行距离不应小于300mm，交叉距离不应小于100mm。

⑩ 穿入配管导线的接头应设在接线盒内，线头要留有余量150mm，接头搭接应牢固，绝缘带包缠应均匀紧密。

⑪ 安装电源插座时，面向插座的左侧应接零线（N），右侧应接相线（L），中间上方应接保护地线（PE）。保护地线为截面积为 $2.5mm^2$ 的双色软线。

⑫ 当吊灯自重在3kg及以上时，应先在顶板上安装后置埋件，然后将灯具固定在后置埋件上。严禁安装在木楔、木砖上。

⑬ 连接开关、螺口灯具导线时，相线应先接开关，开关引出的相线应接在灯具中心的端子上，零线应接在螺纹的端子上。

⑭ 导线间和导线对地间电阻必须大于 $0.5M\Omega$。

⑮ 电源插座底边距地宜为300mm，平开关板底边距地宜为1300mm。挂壁空调插座的高度1900mm。脱排插座高2100mm，厨房插座高950mm，挂式消毒柜插座高1900mm，洗衣机插座高1000mm。电视机插座高650mm。

⑯ 同一室内的电源、电话、电视等插座面板应在同一水平标高上，高差应小于5mm。

⑰ 每户应设置强弱电箱，配电箱内应设动作电流30mA的漏电保护器，分数路经过控开后，分别控制照明、空调、插座等。控开的工作电流应与终端电器的最大工作电流相匹配，一般情况下，照明10A，插座16A，柜式空调20A，进户40~60A。

⑱ 安装开关、面板、插座及灯具时应注意清洁，宜安排在最后一遍涂乳胶漆之前。

4. 电路施工注意事项

① 所有电线必须都套管。否则时间长了这些线路一旦老化很可能产生漏电，如果换线，又必须要拆墙、木地板等，非常麻烦。

② 所有线路都必须为活线，接电线时要注意，不得随便到处引线。

③ 强、弱电穿管走线的时候不能交叉，要分开。一定要穿管走线，切不可在墙上或地下开槽后明铺电线之后，用水泥封堵了事，给以后的故障检修带来麻烦。

另外，穿管走线时电视线和电话线应与电力线分开，以免发生漏电伤人、毁物甚至着火的事故。

④ 电线应选用铜质绝缘电线或铜质塑料绝缘护套线，保险丝要使用铅丝，严禁使用铅芯电线或使用铜丝做保险丝。施工时要使用三种不同颜色外皮的塑质铜芯导线，以便区分火线、零线和接地保护线，切记不可图省事用一种或两种颜色的电线完成整个工程。

⑤ 安装漏电保护器要绝对正确，诸如输入端、相线、零线不可接反。

⑥ 强、弱电线不得在同一管内敷设，不得进同一接线盒，间距在 30cm 以上。强电与弱电插座保持 50cm，强电与弱电要分线穿管。明装插座距地面应不低于 1.8m；暗装插座距地面不低于 0.3m，为防止儿童触电、用手指触摸或金属物插捅电源的孔眼，一定要选用带有保险挡片的安全插座；单相二眼插座的施工接线要求是：当孔眼横排列时为"左零右火"；竖排列时为"上火下零"；单相三眼插座的接线要求是：最上端的接地孔眼一定要与接地线接牢、接实、接对，决不能不接。余下的两孔眼按"左零右火"的规则接线，值得注意的是零线与保护接地线切不可错接或接为一体；电冰箱应使用独立的、带有保护接地的三眼插座。严禁自做接地线接于燃气管道上，以免发生严重的火灾事故；抽油烟机的插座也要使用三眼插座，接地孔的保护决不可掉以轻心；卫生间常用来洗澡冲凉，易潮湿，不宜安装普通型插座。

⑦ 穿好线管后要把线槽里的管道封闭起来，用水泥砂浆把线盒等封装牢固，其盒口要略低于墙面 0.5cm 左右，并保持端正。

⑧ 电线的接头处一定要挂锡，有的工人把线一接好，缠上绝缘胶布就放在盒子里了。其实正规的走线步骤是：线头的对接要缠 7 圈半，然后挂锡、缠防水胶布、再缠绝缘胶布才可以。现在好多工人都是缠上绝缘胶布就算了，有的甚至连绝缘胶布都不用，而是用防水胶布一缠了事。

⑨ 电路施工结束后，应分别对每一回路的相与零、相与地、地与零之间进行绝缘电阻测试，绝缘电阻值应不小于 0.5MΩ，如有多个回路在同一管内敷设，则同一管内线与线之间必须进行绝缘测试。绝缘测试后应对各用电点（灯、插座）进行通电试验。最后在各回路的最远点进行漏电保护器试跳试验。

第二节　抹灰施工

抹灰的基本要求是光洁、美观，并能通过反射的光线来改善室内采光，以及保持室内整洁、卫生。

自建小别墅的抹灰主要有三个部位：顶棚、内墙以及外墙抹灰。每个部位的抹灰施工也存在一定的差异。

1. 内墙抹灰施工

（1）主要施工步骤　基层处理→贴饼、冲筋→抹底灰、中层灰→抹罩面灰→养护。

（2）具体施工过程

① 基层处理。如果墙面表面比较光滑，应对其表面进行凿毛处理。可将其光滑的表面用尖剔毛，剔除光面，使其表面粗糙不平，呈麻点状，然后浇水使墙面湿润。

② 贴饼、冲筋。在门口、墙角、墙垛处吊垂直，套方抹灰饼、冲筋找规矩。

③ 抹底灰、中层灰。根据抹灰的基体不同，抹底灰前可先刷一道胶黏性水泥砂浆，然后抹 1：3 水泥砂浆，且每层厚度控制在 5～7mm 为宜。每层抹灰必须保持一定的时间间隔，以免墙面收缩而影响质量。

④ 抹罩面灰。在抹罩面灰之前，应观察底层砂浆的干硬程度，在底灰七八成干时抹罩面灰。如果底层灰已经干透，则需要用水先湿润，再薄薄的刮一层素水泥浆，使其与底灰粘牢，然后抹罩面灰。另外，在抹罩面灰之前应注意检查底层砂浆有无空、裂现象，如有应剔凿返修后再抹罩面灰。

⑤ 养护。水泥砂浆抹灰层常温下应在 24h 后喷水养护。

2. 外墙抹灰施工

（1）主要施工步骤　基层处理→湿润基层→找规矩、做灰饼、冲筋→抹底层灰、中层灰→弹分格线、嵌分格条→抹面层灰→起分格条、修整→养护。

（2）外墙抹灰一般是先上部、后下部，先檐口再墙面（包括门窗周围、窗台、阳台、雨篷等）　大面积的外墙可分片同时施工。高层建筑垂直方向适当分段，如一次抹不完时，可在阴阳角交接处或分隔线处间断施工。具体施工过程可参考以下进行。

① 基层处理、湿润。基层表面应清扫干净，混凝土墙面突出的地方要剔平刷净，蜂窝、凹洼、缺棱掉角处，应先刷一道 1：4（108 胶：水）的胶溶液，并用 1：3 水泥砂浆分层补平；加气混凝土墙面缺棱掉角和缝隙处，宜先刷一道掺水泥重 20% 的 108 胶素水泥浆，再用 1：1：6 水泥混合砂浆分层修补平整。

② 找规矩、做灰饼、标筋。

a. 在墙面上部拉横线，做好上面两角灰饼，再用托线板按灰饼的厚度吊垂直线，做下边两角的灰饼。

b. 分别在上部两角及下部两角灰饼间横挂小线，每隔 1.2～1.5m 做出上下两排灰饼，然后冲筋。门窗口上沿、窗口及柱子均应拉通线，做好灰饼及相应的标筋。

③ 抹底层、中层灰。外墙底层灰可采用水泥砂浆或混合砂浆（水泥：石子：砂＝1：1：6）打底和罩面。其底层、中层抹灰及赶平方法与内墙基本相同。

④ 弹分格线、嵌分格条。中层灰达六七成干时，根据尺寸用粉线包弹出分格

线。分格条使用前用水泡透，分格条两侧用黏稠的水泥浆（宜掺 108 胶）与墙面抹成 45°，横平竖直、接头平直。当天不抹面的"隔夜条"，两侧素水泥浆与墙面抹成 60°。

⑤ 抹面层灰。抹面层灰前，应根据中层砂浆的干湿程度浇水湿润。面层涂抹厚度为 5～8mm，应比分格条稍高。抹灰后，先用刮杠刮平，紧接着用木抹子搓平，再用钢抹子初步压一遍。稍干后，再用刮杠刮平，用木抹子搓磨出平整、粗糙均匀的表面。

⑥ 拆除分格条、勾缝。面层抹好后即可拆除分格条，并用素水泥浆把分格缝勾平整。若采用"隔夜条"的罩面层，则必须待面层砂浆达到适当强度后方可拆除。

⑦ 做滴水线、窗台、雨篷、压顶、檐口等部位。先抹立面，后抹顶面，再抹底面。顶面应抹出流水坡度，底面外沿边应做出滴水线槽。

滴水线槽的做法：在底面距边口 20mm 处粘贴分格条，成活后取掉即成；或用分格器将这部分砂浆挖掉，用抹子修整。

⑧ 养护。面层抹光 24h 后应浇水养护。养护时间应根据气温条件而定，一般不应小于 7 天。

3. 顶棚抹灰施工

（1）主要施工步骤 弹水平线→浇水湿润→刷结合层（仅适用于混凝土基层）→抹底层灰、中层灰→抹面层灰。

（2）具体施工过程

① 基层处理。清除基层浮灰、油污和隔离剂，凹凸处应填补或剔凿平。预制板顶棚板底高差不应大于 5mm，板缝应灌筑细石混凝土并捣实，抹底灰前 1 天用水湿润基层，抹灰当天洒水再湿润。钢筋混凝土楼板顶棚抹灰前，应用清水润湿并刷素水泥浆（水灰比 0.4～0.5）一道。

② 弹线。顶棚抹灰根据顶棚的水平面用目测的方法控制其平整度，确定抹灰厚度，然后在墙面的四周与顶棚交接处弹出水平线，作为抹灰的水平标准。

③ 抹底层灰。顶棚基层满刷一道 108 胶素水泥浆或刷一道水灰比为 0.4∶1 的素水泥浆后，紧接着抹底层灰，抹时用力挤入缝隙中，厚度 3～5mm，并随手带成粗糙毛面。

抹底灰的方向与楼板接缝及木模板木纹方向相垂直。抹灰顺序宜由前往后退。预制混凝土楼板底灰应养护 2～3 天。

④ 抹中层灰。先抹顶棚四周，再抹大面。抹完后用软刮尺顺平，并用木抹子搓平。使整个中层灰表面顺平，如平整度欠佳，应再补抹及赶平一次，如底层砂浆吸收较快，应及时洒水。

⑤ 抹面层灰。待中层灰六七成干时，即可用纸筋石灰或麻刀石灰抹灰层。抹面层一般二遍成活，其涂抹方法及抹灰厚度与内墙抹灰相同。第一遍宜薄抹，紧

接着抹第二遍，砂浆稍干，再用塑料抹子顺着抹纹压实压光。

⑥ 养护。抹灰完成后，应关闭窗门，使抹灰层在潮湿空气中养护。

4. 施工注意事项

① 抹灰前基层表面的尘土、污垢、油渍等应清除干净，并应洒水润湿。

② 抹灰工程应分层进行。当抹灰总厚度大于或等于 35mm 时，应采取加强措施。不同材料基体交接处表面的抹灰，应采取防止开裂的加强措施，当采用加强网时，加强网与各基体的搭接宽度不应小于 100mm。

③ 抹灰层与基层之间及各抹灰层之间必须黏结牢固，抹灰层应无脱层、空鼓，面层应无爆灰和裂缝。

④ 表面应光滑、洁净、接槎平整，分格缝应清晰。

⑤ 护角、孔洞、槽、盒周围的抹灰表面应整齐、光滑；管道后面的抹灰表面应平整。

⑥ 抹灰层的总厚度应符合设计要求；水泥砂浆不得抹在石灰砂浆层上；罩面石膏灰不得抹在水泥砂浆层上。

⑦ 抹灰分格缝的设置应符合设计要求，宽度和深度应均匀，表面应光滑，棱角应整齐。

⑧ 有排水要求的部位应做滴水线（槽）。滴水线（槽）应整齐顺直，滴水线应内高外低，滴水槽的宽度和深度均不应小于 10mm。

第三节 》》 饰面砖施工

在自建小别墅的装修中，瓷砖饰面算是最多的一种，装饰效果美观、易清洁，而且耐久性也好。但是饰面砖施工也是一个不可逆的施工过程，稍不注意，就会出现空鼓、脱落等质量问题，大大影响美观性和使用效果。

一、陶瓷墙砖施工

1. 主要施工步骤

陶瓷墙砖主要施工步骤：预排→弹线→做灰饼、标记→泡砖和湿润墙面→镶贴→勾缝→擦洗。

2. 具体施工过程

（1）预排　墙砖镶贴前应预排，要注意同一墙面的横竖排列，不得有一行以上的非整砖。非整砖应排在次要部位或阴角处，排砖时可用调整砖缝宽度的方法解决。如无设计规定时，接缝宽度可在 1~1.5mm 之间调整。在管线、灯具、卫生设备支撑等部位，应用整砖套割吻合，不得用非整砖拼凑镶贴，以保证美观效果。

（2）弹线　根据室内标准水平线，找出地面标高，按贴砖的面积计算从横的皮数，用水平尺找平，并弹出釉面砖的水平和垂直控制线。如用阴阳三角镶边时，则将镶边位置预先分配好。横向不足整砖的部分，留在最下一皮与地面连接处。

（3）做灰饼、标记　为了控制整个镶贴釉面砖表面的平整度，正式镶贴前，在墙上贴废釉面砖作为标志块，上下用托线板挂直，作为粘贴厚度的依据，横镶每隔15m左右做一个标志块，用拉线或靠尺校正平整度。在门洞口或阳角处，如有阴三角镶过时，则应将尺寸留出先铺贴一侧的墙面，并用托线板校正靠直。如无镶边，应双面挂直。

（4）泡砖和湿润墙面　釉面砖粘贴前应放入清水中浸泡2h以上，然后取出晾干，用手按砖背无水迹时方可粘贴。冬季宜在掺入2‰盐的温水中浸泡。砖墙面要提前1天湿润好，混凝土墙面可以提前3～4天湿润，以免吸走黏结砂浆中的水分。

（5）采用砂浆镶贴面砖

① 先贴若干块废釉面砖作为标志块，上下用托线板挂直，作为粘贴厚度的依据，横向每隔1.5m左右做一个标志块，用拉线或靠尺校正平整度。

② 在门洞口或阳角处，如有阴三角镶边时，则应将尺寸留出先铺贴一侧的墙面，并用托线板校正靠直。如无镶边，应双面挂直，如图12-1所示。

③ 按地面水平线嵌上一根八字尺或直靠尺，用水平尺校正，作为第一行瓷砖水平方向的依据。

④ 镶贴时，瓷砖的下口坐在八字尺或直靠尺上，以确保其横平竖直。墙面与地面的相交处用阴三角条镶贴时，需将阴三角条的位置留出后，方可放置八字靠尺或直靠尺。

⑤ 镶贴釉面砖宜从阳角处开始，并由下往上进行。铺贴一般用1∶2（体积比）水泥砂浆，并可掺入不大于水泥用量15%的石灰膏，用铲刀在

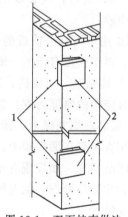

图12-1　双面挂直做法
1—小面挂直靠平；2—大面挂直靠平

釉面砖背面刮满刀灰，厚度4～8mm，砂浆用量以铺贴后刚好满浆为宜。

⑥ 贴于墙面的釉面砖应用力按压，并用铲刀木柄轻轻敲击，使釉面砖紧密粘于墙面，再用靠尺按标志块将其校正平直。

⑦ 铺贴完整行的釉面砖后，再用长靠尺横向校正一次。对高于标志块的应轻轻敲击，使其平齐；若低于标志块（即亏灰）时，应取下釉面砖，重新抹满刀灰再铺贴，不得在砖口处塞灰。

⑧ 依次按上述方法往上贴，铺贴时应保持与相邻釉面砖的平整。当贴到最上一行时，要求上口成一直线。上口如没有压条（镶边），应用一面圆的釉面砖，阴角的大面一侧也用一面圆的釉面砖，这一排的最上面一块应用两面圆的

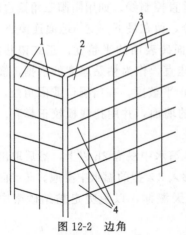

图 12-2　边角

1、3、4——一面圆釉面砖；2——两面圆釉面砖

釉面砖，如图 12-2 所示。

⑨ 镶边条的铺贴顺序，一般先贴阴（阳）三角条再贴墙面，即先铺贴一侧墙面釉面砖，再铺贴阴（阳）三角条，然后再铺另一侧墙面釉面砖，使阴（阳）三角条与墙面吻合。镶贴墙面时，应先贴大面，后贴阴阳角、凹槽等费工多、难度大的部位。

⑩ 在黏结层初凝前或允许的时间内，可调整釉面砖的位置和接缝宽度，使之附线并敲实；在初凝后或超过允许的时间后，严禁振动或移动面砖。

（6）采用胶黏剂镶贴面砖

① 调制黏结浆料。采用 32.5 级以上普通硅酸盐水泥加入专用胶液拌和至适宜施工的稠度即可，不要加水。当黏结层厚度大于 3mm 时，应加砂，水泥和砂的比例为 1∶1～1∶2，砂采用过 $\phi 2.5$ 筛子的干净中砂。

② 用单面有齿铁板的平口一面（或用钢板抹子），将黏结浆料横刮在墙面基层上，再用铁板有齿的一面在已抹上黏结浆料的墙上刮出一条条直楞。

③ 铺贴第一皮瓷砖，随即用橡皮锤逐块轻轻敲实。将适当直径的尼龙绳（以不超过瓷砖的厚度为宜）放在已铺贴的面砖上方的灰缝位置（也可用工具式铺贴法）。紧靠在尼龙绳上，铺贴第二皮瓷砖。

用直尺靠在面砖顶上，检查面砖上口水平，再将直尺放在面砖平面上，检查平面凹凸情况，如发现有不平整处，随时纠正。

如此循环操作，尼龙绳逐皮向上盘，面砖自下而上逐皮铺贴，隔 1～2h，即可将尼龙绳拉出。

每铺贴 2～3 皮瓷砖用直尺或线坠检查垂直偏差，并随时纠正。

④ 铺贴完瓷砖墙面后，必须以整个墙面检查一下平整、垂直情况。发现缝子不直、宽窄不匀时，应进行调缝，并把调缝的瓷砖再进行敲实，避免空鼓。

（7）面砖勾缝、擦缝、清理表面

① 传统方法镶贴面砖完成一定流水段落后，用清水将面砖表面擦洗干净。

釉面砖接缝处用与面砖相同颜色的白水泥浆擦嵌密实，并将釉面砖表面擦净；外墙面砖用 1∶1 水泥砂浆（砂须过窗纱筛）勾缝。

整个工程完工后，应根据不同污染情况，用棉丝或用稀盐酸（10%）刷洗，并随即用清水冲净。

② 采用胶黏剂镶贴的面砖，釉面砖在贴完瓷砖后 3～4 天，可进行灌浆擦缝。把白水泥加水调成粥状，用长毛刷蘸白水泥浆在墙面缝子上刷涂，待水泥逐渐变

稠时用布将水泥擦去。将缝子擦均匀，防止出现漏擦。

外墙面砖在贴完一个流水段后，即可用 1：1 水泥砂浆（砂须过窗纱筛）勾缝，先勾水平缝，再勾竖缝。缝子应凹进面砖 2～3mm。

若竖缝为干挤缝或小于 3mm，应用水泥砂浆作擦缝处理。勾缝后，应用棉丝将砖面擦干净。

二、陶瓷、玻璃锦砖施工

1. 主要施工步骤

陶瓷、玻璃锦砖主要施工步骤：基层处理→抹找平层→刷结合层→排砖、分格、弹线、镶贴锦砖→揭纸、调缝→清理表面。

2. 具体施工要点

（1）基层处理　对基层进行清理，剔平墙面凸出的混凝土，对光滑的混凝土墙面要作"毛化处理"。

（2）做水泥砂浆找平层　以墙面+50cm 水平标高线为准，测出面层标高，拉水平线做灰饼，灰饼上表面为陶瓷锦砖下皮；然后进行冲筋，在房间中间每隔 1m 冲筋一道。有地漏的房间按设计要求的坡度找坡，冲筋应朝地漏方向呈放射状。

冲筋后，用 1：3 干硬性水泥砂浆找平，铺设厚度约为 20～25mm，用大杠（顺标筋）将砂浆刮平，木抹子拍实，抹平整。有地漏的房间要按设计要求的坡度做出泛水。

（3）刷结合层　均匀刷一层水泥素浆，增强砖体的粘接效果。

（4）排砖、分格、弹线、镶贴锦砖

① 陶瓷锦砖镶贴。

a. 方法一。根据已弹好的水平线稳好平尺板（图 12-3），在已湿润的底子灰上刷素水泥浆一道，再抹结合层，并用靠尺刮平。同时将陶瓷锦砖铺放在木垫板上（图 12-4），底面朝上，缝里撒灌 1：2 干水泥砂，并用软毛刷子刷净底面浮砂，薄薄涂上一层黏结灰浆（图 12-5），逐张拿起，清理四边余灰，按平尺板上口，由下往上随即往墙上粘贴。

b. 方法二。将水泥石灰砂浆结合层直接抹在纸板上，用抹子初步抹平约 2～3mm 厚，随即进行粘贴。缝子要对齐，随时调整缝子的平直和间距，贴完一组后将分格条放在上口再继续贴第二组。

c. 方法三。用胶水：水泥＝1：（2～3）配料，在墙面上抹厚度 1mm 左右的黏结层，并在弹好水平线的下口，支设垫尺。将陶瓷锦砖铺在木垫板上，麻面朝上，将胶黏剂刮于缝内，并薄薄留一层胶面。随即将陶瓷锦砖贴在墙上，并用拍板满敲一遍，敲实、敲平。

d. 粘贴后的陶瓷锦砖，用拍板靠放已贴好的陶瓷锦砖上用小锤敲击拍板，满敲一遍使其黏结牢固。

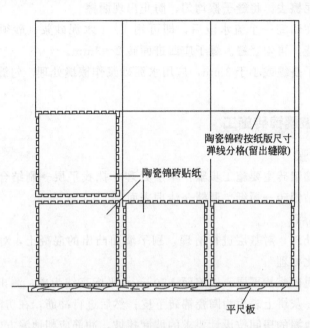

图 12-3　陶瓷锦砖镶贴示意图

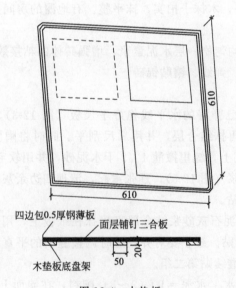

图 12-4　木垫板

② 玻璃锦砖镶贴。

a. 墙面浇水后抹结合层，用 32.5 级或 32.5 级以上普通硅酸盐水泥净浆，水灰比为 0.32，厚度为 2mm，待结合层手捺无坑，只能留下清晰指纹时为最佳铺贴时间。

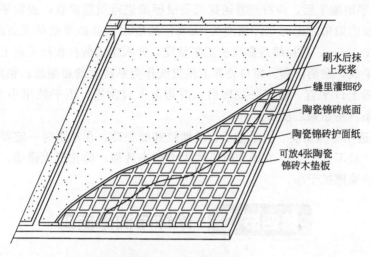

图 12-5 缝中灌砂做法

b. 按标志钉做出铺贴横、竖控制线。

c. 将玻璃锦砖背面朝上平放在木垫板上，并在其背面薄薄涂抹一层水泥浆，刮浆闭缝。水泥浆的水灰比为 0.32，厚度为 1～2mm。

d. 将玻璃锦砖逐张沿着标志线铺贴。用木抹子轻轻拍平压实，使玻璃锦砖与基层灰牢固黏结。如在铺贴后板与板的横、竖缝间出现误差，可用木拍板赶缝，进行调整。

（5）揭纸、调缝

① 锦砖镶贴后，用软毛刷将锦砖护面纸刷水湿润，约 0.5h 后揭纸，揭纸应从上往下揭。

② 揭纸后检查缝子平直、大小情况，凡弯弯扭扭的缝子必须用开刀拨正调直，再普遍用小锤敲击拍板一遍，用刷子带水将缝里的砂刷出，并用湿布擦净锦砖砖面，必要时可用小水壶由上往下浇水冲洗。

（6）清理表面

① 粘贴 48h，将起出分格条的大缝用 1∶1 水泥砂浆勾严，其他小缝均用素水泥浆擦缝。

② 工程全部完工后，应根据不同污染程度用稀盐酸液刷洗，紧跟用清水冲刷。

三、墙面贴砖注意事项

① 粘贴前应预先排砖，使得拼缝均匀。在同一面墙上横竖排列，不得有一行以上的非整砖，且非整砖的排列应放在次要部位。

② 找平层施工后，应按照普通抹灰质量标准进行质量验收，表面平整度、立面垂直度及阴阳角方正的允许偏差为 4mm；然后用混合砂浆粘贴废面砖做灰饼，间距不大于 1.5m，用拉线或靠尺校正平整度，并根据皮数杆在找平层上从上到下弹若干水平线，在阴阳角、窗口处弹上垂直线作为贴砖时的控制线；粘贴面砖时，应保持面砖上口平直，贴完一皮砖后，需将上下口刮平，不平处用小木片垫平，放上米厘条再粘贴第二皮砖。

③ 应选用材质密实、吸水率小、质地较好的瓷砖。在泡水时一定要泡至不冒气泡为准，且不少于 2h。在操作时不要大力敲击砖面，防止产生隐伤，并随时将砖面上的砂浆擦拭干净。

第四节 ▶▶ 涂饰与油漆施工

1. 乳胶漆施工

（1）主要施工步骤　基层处理→修补腻子→满刮腻子→涂刷乳胶漆。

（2）具体施工过程

① 基层处理。将墙面上的起皮杂物等清理干净，然后用笤帚把墙面上的尘土等扫净。对于泛碱的基层应先用 3％的草酸溶液清洗，然后用清水冲刷干净即可。

② 修补腻子。用配好的石膏腻子将墙面、窗口角等破损处找平补好，腻子干燥后用砂纸将凸出处打磨平整。

③ 满刮腻子。用橡胶刮板横向满刮，接头处不得留槎，每一刮板最后收头时要干净利落。腻子配合比为聚醋酸乙烯乳液：滑石粉：水＝1：5：3.5。当满刮腻子干燥后，用砂纸将墙面上的腻子残渣、斑迹等打磨、磨光，然后将墙面清扫干净。

④ 涂刷乳胶漆。一般来说，乳胶漆的涂刷需要进行三遍以上，最终效果才足够美观。

a. 第一遍涂刷。先将墙面仔细清扫干净并用布将墙面粉尘擦净。涂刷每面墙面的顺序宜按先左后右、先上后下、先难后易、先边后面的顺序进行，不得胡乱涂刷，以免漏涂或涂刷过厚、涂料不均匀等。通常情况下用排笔涂刷，使用新排笔时，要注意将活动的笔毛清理干净。乳胶漆涂料使用前应搅拌均匀，根据基层及环境的温度情况，可加 10％水稀释，以免头遍涂料涂刷不开。干燥后修补腻子，待修补腻子干燥后，用 1 号砂纸磨光并清扫干净。

b. 操作要求同第一遍乳胶漆涂料。涂刷前要充分搅拌，如不是很稠，则不应加水或少加水，以免漏底。漆膜干燥后，用细砂纸将墙面小疙瘩和排笔毛打磨掉，磨光滑后用布擦干净。

c. 操作要求与前两次相同。由于乳胶漆漆膜干燥快，所以应连续迅速操作，涂刷时从左边开始，逐渐涂刷向另一边，一定要注意上下顺刷互相衔接，避免出现接槎明显而需另行处理。

（3）乳胶漆施工注意事项

① 基层处理是保证施工质量的关键环节，其中保证墙体完全干透是最基本条件，一般应放置 10 天以上。墙面必须平整，最少应满刮两遍腻子，至满足标准要求。

② 乳胶漆涂刷的施工方法可以采用手刷、滚涂和喷涂。涂刷时应连续迅速操作，一次刷完。

③ 涂刷乳胶漆时应均匀，不能有漏刷、流附等现象。涂刷一遍，打磨一遍。一般应两遍以上。

④ 腻子应与涂料性能配套，坚实牢固，不得粉化、起皮、裂纹。卫生间等潮湿处使用耐水腻子，涂液要充分搅匀，黏度太大可适当加水，黏度小可加增稠剂。施工温度要高于 10℃。室内不能有大量灰尘，最好避开雨天施工。

2. 色漆混油施工

（1）主要施工步骤　基层处理→刷封底油漆→刮腻子→磨光→刷第一遍油漆→刮腻子→打砂纸→刷第二遍油漆→打砂纸→刷第三遍油漆。

（2）具体施工过程

① 基层处理。先将木材表面上的灰尘、胶迹等用刮刀刮除干净，但应注意不要刮出毛刺且不得刮破。然后用 1 号以上的砂纸顺木纹精心打磨，先磨线角、后磨平面直到光滑为止。当基层有小块翘皮时，可用小刀撕掉；如有较大的疤痕则应有木工修补；节疤、松脂等部位应用虫胶漆封闭，钉眼处用油性腻子嵌补。

② 刷封底油漆。封底油漆由清油、汽油、光油配制，略加一些红土子进行刷涂。待全部刷完后应检查一下有无遗漏，并注意油漆颜色是否正确，并将五金件等处沾染的油漆擦拭干净。

③ 刮腻子。腻子的配合比为石膏：熟桐油：水＝20：7：50，待涂刷的清油干透后将钉孔、裂缝、节疤以及残缺处用石膏油腻子刮抹平整，腻子要不软不硬、不出蜂窝、挑丝不倒为准。刮时要横抹竖起，将腻子刮入钉孔或裂纹内。若接缝或裂缝较宽、孔洞较大时，可用开刀或铲刀将腻子挤入缝洞内，使腻子嵌入后刮平收净，表面上腻子要刮光、无松散腻子及残渣。

④ 磨光。待腻子干透后，用 1 号砂纸打磨，打磨方法与底层打磨相同，但注意不要磨穿漆膜并保护好棱角，不留松散腻子痕迹。打磨完成后应打扫干净并用潮湿的布将打磨下来的粉末擦拭干净。

⑤ 刷第一遍油漆。先将色铅油、光油、清油、汽油、煤油混合在一起搅拌均匀并过罗，其配合比为铅油：光油：清油：汽油：煤油＝25：5：4：10：5，可用红、黄、蓝、白、黑铅油调配成各种所需颜色的铅油油漆，其稠度以达到盖底、不流淌、不显刷痕为准。涂刷的顺序与刷封底油漆相同。

⑥ 刮腻子。待第一遍油漆干透后，对底腻子收缩或残缺处用石膏腻子刮抹

一次。

⑦ 打砂纸。待腻子干透后，用1号以下砂纸打磨。

⑧ 刷第二遍油漆。方法与第一遍油漆相同。

⑨ 打砂纸。待腻子干透后，用1号以下砂纸打磨。在使用新砂纸时，应将两张砂纸对磨，把粗大的砂粒磨掉，以免打磨时把漆膜划破。

⑩ 刷第三遍油漆。方法与第一遍油漆相同。但由于调和漆的黏度较大，涂刷时要多刷多理，要注意刷油饱满、动作敏捷，使所刷的油漆不流、不坠、光亮均匀、色泽一致。

3. 清漆施工

(1) 主要施工步骤　基层处理→涂刷封底漆→润色油粉→满刮油腻子→刷油色→刷第一遍清漆→修补腻子→拼色与修色→刷第二遍清漆→刷第三遍清漆。

(2) 具体施工过程

① 基层处理。与色漆混油施工步骤相同。

② 涂刷封底漆。为使木质含水率稳定和增加涂料的附着力，同时也为了避免木质密度不用吸油不一致而产生色差，应涂刷一遍封底漆。封底漆应涂刷均匀，不得漏刷。

③ 润色油粉。色油粉的配合比为大白粉∶松香水∶熟桐油＝24∶16∶2，色油粉的颜色同样板颜色，并用搅拌机充分搅拌均匀后盛在小油桶内。用棉丝蘸油粉反复涂于木材表面。擦进木材的棕眼内，然后用棉丝擦净，应注意墙面及五金上不得沾染油粉。待油粉干后，用1号砂纸顺木纹轻轻打磨，先磨线角后磨平面，直到光滑为止。

④ 满刮油腻子。腻子的配合比为石膏粉∶熟桐油＝20∶7，并加颜料调成石膏色腻子，要注意腻子油性不可过大或过小，若过大，则刷油色时不易浸入木质内；若过小，则易钻入木质中使得油色不均匀且颜色不一致。在刮抹时要横抹竖起，如遇接缝或节疤较大时应用铲刀将腻子挤入缝隙内，然后抹平，一定要刮光且不留松散腻子。待腻子干透后，用1号砂纸顺木纹轻轻打磨，先磨线角后磨平面，直到光滑为止。

⑤ 刷油色。先将铅油、汽油、光油、清油等混合在一起过筛，然后倒在小油桶内，使用时要经常搅拌，以免沉淀造成颜色不一致。刷油的顺序应从外向内、从左到右、从上到下且顺着木纹进行。

⑥ 刷第一遍清漆。其刷法与油色相同，但刷第一遍清漆应略加一些稀料以便快干。因清漆的黏性较大，最好使用已经用出刷口的旧棕刷，刷时要少蘸油，以保证不流、不坠、涂刷均匀。待清漆完全干透后，用1号砂纸彻底打磨一遍，将头遍漆面上的光亮基本打磨掉，再用潮湿的布将粉尘擦掉。

⑦ 修补腻子。通常情况下要求刷油色后不刮腻子，但在特殊情况下可用油性略大的带色石膏腻子修补残缺不全之处。操作时必须用牛角板刮抹，不得损伤漆

膜，腻子要收刮干净，光滑无腻子疤。

⑧ 拼色与修色。木材表面上的黑斑、节疤、腻子疤等颜色不一致处，应用漆片、酒精加色调配或用清漆、调和漆和稀释剂调配进行修色。木材颜色深的应修浅，浅的提深，将深色和浅色木面拼成一色，并绘出木纹。最后用细砂纸轻轻往返打磨一遍，然后用潮湿的布将粉尘擦掉。

⑨ 刷第二遍清漆。清漆中不加稀释剂，操作同第一遍，但刷油动作要敏捷、多刷多理，使清漆涂刷得饱满一致、不流不坠、光亮均匀。刷此遍清漆时，周围环境要整洁。

⑩ 刷第三遍清漆。待第二遍清漆干透后进行磨光，然后涂刷第三遍清漆，其方法同前。

（3）清漆施工注意事项

① 打磨基层是涂刷清漆的重要工序，应首先将木器表面的尘灰、油污等杂质清除干净。

② 上润油粉也是清漆涂刷的重要工序，施工时用棉丝蘸油粉涂抹在木器的表面上，用手来回揉擦，将油粉擦入到木材的孔眼内。

③ 涂刷清油时，手握油刷要轻松自然，手指轻轻用力，以移动时不松动、不掉刷为准。

④ 涂刷时要按照蘸次多、每次少蘸油、操作勤、顺刷的要求，依照先上后下、先难后易、先左后右、先里后外的顺序和横刷竖顺的操作方法施工。

⑤ 基层处理要按要求施工，以保证表面油漆涂刷质量，清理周围环境，防止尘土飞扬。油漆都有一定毒性，对呼吸道有较强的刺激作用，施工中一定要注意做好通风。

第五节 >> 裱糊施工

在自建小别墅的裱糊施工，主要就是涉及壁纸铺贴与软装装饰。

一、壁纸铺贴

1. 施工条件

① 墙面、顶面壁纸施工前门窗油漆、电器的设备安装完成，影响裱糊的灯具等要拆除，待做完壁纸后再进行安装。

② 墙面抹灰提前完成干燥，基层墙面要干燥、平整，阴阳角应顺直，基层坚实牢固，不得有疏松、掉粉、飞刺、麻点砂粒和裂缝，含水率应符合相关规定。

③ 地面工程要求施工完毕，不得有较大的灰尘和其他交叉作业。

2. 壁纸施工对不同材质基层处理的要求

壁纸对不同材质的基层处理要求是不同的，如混凝土和水泥砂浆抹灰基层、纸面石膏板、水泥面板、硅钙板基层、木质基层的处理都有所差异。

(1) 混凝土及水泥砂浆抹灰基层

① 混凝土及水泥砂浆抹灰基层抹灰层与墙体及各抹灰层间必须黏结牢固，抹灰层应无脱层、空鼓，面层应无爆灰和裂缝。

② 立面垂直度及阴阳角方正允许偏差不得超过 3mm。

③ 基体一定要干燥，使水分尽量挥发，含水率最大不能超过 8%。

④ 混凝土及水泥砂浆抹灰基层在刮腻子前应涂刷抗碱封闭底漆。

⑤ 满刮腻子、砂纸打光、基层腻子应平整光滑、坚实牢固，不得有粉化起皮、裂缝和突出物，线角顺直。

(2) 纸面石膏板、水泥面板、硅钙板基层

① 面板安装牢固、无脱层、翘曲、折裂、缺棱、掉角。

② 立面垂直度及表面平整度允许偏差为 2mm，接缝高低差允许偏差为 1mm，阴阳角方正允许偏差不得超过 3mm。

③ 在轻钢龙骨上固定面板应用自攻螺钉，钉头埋入板内但不得损坏纸面，钉眼要做防锈处理。

④ 在潮湿处应做防潮处理。

⑤满刮腻子、砂纸打光、基层腻子应平整光滑、坚实牢固，不得有粉化起皮、裂缝和突出物，线角顺直。

(3) 木质基层

① 基层要干燥，木质基层含水率最大不得超过 12%。

② 木质面板在安装前应进行防火处理。

③ 木质基层上的节疤、松脂部位应用虫胶漆封闭，钉眼处应用油性腻子嵌补。在刮腻子前应涂刷抗碱封闭底漆。

④ 满刮腻子、砂纸打光，基层腻子应平整光滑、坚实牢固，不得有粉化起皮、裂缝和突出物，角脚顺直。

(4) 不同材质基层的接缝　不同材质基层的接缝处必须粘贴接缝带，否则极易出现裂缝、起皮等问题。

3. 主要施工步骤

壁纸铺贴主要施工步骤：基层处理→基层弹线→裁纸→封底漆→刷胶→裱糊→饰面清理。

4. 具体施工过程

(1) 基层处理　壁纸基层是决定壁纸裱糊质量的重要因素，对于墙面基层要采用腻子将墙面找平。特别注意墙面的阴阳角顺直、方正，不能有掉角、墙面应保证平整不能有凸出麻点，以达到基层坚实牢固，无疏松、起皮、掉粉现象。同时基层的含水率不能大于 8%，表面用砂纸打毛。

(2) 基层弹线　根据壁纸的规格在墙面上弹出控制线作为壁纸裱糊的依据，

并且可以控制壁纸的拼花接槎部位，花纹、图案、线条纵横贯通。要求每一面墙都要进行弹线，在有窗口的墙面弹出中线和在窗台近 5cm 处弹出垂直线以保证窗间墙壁纸的对称，弹线至踢脚线上口边缘处；在墙面的上面以挂镜线为准，无挂镜线时应弹出水平线。

（3）裁纸　裁纸前要对所需用的壁纸进行统一规划和编号，以便保证按顺序粘贴。裁纸要有专人负责，大面积做时应设专用架子放置壁纸达到方便施工的目的。根据壁纸裱糊的高度，预留出 10～30mm 的余量，如果壁纸、墙布带花纹图案应按照墙体长度裁割出需要的壁纸数量并且注意编号、对花。裁纸应特别注意切割刀应紧贴尺边，尺子压紧壁纸，用力均匀、一气呵成，不能停顿或变换持刀角度。壁纸边应整齐，不能有毛刺，平放保存。

（4）封底漆　贴壁纸前在墙面基层上刷一遍清油；或者采用专用底漆封刷一道，可以保证墙面基层不返潮，或因壁纸吸收胶液中的水分而产生变形。

（5）刷胶　壁纸背面和墙面都应涂刷胶黏剂，刷胶应薄厚均匀，墙面刷胶宽度应比壁纸宽 50mm，墙面阴角处应增刷 1～2 遍胶黏剂。一般采用专用胶黏剂，若现场调制胶黏剂，需要通过 400 孔/cm³ 筛子过滤，除去胶中的疙瘩和杂质，调制出的胶液应在当日用完。如果是带背胶壁纸，可将裁好后的壁纸浸泡在水槽中，然后由底部开始，图案面向外，卷成一卷即可上墙裱糊，无须刷胶黏剂。

（6）裱糊　裱糊壁纸时，首先要垂直，然后对花纹拼缝，再用刮板用力抹压平整。原则是先垂直面后水平面，先细部后大面。贴垂直面时先上后下，贴水平面时先高后低。一般从墙面所弹垂直线开始至阴角处收口。顺序是选择近窗台角落背光处依次裱糊，可以避免接缝处出现阴影。壁纸裱糊时，在阴角处接缝搭接，阳角不能出现拼缝，应包角压实，保证直视 1.5m 处不显缝。对壁纸有色差的应先挑选调整后再施工。

① 无花纹、图案的壁纸。可采用搭接法裱糊，相邻两幅间可拼缝重叠 30mm 左右，并用直钢尺和活动剪刀自上而下，在重叠部分切断，撕下小条壁纸，用刮板从上而下均匀地赶胶，排出气泡，并及时用湿布擦掉多余胶，保证壁纸面干净。较厚的壁纸须用胶滚进行滚压赶平。需要注意的是，发泡壁纸、复合壁纸严禁使用刮板赶压，可采用毛巾、海绵或毛刷赶压，以避免赶压花型出现死褶。

② 图案、花纹壁纸。为了保证图案的完整性和连续性，裱贴时采用拼接法，拼贴先对图案，后拼缝。用半小时前面所述的方法粘贴和切除多余部分，多余部分切出一般在胶黏剂到一定程度（约半小时）用钢尺在重叠处拍实后切出。

（7）饰面清理　表面的胶水、斑污要及时擦干净，各种翘角翘边应进行补胶，并用木棍或橡胶棍压实，有气泡处可先用注射针头排气，同时注入胶液，再用棍子压实。如表面有皱褶时，可趁胶液不干时用湿毛巾轻拭纸面，使之湿润，舒展后壁纸轻刮，滚压赶平。

很多时候虽然购买了环保的好壁纸，但是交给不负责的人员施工，有的工人甚至用乳胶来粘贴壁纸，给居室造成巨大污染。铺贴壁纸一定要选择专业的壁纸胶粉，这种水性胶粉一般是植物根茎的提取物，用水就可以调制，调制后，无刺激味道，几乎没有污染产生。

5. 壁纸施工注意事项

① 裱糊施工的基层必须做干燥处理，例如混凝土或抹灰墙面，其含水率不得大于8%。

② 壁纸在粘贴前，应将墙基体表面的污垢、尘土清除干净，基层上不得有飞刺、麻点、砂粒和裂缝，阴阳角应顺直。基层清理后，在基层上打腻子，干后用砂纸打磨，然后用环保清漆溶液等作底漆涂刷基层表面。

③ 在裱糊发泡壁纸时，应先用手将壁纸舒展平整后，用橡胶刮板赶压且要用力均匀。如壁纸出现褶皱，应及时将壁纸轻轻揭起，用手推平后再赶压。

④ 纯纸质壁纸耐水性相对比较弱，施工时表面最好不要溢胶。如不慎溢胶，不要擦拭，用干净的海绵或毛巾吸舐。如果用的是纯淀粉胶，也可等胶完全干透后用毛刷轻轻刷掉。

二、软包施工

1. 软包施工材料

软包施工主要材料有木龙骨、三合板、九合板、墙布、锦缎、人造革、真皮革、海绵橡胶板、聚氯乙烯泡沫板、木线、木压条等。

墙布是采用天然的棉麻纤维、涤纶、腈纶合成纤维布等作为基材，表面涂上聚乙烯或聚氯乙烯树脂，经印花而成的。墙布也称壁布，可直接贴于墙面。基层衬以海绵，可作墙面软包材料。墙布有以下几种。

(1) 玻璃纤维印花墙布　以中碱玻璃纤维布为基材，表面涂以耐磨树脂，印上彩色图案而成。花色品种多、色彩鲜艳、不易褪色、不易老化、防火性能好、耐潮性强、可擦洗，但易断裂老化。涂层磨损后，散出的玻璃纤维对人体皮肤有刺激性。

(2) 无纺墙布　采用棉、麻等天然纤维或涤纶、腈纶等合成纤维，经过无纺成型、上树脂、印制彩色花纹而成。无纺墙布色彩鲜艳、表面光洁、有弹性、挺括、不易折断、不易老化，对皮肤无刺激性，有一定的透气性和防潮性，可擦洗而不褪色。

(3) 纯棉装饰墙布　以纯棉布经过处理、印花、涂层制作成。强度大、静电小、蠕变形小，无光、吸声、无毒、无味，透气性、吸声性俱佳，但表面易起毛，不能擦洗。

(4) 化纤装饰墙布　经化纤为基材，经处理后印花而成。无毒、无味、透气、防潮、耐磨。

(5) 锦缎墙布　以锦缎制成。花纹艳丽多彩、质感光滑细腻，但价格昂贵，不易长霉。

（6）塑料墙布　用发泡聚氯乙烯制成。质地厚、富有弹性、立体感强、能保温、消除噪声，可擦洗，但透气性差，不吸湿，阳光直射下会褪色泛黄。

2. 主要施工步骤

软包施工主要步骤：基层处理→弹线→安装木龙骨→安装三合板→安装软包面层→修整。

3. 具体施工过程

（1）基层处理　首先要检查墙面及基层的垂直度、平整度，其数值不得大于3mm；墙面基层的含水率不得大于8%；另外，墙面基层应涂刷清油或防腐涂料，严禁用沥青油毡做防潮层。

（2）弹线　当设计无要求时，木龙骨竖向间距为400mm，横向间距为300mm；门框竖向正面设双排龙骨孔，距墙边为100mm，孔直径为14mm，深度不小于40mm，间距在250～300mm之间。

（3）安装木龙骨　木楔应做防腐处理且不削尖，直径应略大于孔径，钉入后端部与墙面齐平；木龙骨应厚度一致，跟线钉在木楔上且钉头砸扁，冲入2mm。如墙面上安装开关插座，在铺钉木基层时应加钉电气盒框格。最后，用靠尺检查龙骨面的垂直度和平整度，偏差应不大于3mm。

（4）安装三合板　三合板在铺钉前应在板背面涂刷防火涂料。木龙骨与三合板接触的一面应刨光使其平整。用气钉枪将三合板钉在木龙骨上，三合板的接缝应设置在木龙骨上，钉头应埋入板内，使其牢固平整。

（5）安装软包面层　根据设计图纸，在木基层上画出墙、柱面上软包的外框及造型尺寸，并按此尺寸切割九合板，按线拼装到木基层上。其中九合板钉出来的框格即为软包的位置，其铺钉方法与三合板相同。按框格尺寸，裁切出泡沫塑料块，用建筑胶黏剂将泡沫塑料块粘贴在框格内。将裁切好的织锦缎连同保护层用的塑料薄膜覆盖在泡沫塑料块上，用压角木线压住织锦缎的上边缘，在展平织锦缎后用气钉枪钉牢木线，然后绷紧展平的织锦缎钉其下边缘的木线，最后，用锋刀沿木线的外缘裁切下多余的织锦缎与塑料薄膜。

（6）修整　软包安装完毕后，应全面检查和修整。接缝处理要精细，做到横平竖直、框口端正。

4. 软包施工注意事项

① 软包墙面所用填充材料、纺织面料、木龙骨、木基层板等均应进行防火处理。

② 墙面应均匀涂刷一层清油或满铺油纸做防潮处理；不得用沥青油毡做防潮层。

③ 木龙骨宜采用凹槽榫工艺预制，可整体或分片安装，与墙体连接应紧密、牢固。

④ 软包单元的填充材料制作尺寸应正确，棱角方正、与木基层板黏结紧密。

⑤ 织物面料裁剪时应经纬顺直。安装应紧贴墙面，接缝应严密，花纹应吻合，无波纹起伏、翘边、褶皱，表面应整洁。

⑥ 软包布面与压线条、贴脸线、踢脚板、电器盒等交接处应严密、顺直、无毛边。电器盒盖等开洞处，套割尺寸应准确。

第六节 >> 木地板施工

随着人们生活水平的不断提升，在家庭装修中，木地板的应用也是越来越多。但是木地板的安装是一个技术要求相对比较高的项目，如果安装的质量不合格，不仅外观难看，而且会大大影响木地板的舒适度。

一、常用的木地板材料

地板铺设施工所使用的主要材料有各种类别的木地板、毛地板、木格栅、垫木、撑木、胶黏剂、处理剂、橡胶垫、防潮纸、防锈漆、地板漆、地板蜡等。其中木地板的类别有实木地板、复合地板和竹木地板等，而目前大多数家庭都选择实木地板和复合地板作为装修的地面材料。

1. 实木地板

实木地板是采用天然木材，经加工处理后制成条板或块状的地面铺设材料。基本保持了原料自然的花纹，脚感舒适、使用安全是其主要特点。

实木地板所选用的树材应该是比较耐磨、耐腐、耐湿的木材。如杉木、杨木、柳木、椴木等；而铁杉、柏木、桦木、槭木、楸木、榆木等用作普通地板；槐木、核桃木、檀木、水曲柳等用作高档地板。实木地板具有自重轻、弹性好、导热系数小、构造简单、施工方便等优点，而且木材中带有可抵御细菌、稳定神经的挥发性物质。

实木地板的一般规格宽度在 90～120mm，长度在 450～900mm，厚度为 12～25mm。优质实木地板价格较高，含水率均控制在 10%～15%。

2. 复合地板

复合木地板是二十世纪九十年代后才进入中国市场的，它由多层不同材料复合而成，其主要复合层从上至下依次为：强化耐磨层、着色印刷层、高密度板层、防震缓冲层、防潮树脂层。

（1）强化耐磨层　用于防止地板基层磨损。

（2）着色印刷层　为饰面贴纸，纹理色彩丰富，设计感较强。

（3）高密度板层　是由木纤维及胶浆经高温高压压制而成。

（4）防震缓冲及防潮树脂层　垫置在高密度板层下方，用于防潮、防磨损，起到保护基层板的作用。

复合地板由于工序复杂、配材多样，具有耐磨、阻燃、防潮、防静电、防滑、耐压、易清理等特点；纹理整齐、色泽均匀、强度大、弹性好、脚感好等特征；避免了木材受气候变化而产生的变形、虫蛀、防潮及经常性保养等问题；质轻、规格统一，便于施工安装（无需龙骨），小地面不需胶接，通过板材本身槽榫胶接，直接铺在地面上，节省工时及费用；具有应用面广，且无需上漆打蜡，日常维修简单，使用成本低等优势。

复合木地板的规格长度为 900~1500mm，宽度为 180~350mm，厚度分别有 6mm、8mm、12mm、15mm、18mm，其中厚度越高，价格越高。目前市场上售卖的复合木地板以 12mm 居多。高档优质复合木地板还增加约 2mm 厚的天然软木，具有实木脚感好，噪声小、弹性好等优点。

二、实木地板安装

1. 主要施工步骤

实木地板铺贴有实铺法和空铺法两种，二者在施工顺序上没有多大区别，主要在于部分环节的技术工艺不同。

（1）实铺法 基层清理→弹线、抄平→地面防潮、防水处理→安装固定木格栅、垫木和撑木→钉毛地板→找平、刨平→铺设地板、找平、刨平→安装踢脚线→地板刨光、打磨→油漆、上蜡。

（2）空铺法 地垄墙找平→铺防潮层→弹线→找平，安装固定木格栅、垫木和撑木→钉毛地板→找平、刨平→铺设地板→弹线、安装踢脚线→刨光、打磨→油漆、上蜡。

2. 具体施工过程

（1）基层清理

① 实铺：将基层上的砂浆、垃圾、尘土等彻底清扫干净。

② 空铺：地垄墙内的砖头、砂浆、灰屑等应全部清扫干净。

（2）弹线、抄平 先在基层（或地垄墙）上按设计规定的格栅间距和预埋件，弹出十字交叉点，检查预埋件的数量和偏移情况，如不符合设计要求，应进行处理。

（3）安装固定木格栅、垫木

① 实铺：当基层锚件为预埋螺栓时，在格栅上划线钻孔，与墙之间注意留出 30mm 的缝隙，将格栅穿在螺栓上，拉线，用直尺找平格栅上平面，在螺栓处垫调平垫木；当基层预埋件为镀锌钢丝时，格栅按线铺上后，拉线，将预埋钢丝把格栅绑扎牢固；调平垫木，应放在绑扎钢丝处。锚固件不得超过毛地板的底面。垫木宽度不少于 5mm，长度是格栅底宽的 1.5~2 倍。

② 空铺：在地垄墙顶面，用水准仪抄平、贴灰饼，抹 1:2 水泥砂浆找平层。砂浆强度达到 15MPa 后，干铺一层油毡，垫通长防腐、防蛀垫木。按设计要求，

弹出格栅线。铺钉时，格栅与墙之间留 30mm 的空隙。将地垅墙上预埋的 10 号镀锌钢丝绑扎格栅。格栅调平后，在格栅两边钉斜钉子与垫木连接。格栅之间每隔 800mm 钉剪刀撑木。

（4）钉毛地板　毛地板铺钉时，木材髓心向上，接头必须设在格栅上，错缝相接，每块板的接头处留 2～3mm 的缝隙，板的间隙不应大于 3mm，与墙之间留 8～12mm 的空隙。然后用 63mm 的钉子钉牢在格栅上。板的端头各钉两颗钉子，与格栅相交位置钉一颗钉帽砸扁的钉子，并应冲入地板面 2mm，表面应刨平。钉完后，弹方格网点抄平，边刨平边用直尺检测，使表面同一水平度与平整度达到控制要求后方能铺设地板。

（5）找平、刨平　地板铺设完后，在地面面弹出格网测水平，先在顺木纹方向机械或手工刨平。边刨边用直尺检测平整度。靠墙的地板先刨平，便于安装踢脚线。在刨板中注意消除板面的刨痕，戗槎和毛刺。

（6）安装踢脚线　先在墙面上弹出踢脚线上的上口线，在地板面弹出踢脚线的出墙厚度线，用 50mm 钉子将踢脚线上下钉牢在嵌入墙内的预埋木砖上。值得注意的是，墙上预埋的防腐木砖，应突出墙面与粉刷面齐平。接头锯成 45°斜口，接头上下各钻两个小孔，钉入钉帽打扁的铁钉，冲入 2～3mm。

（7）刨光、打磨　刨光、打磨是地板施工中的一道细致工序，因此，必须机械和手工结合操作。刨光机的速度要快，磨光机的粗细砂布应根据磨光的要求更换，应顺木纹方向刨光、打磨，其磨削总量控制在 0.3～0.8mm 以内。凡刨光、打磨不到位或粗糙之处，必须手工细刨、细砂纸打磨。

（8）油漆、打蜡　地板磨光后应立即上漆，使之与空气隔断，避免湿气侵袭地板。先满批腻子两遍，用砂纸打磨洁净，再均匀涂刷地板漆两遍。表面干燥后，打蜡、擦亮。

3. 实木地板安装注意事项

① 实铺地板要先安装地龙骨，然后再进行木地板的铺装。

② 龙骨的安装应先在地面做预埋件，以固定木龙骨，预埋件为螺栓及铅丝，预埋件间距为 800mm，从地面钻孔下入。

③ 实铺实木地板应有基面板，基面板使用大芯板。

④ 地板铺装完成后，先用刨子将表面刨平刨光，将地板表面清扫干净后涂刷地板漆，进行抛光上蜡处理。

⑤ 所有木地板运到施工安装现场后，应拆包在室内存放一个星期以上，使木地板与居室温度、湿度相适应后才能使用。

⑥ 木地板安装前应进行挑选，剔除有明显质量缺陷的不合格品。将颜色花纹一致的铺在同一房间，有轻微质量缺欠但不影响使用的，可摆放在床、柜等家具底部使用，同一房间的板厚必须一致。购买时应按实际铺装面积增加 10％的损耗，一次购买齐备。

⑦ 铺装木地板的龙骨应使用松木、杉木等不易变形的树种，木龙骨、踢脚板背面均应进行防腐处理。

⑧ 铺装实木地板应避免在大雨、阴雨等气候条件下施工。施工中最好能够保持室内温度、湿度的稳定。

⑨ 同一房间的木地板应一次铺装完，因此要备有充足的辅料，并要及时做好成品保护，严防油渍、果汁等污染表面。安装时挤出的胶液要及时擦掉。

⑩ 木地板粘贴式铺贴要确保水泥砂浆地面不起砂、不空裂，基层必须清理干净。

⑪ 基层不平整应用水泥砂浆找平后再铺贴木地板。基层含水率不大于15％。

⑫ 粘贴木地板涂胶时，要薄且均匀。相邻两块木地板高差不超过1mm。

三、复合地板施工

1. 主要施工步骤

基层清理→铺地垫→装地板→安装踢脚线。

2. 具体施工过程

（1）基层清理　基层表面必须清除杂物，清扫灰尘，保持干燥、洁净。

（2）铺地垫　在基层表面上，先满铺地垫，或铺一块装一块，接缝处不得叠压。接缝处也可采用胶带粘接，衬垫与墙之间应留10～12mm空隙。

（3）装地板　复合地板铺装可从任意处开始，不限制方向。顺墙铺装复合地板，有凹槽口的一面靠着墙，墙壁和地板之间留出空隙10～12mm，在缝内插入与间距同厚度的木条。铺第一排锯下的端板，用作第二排地板的第一块。以此类推。最后一排通常比其他的地板窄一些，把最后一块和已铺地板边缘对边缘，量出其与墙壁的距离，加8～12mm间隙后锯掉，用回力钩放入最后一排并排紧。地板完全铺好后，应停置24h。

（4）安装踢脚线　先在墙面上弹出踢脚线上的上口线，在地板面弹出踢脚线的出墙厚度线，用50mm钉子将踢脚线上下钉牢在嵌入墙内的预埋木砖上。值得注意的是，墙上预埋的防腐木砖，应突出墙面与粉刷面齐平。接头锯成45°斜口，接头上下各钻两个小孔，钉入钉帽打扁的铁钉，冲入2～3mm。

3. 复合地板施工注意事项

① 复合地板铺贴最好按顺光铺贴，这样地板接缝才不会看得特别明显。

② 复合地板靠墙处要留出9mm空隙，以利通风。

③ 在复合地板和踢脚板相交处，如果安装了木压条，应在踢脚板上留通风孔。

第七节　吊顶施工

在自建小别墅装修中，以往四面都是平整白墙的做法越来越少，对于顶面造型的设计与装饰，运用日益增多。由于自建小别墅具有空间上的优势，因此，搭配造型精美的吊顶，往往能够带来非常好的装饰效果。一般来说，吊顶主要就是采用龙骨吊顶施工。

1. 吊顶龙骨施工

（1）主要施工步骤　在家庭装修中，吊顶龙骨一般分为明龙骨与暗龙骨，其安装过程基本上一样，分为：弹线找平→安装吊杆→安装边龙骨→安装主龙骨→安装次龙骨和横撑龙骨→安装罩面板（明龙骨）或安装饰面板（暗龙骨）等几个步骤。

装修中常见的吸声板吊顶、石膏板吊顶都是采用这一基本安装顺序。

（2）具体施工过程

① 弹线找平。弹线应清晰，位置准确无误。在吊顶区域内，根据顶面设计标高，沿墙面四周弹出吊点位置和复核吊点间距。在弹线前应先找出水平点，水平点距地面为500mm，然后弹出水平线，水平线标高偏差不应大于±5mm，如墙面较长，则应在中间适当增加水平点以供弹出水平线；从水平线量至吊顶设计的高度，用粉线沿墙（柱）弹出定位控制线，即为次龙骨的下皮线；按照图纸，在楼板上弹出主龙骨的位置，主龙骨应从吊顶中心向两边分，最大间距为1000mm，并标出吊杆的固定点，间距为900～1000mm。如遇到梁和管道固定点大于设计和规程要求的，应增加吊杆的固定点。

② 安装吊杆。根据吊顶标高决定吊杆的长度。吊杆长度＝吊顶高度－次龙骨厚度－起拱高度。不上人的吊顶，吊杆长度小于1000mm时，可采用 ϕ6 的吊杆，如大于1000mm，应采用 ϕ8 的吊杆，同时要设置反向支撑。吊杆可采用冷拔钢筋和盘圆钢筋，但采用盘圆钢筋应采用机械将其调直；上人的吊顶，吊杆长度小于1000mm时，可采用 ϕ8 的吊杆，如大于1000mm，应采用 ϕ10 的吊杆，同时也要设置反向支撑。吊杆的一端与30mm×30mm×3mm角码焊接，另一端可用攻丝套出大于100mm的丝杆，或与成品丝杆焊接。吊杆用膨胀螺栓固定在楼板上，并做好防锈处理。

另外，在梁上设置吊挂杆件时，吊挂杆件应通直并有足够的承受能力。当预埋的杆件需要接长时，必须搭接焊牢，焊缝要均匀饱满。吊杆应通直，距主龙骨端部的距离不得大于300mm，否则应增加吊杆。当吊杆遇到阻挡时，应做调整。灯具、检修口等处应附加吊杆。

③ 安装边龙骨。边龙骨的安装应按设计要求弹线，沿墙（柱）的水平龙骨线把L形镀锌轻钢条或铝材用自攻螺钉固定在预埋木砖上。如墙（柱）为混凝土，可用射钉固定，但其间距不得大于次龙骨的间距。

④ 安装主龙骨。一般情况下，主龙骨应吊挂在吊杆上，间距为900～1000mm。但对于跨度大于15m的吊顶，应在主龙骨上以间距15m附加上一道大龙骨，并垂直于主龙骨焊接牢固。当遇到大型的造型吊顶，造型部分应用角钢或

扁钢焊接成框架，并与楼板连接牢固。主龙骨分为轻钢龙骨和 T 形龙骨，上人吊顶一般使用 TC50 和 UC50 的中龙骨，吊点间距 900～1200mm；或使用 TC60 和 UC60 的大龙骨，吊点间距 1500mm。不上人吊顶一般使用 TC38 和 UC38 小龙骨，吊点间距 900～1200mm。主龙骨的悬臂段不得大于 300mm，否则应增加吊杆。主龙骨的接长应采用对接，相邻龙骨的对接接头要相互错开。主龙骨安装后应及时校正其位置标高、主龙骨位置及平整度。连接件应错位安装，待平整度满足设计与规范要求后，才可进行次龙骨安装。吊顶如设置检修道，应另设附加吊挂系统。将 φ10 的吊杆与长度为 1200mm 的 45mm×5mm 角钢横担用螺栓连接，其横担间距为 1800～2000mm。在横担上铺设走道，走道宽度在 600mm 左右，可用两根 6 号槽钢作为边梁，边梁之间每隔 100mm 焊接 φ10 钢筋作为走道板。

⑤ 安装次龙骨和横撑龙骨。次龙骨应紧贴住龙骨安装。次龙骨间距为 300～600mm。次龙骨分为 T 形烤漆龙骨和 T 形铝合金龙骨，或各种条形扣板配带的专用龙骨。用 T 形镀锌铁片连接件把次龙骨固定在主龙骨上时，次龙骨的两端应搭在 L 形边龙骨的水平翼缘上。横撑龙骨应用连接件将其两端连接在通长龙骨上。明龙骨系列的横撑龙骨搭接处的间隙不得大于 1mm。龙骨之间的连接一般采用连接件连接，有些部位可采用抽芯铆钉连接。最后全面校正次龙骨的位置及平整度，连接件应错位安装。

⑥ 安装罩面板或者饰面板。

a. 矿棉装饰吸声板。规格一般分为 600mm×600mm 和 600mm×1200mm 两种，面板直接搁于龙骨上。安装时，应有定位措施，注意板背面的箭头方向和白线方向是否一致，以保证花样、图案的整体性。饰面板上的灯具、烟感器、喷淋等设备的位置应合理美观，与饰面板交接应严密吻合。

b. 石膏板。固定时应在自由状态下固定，防止出现弯棱、凸鼓的现象；还应在顶面四周封闭的情况下安装固定，防止板面受潮变形。纸面石膏板的长边（即包封边）应沿纵向次龙骨铺设；自攻螺钉至纸面石膏板的长边的距离以 10～15mm 为宜；切割的板边以 15～20mm 为宜。自攻螺钉的间距以 150～170mm 为宜，板中螺钉间距不得大于 200mm。螺钉应与板面垂直，已弯曲或变形的螺钉不允许使用。如在使用中造成螺钉弯曲、变形，应及时剔除，并在相隔 50mm 的位置另外安装螺钉。螺钉的钉头应略埋入板面，但不得损坏板面，钉眼应做防锈处理并用石膏腻子抹平。纸面石膏板与龙骨固定，应在一块板的中间和板的四边进行固定，不允许多点同时作业。在安装双层石膏板时，面层板与基层板的接缝应错开，不允许在一根龙骨上接缝。

2. 轻钢龙骨石膏板吊顶施工

（1）施工准备

① 结构施工时，应在现浇混凝土楼板或预制混凝土楼板缝，按设计要求间距，预埋 φ6～φ10 钢筋吊杆，设计无要求时按大龙骨的排列位置预埋钢筋吊杆，

一般间距为 900～1200mm。

② 当吊顶房间的墙柱为砖砌体时，应在顶棚的标高位置沿墙和柱的四周砌筑预埋防腐木砖，沿墙间距 900～1200mm，柱每边应埋设两块以上木砖。

③ 安装完顶棚内的各种管线及通风道，确定好灯位、通风口及各种露明孔口位置。

④ 各种材料全部配套备齐。

⑤ 顶棚罩面板安装前应做完墙、地湿作业工程项目。

⑥ 搭好顶棚施工操作平台架子。

⑦ 轻钢骨架顶棚在大面积施工前，应做样板间，对顶棚的起拱度、灯槽、通风口的构造处理、分块及固定方法等应经试装并经鉴定认可后方可大面积施工。

(2) 主要施工步骤　弹线→安装大龙骨吊杆→安装大龙骨→安装中龙骨→安装小龙骨→安装罩面板→安装压条→刷防锈漆。

(3) 具体施工过程

① 弹线。根据楼层标高线，用尺竖向量至顶面设计标高，沿墙（柱）四周弹顶面标高，并沿顶面的标高水平线，在墙上划好分挡位置线。

② 安装大龙骨吊杆。在弹好顶面标高水平线及龙骨位置线后，确定吊杆下端头的标高，按大龙骨位置及吊挂间距，将吊杆无螺栓丝扣的一端与楼板预埋钢筋连接固定。

③ 安装大龙骨。配装好吊杆螺母，在大龙骨上预先安装好吊挂件；安装大龙骨，将组装吊挂件的大龙骨，按分挡线位置使吊挂件穿入相应的吊杆螺母，拧好螺母；大龙骨相接，装好连接件，拉线调整标高起拱和平直；安装洞口附加大龙骨，按照图集相应节点构造设置连接卡；固定边龙骨，采用射钉固定，设计无要求时射钉间距为 1000mm。

④ 安装中龙骨。按已弹好的中龙骨分挡线，卡放中龙骨吊挂件；吊挂中龙骨，按设计规定的中龙骨间距，将中龙骨通过吊挂件，吊挂在大龙骨上，设计无要求时，一般间距为 500～600mm；当中龙骨长度需多根延续接长时，用中龙骨连接件在吊挂中龙骨的同时相连，调直固定。

⑤ 安装小龙骨。按已弹好的小龙骨线分挡线，卡装小龙骨掉挂件；吊挂小龙骨，按设计规定的小龙骨间距，将小龙骨通过吊挂件，吊挂在中龙骨上，设计无要求时，一般间距在 500～600mm；当小龙骨长度需多根延续接长时，用小龙骨连接件，在吊挂小龙骨的同时，将相对端头相连接，并先调直后固定；当采用 T 形龙骨组成轻钢骨架时，小龙骨应在安装罩面板时，每装一块罩面板先后各装一根卡挡小龙骨。

⑥ 安装罩面板。在已装好并经验收的轻钢骨架下面，按罩面板的规格，拉缝间隙进行分块弹线，从顶面中间顺中龙骨方向开始先装一行罩面板，作为基准，然后向两侧分行安装，固定罩面板的自攻螺钉间距为 200～300mm。

⑦ 安装压条。待一间罩面板全部安装后，先进行压条位置弹线，按线进行压条安装。其固定方法一般同罩面板，钉固间距为 300mm，也可用胶结料粘贴。

⑧ 刷防锈漆。轻钢骨架罩面板顶面，焊接处未做防锈处理的表面（如预埋，吊挂件，连接件，钉固附件等），在交工前应刷防锈漆。此工序应在封罩面板前进行。

3. 木骨架罩面板吊顶施工

（1）施工准备

① 木料。木材骨架料应为烘干、无扭曲的红白松树种；不得使用黄花松。木龙骨规格按设计要求，如设计无明确规定时，大龙骨规格为 50mm×70mm 或 50mm×100mm，小龙骨规格为 50mm×50mm 或 40mm×60mm，吊杆规格为 50mm×50mm 或 40mm×40mm。

② 顶棚内各种管线及通风管道均应安装完毕并办理手续。

③ 直接接触结构的木龙骨应预先刷防腐剂。

④ 吊顶房间需完成墙面及地面的湿作业和台面防水等工程。

⑤ 搭好顶棚施工操作平台架。

（2）主要施工步骤　顶棚标高弹水平线→划龙骨分挡线→安装水电管线设施→安装大龙骨→安装小龙骨→防腐处理→安装罩面板→安装压条。

（3）具体施工过程

① 弹线。根据楼层标高水平线，顺墙高量到顶棚设计标高，沿墙四周弹顶棚标高水平线，并在四周的标高线上划好龙骨的分挡位置线。

② 安装大龙骨。将预埋钢筋弯成环形圆钩，穿 8 号镀锌钢丝或用 $\phi6\sim\phi8$ 螺栓将大龙骨固定，并保证其设计标高。吊顶起拱按设计要求，设计无要求时一般为房间跨度的 1/300～1/200。

③ 安装小龙骨。

a. 小龙骨底面应刨光、刮平，截面厚度应一致。

b. 小龙骨间距应按设计要求，设计无要求时，应按罩面板规格决定，一般为 400～500mm。

c. 按分挡线先定位安装通长的两根边龙骨，拉线后各根龙骨按起拱标高，通过短吊杆将小龙骨用圆钉固定在大龙骨上，吊杆要逐根错开，不得吊钉在龙骨的同一侧面上。通长小龙骨对接接头应错开，采用双面夹板用圆钉错位钉牢，接头两侧至少各钉两个钉子。

d. 安装卡挡小龙骨。按通长小龙骨标高，在两根通长小龙骨之间，根据罩面板材的分块尺寸和接缝要求，在通长小龙骨底面横向弹分挡线，以底找平钉固卡挡小龙骨。

④ 防腐处理。顶棚内所有露明的铁件，钉罩面板前必须刷防腐漆，木骨架与结构接触面应进行防腐处理。

⑤ 安装管线设施。在弹好顶棚标高线后，应进行顶棚内水、电设备管线安装，较重吊物不得吊于顶棚龙骨上。

⑥ 安装罩面板。在木骨架底面安装顶棚罩面板的品种较多，应按设计要求品种、规格和固定方式施工。罩面板与木骨架的固定方式用木螺丝拧固法。

4. 吊顶施工注意事项

① 如果吊顶不顺直等质量问题较严重，就一定要拆除返工。如果情况不是十分严重，则可利用吊杆或吊筋螺栓调整龙骨的拱度，或者对于膨胀螺栓或射钉的松动、脱焊等造成的不顺直，采取补钉、补焊的措施。

② 如果木龙骨吊顶龙骨的拱度不均匀，可利用吊杆或吊筋螺栓的松紧调整龙骨的拱度。如果吊杆被钉劈而使节点松动时，必须将劈裂的吊杆更换。如果吊顶龙骨的接头有硬弯时，应将硬弯处的夹板起掉，调整后再钉牢。

③ 吊平顶要求安装牢固、不松动、表面平整，因此在吊平顶封板前，必须对吊点、吊杆、龙骨的安装进行检查，凡发现吊点松动，吊杆弯曲，吊杆歪斜，龙骨松动、不平整等情况的应督促施工人员进行调整。如吊平顶内敷设电器管线、给排水、空调管线等时，必须待其安装完毕、调试符合要求后再封罩面板，以免施工踩坏平顶而影响平顶的平整。罩面板安装后应检查其是否平整，一般以观察、手试方法检查，必要时可拉线、尺量检查其平整情况。

④ 遇藻井吊顶时，应从下固定压条，阴阳角用压条连接。注意预留出照明线的出口。吊顶面积大时，应在中间铺设龙骨。

⑤ 如采用藻井式吊顶，如果高差大于 300mm 时，应采用梯层分级处理。龙骨结构必须坚固，大龙骨间距不得大于 500mm。龙骨固定必须牢固，龙骨骨架在顶、墙面都必须有固定件。木龙骨底面应刨光刮平，截面厚度一致，并应进行阻燃处理。

⑥ 面板安装前应对安装完的龙骨和面板板材进行检查，板面平整、无凹凸、无断裂、边角整齐。安装饰面板应与墙面完全吻合，有装饰角线的可留有缝隙，饰面板之间接缝应紧密。

⑦ 吊顶时应在安装饰面板时预留出灯口位置。饰面板安装完毕，还需进行饰面的终饰作业，常用的材料为乳胶漆及壁纸，其施工方法同墙面施工。

第八节 》》 门窗制作安装

在自建小别墅的基础装修中，门窗是一个不可忽视的项目，一般来说，现在用得比较多的就是木门窗、铝合金门窗以及塑钢门窗这几种。

1. 门窗安装前检查

① 门窗框和扇安装前应先检查有无窜角、翘扭、弯曲、劈裂，如有以上情况应先进行修理。

② 门窗框靠墙、靠地的一面应刷防腐涂料，其他各面及扇活均应涂刷清油一道。刷油后分类码放平整，底层应垫平、垫高。每层框与框、扇与扇间垫木板条通风，如露天堆放时，需用苫布盖好，不准日晒雨淋。

③ 安装外窗以前应从上往下吊垂直，找好窗框位置，上下不对者应先进行处理。窗安装的调试，＋50cm 平线提前弹好，并在墙体上标好安装位置。

④ 门框的安装应依据图纸尺寸核实后进行安装，并按图纸开启方向要求安装，安装时注意裁口方向。安装高度按室内 50cm 平线控制。

⑤ 门窗框安装应在抹灰前进行。门扇和窗扇的安装宜在抹灰完成后进行，如窗扇必须先行安装时应注意成品保护，防止碰撞和污染。

2. 木门窗安装施工

（1）主要施工步骤　找规矩弹线、找出门窗框安装位置→掩扇及安装样板→窗框、扇安装→门框安装→门扇安装。

（2）具体施工过程

① 找规矩弹线、找出门窗框安装位置。结构工程经过核验合格后，即可从顶层开始用大线坠吊垂直，检查窗口位置的准确度，并在墙上弹出墨线，门窗洞口结构凸出窗框线时进行剔凿处理。

a. 窗框安装的高度应根据室内＋50cm 平线核对检查，使其窗框安装在同一标高上。

b. 室外内门框应根据图纸位置和标高安装，并根据门的高度合理设置木砖数量，且每块木砖应钉 2 个 10cm 长的钉子并应将钉帽砸扁钉入木砖内，使门框安装牢固。

c. 轻质隔墙应预设带木砖的混凝土块，以保证其门窗安装的牢固性。

② 掩扇及安装样板。把窗扇根据图纸要求安装到窗框上此道工序称为掩扇。对掩扇的质量按验评标准检查缝隙大小、五金位置、尺寸及牢固等，符合标准要求作为样板，以此为检验标准和依据。

③ 窗框、扇安装。弹线安装窗框扇应考虑抹灰层的厚度，并根据门窗尺寸、标高、位置及开启方向，在墙上画出安装位置线。有贴脸的门窗、立框时应与抹灰面平，有预制水磨石板的窗，应注意窗台板的出墙尺寸，以确定立框位置。中立的外窗，如外墙为清水砖墙勾缝时，可稍移动，以盖上砖墙立缝为宜。

窗框的安装标高，以墙上弹＋50cm 平线为准，用木楔将框临时固定于窗洞内，为保证与相隔窗框的平直，应在窗框下边拉小线找直，并用铁水平尺将平线引入洞内作为立框时标准，再用线坠校正吊直。黄花松窗框安装前先对准木砖钻眼，便于后面安装螺钉。

④ 门框安装。家居装修中的门框安装主要分为木门框和钢门框，它们的安装工艺存在一定的差异。

a. 木门框安装。应在地面工程施工前完成，门框安装应保证牢固，门框应用钉子与木砖钉牢，一般每边不少于 2 点固定，间距不大于 1.2m。若隔墙为加气混凝土条板时，应按要求间距预留 45mm 的孔，孔深 7～10cm，并在孔内预埋木橛粘 108 胶水泥浆加入孔中（木橛直径应大于孔径 1mm 以使其打入牢固）。待其凝固后再安装门框。

b. 钢门框安装：

Ⅰ. 安装前先找正套方，防止在运输及安装过程中产生变形，并应提前刷好防锈漆；

Ⅱ. 门框应按设计要求及水平标高、平面位置进行安装，并应注意成品保护；

Ⅲ. 后塞口时，应按设计要求预先埋设铁件，并按规范要求每边不少于两个固定点，其间距不大于 1.2m；

Ⅳ. 钢门框按图示位置安装就位，检查型号标高，位置无误，及时将框上的铁件与结构预埋铁件焊好焊牢。

⑤ 门扇安装。

a. 确定门的开启方向及小五金型号和安装位置，对开门扇扇口的裁口位置开启方向，一般右扇为盖口扇。

b. 检查门口是否尺寸正确、边角是否方正、有无窜角；检查门口高度应量门的两侧；检查门口宽度应量门口的上、中、下三点并在扇的相应部位定点画线。

c. 将门扇靠在框上划出相应的尺寸线，如果扇大，则应根据框的尺寸将大出部分刨去，若扇小应帮木条，用胶和钉子钉牢，钉帽要砸扁，并钉入木材内 1～2mm。

d. 第一修刨后的门扇应以能塞入口内为宜，塞好后用木楔顶住临时固定。按门扇与口边缝宽合适尺寸，画第二次修刨线，标上合页槽的位置（距门扇的上、下端 1/10，且避开上、下冒头）。同时应注意口与扇安装的平整。

e. 门扇二次修刨，缝隙尺寸合适后即安装合页。应先用线勒子勒出合页的宽度，根据上、下冒头 1/10 的要求，钉出合页安装边线，分别从上、下边线往里量出合页长度，剔合页槽时应留线，不应剔得过大、过深。

f. 合页槽剔好后，即安装上、下合页，安装时应先拧一个螺钉，然后关上门检查缝隙是否合适，口与扇是否平整，无问题后方可将螺钉全部拧上拧紧。木螺钉应钉入全长 1/3，或者拧入 2/3。如门窗为黄花松或其他硬木时，安装前应先打眼。眼的孔径为木螺钉 0.9 倍，眼深为螺线长的 2/3，打眼后再拧螺钉，以防安装劈裂或螺钉拧断。

g. 安装对开扇。应将门扇的宽度用尺量好再确定中间对口缝的裁口深度。如采用企口榫时，对口缝的裁口深度及裁口方向应满足装锁的要求，然后对四周修刨到准确尺寸。

h. 五金安装应按设计图纸要求，不得遗漏。一般门锁、碰珠、拉手等距地高度 95～100cm，插销应在拉手下面，对开门扇装暗插销时，安装工艺同自由门。

不宜在中冒头与立梃的结合处安装门锁。

i. 安装玻璃门时，一般玻璃裁口在走廊内，厨房、厕所玻璃裁口在室内。

j. 门扇开启后易碰墙，为固定门扇位置应安装定门器，对有特殊要求的门应安装门扇开启器，其安装方法，参照产品安装说明书。

（3）木门窗安装注意事项

① 在木门窗套施工中，首先应在基层墙面内打孔，下木模。木模上下间距小于 300mm，每行间距小于 150mm。

② 然后按设计门窗贴脸宽度及门口宽度锯切大芯板，用圆钉固定在墙面及门洞口，圆钉要钉在木模子上。检查底层垫板牢固安全后，可做防火阻燃涂料涂刷处理。

③ 门窗套饰面板应选择图案花纹美观、表面平整的胶合板，胶合板的树种应符合设计要求。

④ 裁切饰面板时，应先按门洞口及贴脸宽度弹出裁切线，用锋利裁刀裁开，对缝处刨 45°，背面刷乳胶液后贴于底板上，表层用射钉枪钉入无帽直钉加固。

⑤ 门洞口及墙面接口处的接缝要求平直，45°对缝。饰面板粘贴安装后用木角线封边收口，角线横竖接口处刨 45°接缝处理。

3. 铝合金门窗施工

（1）主要施工步骤　预埋件安装→弹线→门窗安装→门窗固定→门窗安装。

（2）具体施工过程

① 预埋件安装。门窗洞口和洞口预埋件在主体结构施工时，应按施工图纸规定预留、预埋。洞口预埋铁件的间距必须与门窗框上设置的连接件配套。门窗框上铁脚间距一般为 500mm，设置在框转角处的铁脚位置应距转角边缘 100～200mm；门窗洞口墙体厚度方向的预埋铁件中心线如设计无规定时，距内墙面 100～150mm。

② 弹线。根据设计图纸在墙面弹出 50cm 的水平基准线，在门窗洞口墙体和地面上弹出门窗安装位置线。

③ 门窗安装。铝框上的保护膜在安装前后不得撕除或损坏。框子安装在洞口的安装线上，调整正、侧面垂直度、水平度和对角线合格后，用对拔木楔临时固定。木楔应垫在边、横框能受力的部位，以免框子被挤压变形；组合门窗应先按设计要求进行预拼装，然后先装通长拼樘料，后装分段拼樘料，最后安装基本门窗框。门窗横向及竖向组合应采用套插，搭接应形成曲面组合，搭接量一般不少于 10mm，以避免因门窗冷热伸缩和建筑物变形而引起的门窗之间裂缝。缝隙要用密封胶条密封。若门窗框采用明螺栓连接，应用与门窗颜色相同的密封材料将其掩埋密封。

④ 门窗固定。当门窗洞口系预埋铁件、安装铝框子时铝框上的镀锌铁脚用电焊直接焊牢于预埋铁件上时，焊接操作严禁在铝框子上接地打火，并应用石棉布

保护好铝框。如洞口墙体已预留槽口，可将铝框子的连接铁脚埋入槽内，用 C25 级细石混凝土或 1∶2 水泥砂浆摊密实。当墙体洞口为混凝土没有预埋铁件或预留槽口时，连接铁件应先用镀锌螺钉锚固在铝框上，并在墙体上钻孔，用膨胀螺栓将连接件锚固。如门窗洞口墙体为砖砌结构时，应用冲击钻距墙外皮≥50mm 钻入 φ8～φ10 的深孔，用膨胀螺栓紧固连接。铝合金门框埋入地面以下应为 30～50mm。组合窗框间立柱上下端应各嵌入框顶和框底的墙体内 25mm 以上，转角处的立柱嵌固长度应在 35mm 以上。门窗框连接件采用射钉、膨胀螺栓、钢钉等紧固时，其紧固件离墙边缘不得少于 50mm，且应错开墙体缝隙，以免紧固失效。

⑤ 门窗安装。框与扇是配套组装而成，开启扇需整扇安装，门的固定扇应在地面处与竖框之间安装踢脚板。内外平开门装扇，在门上框钻孔插入门轴、门下地面里埋设地脚并装置门轴；也可在门扇的上部加装油压闭门器或在门扇下部加装门定位器。平开窗可采用横式或竖式不锈钢滑移合页，保持窗扇开启在 90°之间自行定位。门窗扇启闭应灵活无卡阻、关闭时四周严密。平开门窗的玻璃下部应垫减震垫块，外侧应用玻璃胶填封，使玻璃与铝框连成整体。当门采用橡胶压条固定玻璃时，先将橡胶压条嵌入玻璃两侧密封，然后将玻璃挤紧，上面不再注胶。选用橡胶压条时，规格要与凹槽的实际尺寸相符，其长度不得短于玻璃边缘长度，且所嵌的胶条要和玻璃槽口贴紧，不得松动。

(3) 铝合金门窗安装注意事项

① 门窗框与墙体之间需留有 15～20mm 的间隙，并用弹性材料填嵌饱满，表面用密封胶密封。不得将门窗框直接埋入墙体，或用水泥砂浆填缝。

② 密封条安装应留有比门窗的装配边长 20～30mm 的余量，转角处应斜面断开，并用胶黏剂粘贴牢固。

③ 门窗安装前应核定类型、规格、开启方向是否合乎要求，零部件组合件是否齐全。洞口位置，尺寸及方正应核实，有问题的应提前进行剔凿或找平处理。

④ 为保证门窗在施工过程中免受磨损、变形，应采用预留洞口的办法，而不应采取边安装边砌口或先安装后砌口的做法。

⑤ 门窗与墙体的固定方法应根据不同材质的墙体而定。如果是混凝土墙体可用射钉或膨胀螺钉，砖墙洞口则必须用膨胀螺钉和水泥钉，而不得用射钉。

⑥ 如安装门窗的墙体，在门窗安装后才做饰面，则连接时应留出做饰面的余量。

⑦ 推拉门窗扇必须有防脱落措施，扇与框的搭接量应符合安全要求。

4. 塑钢门窗安装

(1) 主要施工步骤 弹安装位置线→框子安装连接铁件→立橙子→塞缝→安装小五金→安装玻璃→清洁。

(2) 具体施工过程

① 弹安装位置线。门窗洞口的周边结构达到强度后，按照施工图纸弹出门窗

安装位置线，同时检查洞口内预埋件的位置和数量。如预埋件位置和数量不符合设计要求或没有预埋铁件或防腐木砖，则应在门窗安装线上弹出膨胀螺栓的钻孔位置，且钻孔位置应与框子连接铁件的位置相对应。

② 框子安装连接铁件。框子连接铁件的安装位置是从门窗框宽和高度两端向内各标出 150mm，作为第一个连接铁件的安装点，中间安装点间距≤600mm。安装方法是先把连接铁件与框子成 45°放入框子背面燕尾槽内，顺时针方向把连接件扳成直角，然后成孔旋进 $\phi 4 \times 15$ 自攻螺钉固定，严禁用锤子敲打框子，以免损坏。

③ 立樘子。把门窗放进洞口安装线上就位，用对拔木楔临时固定。校正正、侧面垂直度，对角线和水平度合格后，将木楔固定牢靠。为防止门窗框受木楔挤压变形，木楔应塞在门窗角、中竖框、中横框等能受力的部位。框子固定后，应开启门窗扇，检查反复开关灵活度，如有问题应及时调整；用膨胀螺栓固定连接件时，一只连接件不得少于 2 个螺栓。如洞口是预埋木砖，则用两只螺钉将连接件紧固于木砖上。

④ 塞缝。门窗洞口面层粉刷前，除去安装时临时固定的木楔，在门窗周围缝隙内塞入发泡轻质材料，使之形成柔性连接，以适应热胀冷缩。从框底清理灰渣，嵌入密封膏应填实均匀。连接件与墙面之间的空隙内，也需注满密封膏，其胶液应冒出连接件 1～2mm。严禁用水泥砂浆或麻刀灰填塞，以免门窗框架受震变形。

⑤ 安装小五金。塑料门窗安装小五金时，必须先在框架上钻孔，然后用自攻螺钉拧入，严禁直接捶击打入。

⑥ 安装玻璃。扇、框连在一起的半玻平开门，可在安装后直接装玻璃。对可拆卸的窗扇，如推拉窗扇，可先将玻璃装在扇上，再把扇装在框上。

⑦ 清洁。门窗洞口墙面面层粉刷时，应先在门窗框、扇上贴好防污纸以避免水泥砂浆污染。局部受水泥砂浆污染的，应及时用擦布擦拭干净。玻璃安装后，必须及时擦除玻璃上的胶液等污染物，直至光洁明亮。

（3）塑钢门窗安装注意事项

① 塑钢门窗与墙体的连接，一是可用膨胀螺栓固定，二是可在墙内预埋木砖或木楔，用木螺钉将门窗框固定在木砖或木楔上。

② 门窗框与墙体结构之间一般留 10～20mm 缝隙，填入轻质材料（丙烯酸酯、聚氨酯、泡沫塑料、矿棉、玻璃棉等），外侧嵌注密封膏。

③ 门窗安装五金配件时，应钻孔后用自攻螺钉拧入，不得直接拧入。各种固定螺钉拧紧程度应基本一致，以免变形。

④ 固定联结件可用 1.5mm 厚的冷轧钢板制作，宽度不小于 15mm，不得安装在中横框、中竖框的接头上，以免外框膨胀受限而变形。

⑤ 固定联结件（节点）处的间距要小于或等于 600mm，应在距窗框的四个角、中横框、中竖框 100～150mm 处设联结件，每个联结件不得少于两个螺钉。

⑥ 嵌注密封胶前要清理干净框底的浮灰。

⑦ 安装组合窗门时，应将两窗（门）框与拼樘料卡结，卡结后应用紧固件双向拧紧。其间距应小于或等于600mm，紧固件端头及拼樘料与窗（门）框间的缝隙应用嵌缝膏进行密封处理。拼樘料型钢两端必须与洞口固定牢固。

⑧ 塑料门窗贮存环境的温度应低于50℃；与热源的距离应在1m以上。当环境温度为0℃的条件下存放时，安装前应在室温下放置24h。

⑨ 组合窗及连窗门的拼樘应采用与其内腔紧密吻合的增强型钢作内衬，型钢两端要比拼樘料长10～15mm。外窗的拼樘料截面尺寸及型钢形状、壁厚，应能使组合窗承受该地区的瞬间风压值。

⑩ 选用的零部件及固定联结件，除不锈钢外，均应进行防腐蚀处理。

⑪ 安装玻璃前应清除槽口内杂物。

第九节 ▶▶ 基础装修常见质量问题

一、墙面抹灰施工常见质量问题

1. 墙面抹灰不做基层处理

如果基层比较光滑而没有进行毛化处理，会影响水泥砂浆层与基层的黏结力，导致水泥砂浆层容易脱落；如果基层浇水没有浇透，会使得抹灰后砂浆中的水分很快被基层吸收，从而影响了水泥的水化作用，降低了水泥砂浆与基层的黏结性能，易使抹灰层出现空鼓、开裂等问题。

抹灰前应先将基层表面残留的灰浆、疙瘩等铲除干净；表面有孔洞时，应先按孔洞的深浅用水泥砂浆或细石混凝土找平；过于光滑的墙面，须用剁斧斩毛，每10mm剁三道；如有油污严重时则需要剥皮斩毛；砖墙基层一般情况下需浇水两到三遍，当砖面渗水达到8～10mm时方可抹灰。

2. 抹灰不分层

抹灰不分层，一次抹压成活，则难以抹压密实，很难与基层黏结牢固，且由于砂浆层一次成型，其厚度厚、自重大，易下坠并将灰层拉裂，同时也易出现起鼓、开裂的现象。

抹灰应分层进行，且每层之间要有一定的时间间隔。一般情况下，当上一层抹灰面七八成干时，才可进行下一层面的抹灰。

3. 抹灰层厚度过大

抹灰层厚度过厚，不仅浪费物力和人力，而且会影响质量。并且容易使抹灰层开裂、起翘，严重的会导致抹灰层脱落，引发安全事故。

抹灰层并不是越厚越好，只要达到质量验评标准的规定即可，如顶面抹灰厚度为15～20mm，内墙抹灰厚度为18～20mm等。

二、涂饰与油漆施工常见质量问题

1. 涂料色泽不均匀

色泽不均匀是涂料施工中较常见的质量问题，通常情况下发生在上底色、涂色漆及刮色腻子的过程中，严重影响装饰效果。

所以，在涂料施工过程中，应将基层处理干净。腻子应水分少而油性多，腻子配制的颜色应由浅到深，着色腻子应一次性配成，不得任意加色。另外，涂刷完毕的饰面，要加强保护，要防止水状物质接触饰面，其他油渍、污渍等更加不允许。

2. 涂料发生流坠现象

在涂料刚产生流坠时，可立即用涂料刷轻轻地将流淌的痕迹刷平。如是黏度较大的涂料，可用干净的涂料刷蘸松节油在流坠的部位刷一遍，以使流坠部分重新溶解，然后用涂料刷将流坠推开拉平。如果漆膜已经干燥，对于轻微的流坠可用细砂纸将流坠打磨平整。而对于大面积的流坠，可用水砂纸打磨，在修补腻子后再满涂一遍即可。

3. 漆膜发生开裂

对于轻度的漆膜开裂，可用水砂纸打磨平整后重新涂刷；而对于严重的漆膜开裂，则应全部铲除后重新涂刷。对于聚氨酯饰面的开裂，可用 300 号水砂纸在表面进行打磨，然后用 685 聚氨酯漆涂刷四遍。在常温情况下，每遍的间隔时间为 1h 左右。待放置 3 天后，再进行水磨、抛光、上蜡的处理。

4. 油漆工程在施工中遍数不够

在规范中，对不同的基层材料、不同的使用条件等都严格规定了涂料的施工遍数。如不按照规定施工，则很容易造成涂膜层薄、露底、色泽不均匀等缺陷，影响装饰效果和使用功能。

所以，施工前，应熟悉设计图纸及施工规范，按规定施工涂刷的遍数，且涂刷要均匀，相邻两遍涂料施工要在干透的情况下进行，严禁减少涂刷遍数。

三、裱糊施工常见质量问题

1. 壁纸的接缝不垂直

如壁纸接缝或花纹的垂直度有较小的偏差时，为了节约成本，可忽略不计；如壁纸接缝或花纹的垂直度有较大的偏差时，则必须将壁纸全部撕掉，重新粘贴施工，且施工前一定要把基层处理干净平整。

2. 壁纸间的间隙较大

如相邻的两幅壁纸间的离缝距离较小时，可用与壁纸颜色相同的乳胶漆点描在缝隙内，漆膜干燥后一般不易显露；如相邻的两幅壁纸间的离缝距离较大时，则可用相同的壁纸进行补救，但不允许显出补救痕迹。

3. 壁纸粘贴后表面上有明显的皱纹

如是在壁纸刚刚粘贴完时就发现有死褶，且胶黏剂未干燥，这时可将壁纸揭下来重新进行裱糊；如胶黏剂已经干透，则需要撕掉壁纸，重新进行粘贴，但施工前一定要把基层处理干净平整。

4. 软包施工时基层不做处理

当基层不平或有鼓包时，会造成软包面不平而影响美观；当基层没有做防潮处理时，就会造成基层板变形或软包面发霉，影响了装饰效果。

施工前应对基层进行剔凿，使基层表面的垂直度和平整度都达到设计要求。另外，还要利用涂刷清油或防腐涂料对基层进行防腐处理，同样要达到设计要求。

四、吊顶施工常见质量问题

1. 吊顶时没对龙骨做防火、防锈处理

如果一旦出现火情，火是向上燃烧的，那么吊顶部位会直接接触到火焰。因此如果木龙骨不进行防火处理，造成的后果不堪设想。由于吊顶属于封闭或半封闭的空间，通风性较差且不易干燥，如果轻钢龙骨没有进行防锈处理，很容易生锈，影响了使用寿命，严重的可能导致吊顶坍塌。

2. 石膏板吊顶的拼接处不平整

在施工中没有对主、次龙骨进行调整，或固定螺栓的排列顺序不正确，多点同时固定，造成了在拼接缝处的不平整、不严密及错位等现象，从而影响了装饰效果。

在安装主龙骨后，应及时检查其是否平整，然后边安装边调试，一定要满足板面的平整要求。在用螺栓固定时，其正确顺序应为从板的中间向四周固定，不得多点同时作业。

3. 吊顶表面起伏不平

吊平顶要求安装牢固、不松动、表面平整，因此在吊平顶封板前，必须对吊点、吊杆、龙骨的安装进行检查，凡发现吊点松动、吊杆弯曲、吊杆歪斜、龙骨松动、不平整等情况的应督促施工人员进行调整。如吊平顶内敷设电气管线、给排水、空调管线等时，则必须待其安装完毕、调试符合要求后再封罩面板，以免施工踩坏平顶而影响平顶的平整。罩面板安装后应检查其是否平整，一般以观察、手试的方法检查，必要时可拉线、尺量检查其平整情况。

五、墙地铺贴施工常见质量问题

1. 墙面砖出现空鼓和脱壳

首先要对黏结好的面砖进行检查，如发现有空鼓和脱壳时，应查明空鼓和脱壳的范围，画好周边线，用切割机沿线割开，然后将空鼓和脱壳的面砖和黏结层清理干净，而后用与原有面层料相同的材料进行铺贴，要注意铺黏结层时要先刮墙面、后刮面砖背面，随即将面砖贴上，要保持面砖的横竖缝与原有面砖相同、相平，经检查合格后勾缝。

2. 地面砖上时有空鼓声

地面砖空鼓或松动的质量问题处理方法较简单，用小木槌或橡皮槌逐一敲击检查，发现空鼓或松动的地面砖做好标记，然后逐一将地面砖掀开，去掉原有结合层的砂浆并清理干净，用水冲洗后晾干；刷一道水泥砂浆，按设计的厚度刮平并控制好均匀度，而后将地面砖的背面残留砂浆刮除，洗净并浸水晾干，再刮一层胶黏剂，压实拍平即可。

3. 地面砖出现爆裂或起拱

可将爆裂或起拱的地面砖掀起，沿已裂缝的找平层拉线，用切割机切缝，缝宽控制在 10～15mm 之间，而后灌柔性密封胶。结合层可用干硬性水泥砂浆铺刮平整铺贴地面砖，也可用 JC 建筑装饰胶黏剂。铺贴地面砖要准确对缝，将地面砖的缝留在锯割的伸缩缝上，缝宽控制在 10mm 左右。

4. 用非整砖随意拼凑粘贴

如果非整砖的拼凑过多，会直接影响到装饰效果和观感质量，尤其是门窗口处，易造成门口、窗口弯曲不直，给人以琐碎的感觉。

所以，粘贴前应预先排砖，使得拼缝均匀。在同一面墙上横竖排列，不得有一上一下的非整砖，且非整砖的排列应放在次要部位。

六、门窗安装常见质量问题

1. 铝合金推拉窗的下框槽口没有设置排水孔

如果没有在铝合金推拉窗的下框槽口设置排水孔或设置的位置不合理，容易造成下雨时槽内存水无法排出，水满后溢出损坏窗下墙的装饰层，应按要求在铝合金推拉窗的下框槽口内开设一个 6mm×50mm 的长方形排水孔，并应留有排水通道。

2. 直接用钉子钉入墙体内固定塑料门窗与墙体的固定片

如果直接用钉子钉入墙体内固定塑料门窗与墙体的固定片，经过长时间的使用后钉子会发生锈蚀、松动，导致门窗的连接受到破坏，严重的会影响到使用的安全性。

如果与塑料门窗相连接的是混凝土墙体，可采用射钉或塑料膨胀螺钉固定；如果与塑料门窗相连接的是砖墙或轻质隔墙，则应在砌筑时预先埋入预制的混凝土块，然后再用射钉或塑料膨胀螺钉固定。

3. 铝合金门窗不垂直

发现铝合金门窗不垂直或有倾斜的现象，不是很严重的时候，可以忽略不计；若问题较严重，影响了使用功能，则应拆除锚固板，将门窗框重新校正后再进行固定。

4. 铝合金推拉门窗卡死或卡阻

如果发现门窗在推拉时会有卡死或卡阻现象必须及时纠正。其原因是门窗发生变形，若是因为用料偏小、强度不足或刚度不够等情况致使门窗推拉不灵活，则必须拆除后重新安装。

参 考 文 献

[1] 中华人民共和国住房和城乡建设部. GB/T 50001—2010 房屋建筑制图统一标准. 北京：中国建筑工业出版社，2011.

[2] 中华人民共和国住房和城乡建设部. GB 20204—2002（2011年版）混凝土结构工程施工质量验收规范. 北京：中国建筑工业出版社，2011.

[3] 北京建工集团有限责任公司编. 建筑风向工程施工工艺标准（上册）. 北京：中国建筑工业出版社，2008.

[4] 中国建筑工业出版社. 建筑施工手册. 北京：中国建筑工业出版社，2003.

[5] 同济大学等. 房屋建筑学. 北京：中国建筑工业出版社，2005.

[6] 单德启. 小城镇公共建筑与住宅设计. 北京：中国建筑工业出版社，2004.

[7] 马虎臣，李红光，任金爱. 新农村房屋设计与施工，北京：金盾出版社，2011.

[8] 彭圣浩. 建筑工程质量通病防治手册. 北京：中国建筑工业出版社，1990.

[9] 黄杰. 农村自建房知识问答. 北京：中国标准出版社，2010.

[10] 尹贻林. 工程造价计价与控制. 北京：中国计划出版社，2003.

[11] 刘长滨. 土木工程概预算. 武汉：武汉理工大学出版社，2003.

[12] 谭大璐. 工程估价. 北京：中国建筑工业出版社，2003.

[13] 骆中钊. 小城镇现代住宅设计. 北京：中国电力出版社，2006.

[14] 林川等. 小城镇住宅建筑节能设计与施工. 北京：中国建材工业出版社，2004.